Thomas Tech
Peter Bodden
Jörg Albert

Rationelle Energienutzung im holzbe- und verarbeitenden Gewerbe

Der Leitfaden für das holzbe- und verarbeitende Gewerbe zeigt praxisorientiert die Potenziale zur Energieeinsparung und damit zur Kostensenkung angesichts betrieblicher und wirtschaftlicher Randbedingungen auf. Auf Grund der heterogenen Branchenstruktur der Holzbranche mit einer Vielzahl von Betrieben unterschiedlicher Größe, Produktspektren und Fertigungstiefe ist das Buch als Anleitung zur Selbsthilfe gedacht, damit sich die jeweilige Unternehmung zielführend mit der eigenen Energiesituation auseinandersetzen und die vorhandenen Einsparpotenziale identifizieren und nutzen kann. Die aufgeführten Praxisbeispiele zeigen, dass in nahezu jedem Betrieb wirtschaftlich erschließbare Potenziale zur Energieeinsparung und damit zur Ressourcenschonung vorhanden sind. Das Buch überzeugt durch seine Praxisnähe, indem gezeigt wird, wie das Ziel einer technisch-wirtschaftlich sinnvollen, nachhaltig Ressourcen schonenden und damit CO_2-ärmeren Energieverwendung im Holzgewerbe verwirklicht wurde und weiterhin verstärkt verwirklicht werden kann.

Es sind bereits erschienen:

Rationelle Energienutzung in der Ernährungsindustrie
Jörg Meyer, Martin Kruska, Heinz-Georg Kuhn, Bernd-Ulrich Sieberger, Peter Bonczek

Rationelle Energienutzung in der Textilindustrie
Martin Kruska, Jörg Meyer, Nicole Elsasser, Andreas Trautmann, Patrick Weber, Tai Mac

Rationelle Energienutzung im Gartenbau
Doris Lange, Gabriele Hack, Nobert Belker, Marc Brockmann, Otto Domke, Stefan Krusche, Walter Sennekamp, Franz-Josef Viehweg

Rationelle Energienutzung in der Kunststoff verarbeitenden Industrie
Andreas Trautmann, Jörg Meyer, Stefan Herpertz

Rationelle Energienutzung in der Metallindustrie
Thomas Daun, Rainer Schön, Ulrike Pasquale, Rolf Hagelstange, Hans-Jürgen Alt

Rationelle Energienutzung im holzbe- und verarbeitenden Gewerbe
Thomas Tech, Peter Bodden, Jörg Albert

Weitere Bände für andere Branchen sind in Vorbereitung.

Thomas Tech
Peter Bodden
Jörg Albert

Rationelle Energienutzung im holzbe- und verarbeitenden Gewerbe

Leitfaden für die betriebliche Praxis

Bibliografische Information Der Deutschen Bibliothek
Die Deutsche Bibliothek verzeichnet diese Publikation in der Deutschen Nationalbibliografie; detaillierte bibliografische Daten sind im Internet über <http://dnb.ddb.de> abrufbar.

Der vorliegende Leitfaden ist das Ergebnis des vom Land Nordrhein-Westfalen geförderten Projektes „Branchenenergiekonzept für das holzbe- und verarbeitende Gewerbe in NRW", welches zum Ziel hatte, technisch-wirtschaftliche Konzepte zum rationellen Energieeinsatz und damit zur Kostensenkung für die Holzbranche zu erstellen. Er ist von der GERTEC GmbH, Ingenieurgesellschaft, Essen mit Unterstützung der Industrie- und Handelskammern Ostwestfalen zu Bielefeld, Nordwestfalen, Münster und Lippe zu Detmold erstellt worden.

1. Auflage Juni 2003

Softcover reprint of the hardcover 1st edition 2003

Der Verlag Vieweg ist ein Unternehmen der Fachverlagsgruppe BertelsmannSpringer.
www.vieweg.de

Konzeption und Layout des Umschlags: Ulrike Weigel, www.CorporateDesignGroup.de

Gedruckt auf säurefreiem und chlorfrei gebleichten Papier.

ISBN 978-3-322-90473-7 ISBN 978-3-322-90472-0 (eBook)
DOI 10.1007/978-3-322-90472-0

Vorwort

Der Schutz von Klima und Umwelt für künftige Generationen und eine sichere Energieversorgung sind anspruchsvolle Aufgaben für Gesellschaft, Wissenschaft, Wirtschaft und Politik. Die stärkere Nutzung erneuerbarer Energien, aber vor allem die Effizienzsteigerung bei der Umwandlung und Nutzung fossiler Energien nützen nicht nur Klima und Umwelt, sondern schonen auch die endlichen Ressourcen.

Gerade für das Energieland Nordrhein-Westfalen resultiert daraus eine besondere Verantwortung, zur Minderung des Energieverbrauchs und damit auch zum Klimaschutz und zur Ressourcenschonung aktiv beizutragen.

Energieeinsparung und rationelle Energienutzung sind deshalb erklärte Ziele der Landespolitik. Insbesondere für die Industrie- und Dienstleistungsunternehmen sind Ressourceneffizienz und Kosteneinsparung zum Erhalt ihrer Wettbewerbsfähigkeit unabdingbar geworden.

Mit den Branchenenergiekonzepten unterstützt das Ministerium für Verkehr, Energie und Landesplanung des Landes NRW aktiv die Bemühungen um mehr Energieeffizienz in ausgewählten Branchen.

Sie gehen von der Idee aus, dass Betriebe und Einrichtungen einer Branche bei vergleichbaren Arbeitsprozessen ähnliche technische Strukturen und damit auch ähnliche technische Schwachstellen aufweisen. Mit Branchenkonzepten werden verallgemeinerbare Lösungen zur Steigerung der Energieeffizienz entwickelt. Diese Lösungen stellen für jeden Betrieb Planungs- und Entscheidungshilfen für die eigene Entwicklung dar.

Verschiedene Beratungs- und Ingenieurunternehmen haben in enger Zusammenarbeit mit den entsprechenden Fachverbänden und Kammern Konzepte für energieintensive Branchen erarbeitet. So wurden die Branchen der Ernährungs- und Textilindustrie, der Metall, Kunststoff und Holz be- und verarbeitenden Industrie sowie der Produktionsgartenbau und die Einrichtungen des Gesundheitswesens (Krankenhäuser) genauer untersucht. Die Ergebnisse sind in Kurzbroschüren und Leitfäden zusammengefasst. Sie sollen allen interessierten Betrieben und Einrichtungen zugänglich sein und sie in ihren Bemühungen zur Verbesserung der betrieblichen Energieeffizienz unterstützen. Sie tragen so gleichzeitig zur Stärkung der Wirtschaftsstruktur in Nordrhein-Westfalen bei.

Mit dem vorliegenden Leitfaden für Holz be- und –verarbeitende Betriebe wird das Ergebnis des Branchenenergiekonzeptes „Holz“ vorgestellt.

Ich danke den beteiligten Wirtschaftsverbänden und Kammern für die engagierte Zusammenarbeit und die tatkräftige Unterstützung.

Düsseldorf, im Mai 2003

Dr. Axel Horstmann

Minister für Verkehr, Energie und Landesplanung

des Landes Nordrhein-Westfalen

Inhaltsverzeichnis

1 Einleitung

Die Holzbranche gehört in Deutschland zu den Wirtschaftszweigen mit überdurchschnittlichen Energieumsätzen. Von der Erstbearbeitung des eingeschlagenen Holzes im Sägewerk über die verschiedenen Stufen der Holzbearbeitung bis zur Herstellung bzw. Montage der unterschiedlichsten Endprodukte werden erhebliche Energiemengen in Form von Strom und Wärme eingesetzt. Ein wesentlicher Teil dieser Energiemengen dient nicht dem eigentlichen Bearbeitungsschritt sondern der Deckung von Energieverlusten.

Der vorliegende „Leitfaden zur rationellen Energieverwendung im holzbe- und verarbeitenden Gewerbe" setzt hier an. Neben einer Einführung in die Struktur der Holzbranche des Landes NRW werden Lösungsansätze zur Beseitigung energetischer Schwachstellen dargestellt. Insbesondere klein- und mittelständischen Betrieben, die i. d. R. nicht über eigene Energieabteilungen verfügen, soll dieser Leitfaden zur Erschließung der innerbetrieblichen Energiekosteneinsparpotenziale dienen.

Der Leitfaden basiert auf den Ergebnissen des Branchenenergiekonzepts für das holzbe- und verarbeitende Gewerbe, das vom Land Nordrhein-Westfalen im Rahmen der Landesinitiative Zukunftsenergien initiiert und gefördert wurde.

An der Erstellung des Branchenenergiekonzepts waren

- die GERTEC GmbH – Ingenieurgesellschaft -, Essen, und
- die Infas Enermetric AG, Greven,

beteiligt. Im Rahmen der Erstellung des „Branchenenergiekonzepts Holz" wurden Strukturanalysen der nordrhein-westfälischen Holzbranche und zahlreiche Energieberatungen in ausgewählten Betrieben der Branche durchgeführt. Sie liefern die Grundlage zur Beschreibung der Ausgangssituation in diesem Wirtschaftszweig unter energetischen Gesichtspunkten sowie für die Darstellung von Lösungsansätzen zur Energieeinsparung im „Holzbetrieb".

Die Arbeiten zum Projekt wurden von den Industrie- und Handelskammern

- Nord Westfalen in Münster
- Lippe zu Detmold und
- Ostwestfalen zu Bielefeld

sowie durch den

- Fachverband Holz und Kunststoff NRW in Dortmund

durch zahlreiche Informationen, Kontaktvermittlungen und verschiedene organisatorische Aktivitäten unterstützt.

Struktur des Leitfadens

Der vorliegende Leitfaden ist wie folgt aufgebaut:

In **Kapitel 2** wird die Holzbranche hinsichtlich Struktur und Energieverbrauch beschrieben. Die branchentypischen Bearbeitungsschritte werden erläutert sowie eine Einteilung in branchenspezifische und nicht branchenspezifische Anlagen vorgenommen.

In **Kapitel 3** werden die einzelnen Unternehmensprofile der Holzbranche charakterisiert. Dazu werden die typischen Bearbeitungsvorgänge des jeweiligen Profils mit typischen Bandbreiten von Energieverbräuchen aufgeführt.

In **Kapitel 4** werden die in der Holzbranche eingesetzten Techniken erläutert. Typische Schwachstellen sowie deren Beseitigung werden beschrieben. Den Abschluß bilden Praxisbeispiele aus Betrieben, die im Rahmen der Erstellung des Branchenenergiekonzeptes beraten wurden.

Kapitel 5 bietet eine Hilfestellung zur Durchführung eigener energetischer Analysen und zur Einführung eines Energiemanagementes.

Finanzierungs- und Förderungsmöglichkeiten zur Umsetzung der beschriebenen Maßnahmen werden im **Kapitel 6** erläutert.

1.1 Wegweiser

Zur direkten Auffindung der einzelnen holzver- und -bearbeitenden Produktionsschritte und der entsprechenden Energieeinsparungsmöglichkeiten wurden eine Unternehmensprofilmatrix und eine Querschnittstechnikmatrix entwickelt.

In der Unternehmensprofilmatrix sind 12 verschiedene Unternehmensprofile dargestellt, die sich durch ihre Produkte/Produktlinien voneinander unterscheiden. Das sind im einzelnen:

1) Säge-, Hobel- und Holzimprägnierwerke,
2) Spanplattenwerke,
3) Leimholzwerke,
4) Lagenholzwerke (Furnier-, Sperrholz- und Tischlerplattenwerke),
5) Polstermöbelwerke,
6) Gestellmöbelwerke,
7) Korpusmöbelwerke,
8) Küchenmöbelfabriken,
9) Hersteller von Verpackungsmitteln und Lagerbehältern aus Holz,
10) Hersteller von Fertigbauteilen (Fenster, Türen),
11) Tischlereien/Schreinereien (Handwerk),
12) Zimmereibetriebe

In der Unternehmensprofilmatrix (Tabelle 1 - 1) werden ihnen die Bearbeitungsschritte zugeordnet, die üblicherweise in den einzelnen Unternehmenstypen anzutreffen sind. Die in der Matrix aufgeführten Kapitelnummern verweisen auf die Textpassagen, in denen Beschreibungen der einzelnen Bearbeitungsschritte erfolgen und die hier möglichen Einsparmaßnahmen dargestellt sind.

Unternehmensprofil	Mechanische Bearbeitung	Thermische Bearbeitung	Sonstige Bearbeitung	Absaugung
Säge- und Hobelwerke	Haupt-, Nachschnitt Hobeln, Fräsen Sägen 4.1.1 4.1.2 4.1.3	Holztrocknung 4.2.1.1 4.2.1.2		Spanabsaugung 4.4
Spanplatten-herstellung	Zerspanen Besäumen Schleifen 4.1.1 4.1.2 4.1.3	Trocknen Pressen 4.2.1.2	Beschichten	Spantransport Spanabsaugung Schleifstaubabsaugung 4.4
Leimholzwerke	Keilzinken Hobeln Pressen 4.1.1 4.1.2 4.1.3	Trocknen 4.2		Spanabsaugung 4.4
Lagenholzwerke	Schälen Pressen 4.1.1 4.1.2 4.1.3	Dämpfen, Kochen Trocknen Pressen 4.2.1.2	Beschichten	
Polstermöbel	Sägen Hobeln Fräsen 4.1.1 4.1.2 4.1.3			Spanabsaugung 4.4
Gestellmöbel	Sägen Hobeln Fräsen 4.1.1 4.1.2 4.1.3	Lacktrocknung 4.3.4 4.3.6	Lackieren 4.3	Spanabsaugung Lösemittelabsaugung 4.4 4.3.6
Korpusmöbel	Sägen, Hobeln, Fräsen Pressen Schleifen 4.1.1 4.1.2 4.1.3	Lacktrockung 4.3.4 4.3.6	Furnieren Lackieren 4.3	Spanabsaugung Staubabsaugung Lösemittelabsaugung 4.4 4.3.6
Küchenmöbel	Sägen Pressen 4.1.1 4.1.2 4.1.3	Lacktrockung 4.3.4 4.3.6	Lackieren 4.3	Spanabsaugung 4.4
Verpackungsmittel, Lagerbehälter	Sägen Fräsen 4.1.1 4.1.2 4.1.3			Spanabsaugung 4.3
Fertigbauteile	Sägen Fräsen Schleifen 4.1.1 4.1.2 4.1.3	Lacktrockung 4.3.4 4.3.6	Spritzen Fluten Tauchen 4.3.3 4.3.5	Spanabsaugung Staubabsaugung Lösemittelabsaugung 4.4 4.3.6
Tischlereien	Sägen, Fräsen Schleifen Hobeln 4.1.1 4.1.2	Lacktrockung 4.3.4	Spritzen 4.3.3 4.3.5	Spanabsaugung Staubabsaugung 4.4
Zimmereien	Sägen Fräsen Schleifen 4.1.1 4.1.2			

Tabelle 1 - 1: Unternehmensprofilmatrix der Holzbranche

Die Querschnittstechnikmatrix (Tabelle 1 - 2) ordnet die Querschnittstechnologien, die eine erhebliche Bedeutung für die Energieumsätze der Holzbetriebe haben, den einzelnen Unternehmensprofilen zu. Die eingefügten Kapitelnummern verweisen auch hier direkt auf die Textpassagen mit den erforderlichen Informationen zur Energieeinsparung.

Unternehmensprofil	Holzfeuerungen	Zentrale Druckluftversorgung	Spezielle Wärmeträgermedien	Besonderheiten Beleuchtung
Säge- und Hobelwerke	Sehr verbreitet 4.6	Üblich 4.5.2		Werkhallen Außenbeleuchtung 4.5.5
Spanplatten-herstellung	Sehr verbreitet 4.6	Üblich 4.5.2	Dampf Heißwasser Thermoöl 4.5.3	Werkhallen Außenbeleuchtung Beschichtungsqualität 4.5.5
Leimholzwerke	Sehr verbreitet 4.6	Üblich 4.5.2		Werkhallen 4.5.5
Lagenholzwerke	Sehr verbreitet 4.6	Üblich 4.5.2	Dampf Heißwasser Thermoöl 4.5.3	Werkhallen 4.5.5
Polstermöbel	Sehr verbreitet 4.6	Üblich 4.5.2		Werkhallen Ausstellung 4.5.5
Gestellmöbel	Sehr verbreitet 4.6	Üblich 4.5.2		Werkhallen Ausstellung 4.5.5
Korpusmöbel	Sehr verbreitet 4.6	Üblich 4.5.2	Dampf Heißwasser Thermoöl 4.5.3	Werkhallen Beschichtungsqualität Ausstellung 4.5.5
Küchenmöbel	Sehr verbreitet 4.6	Üblich 4.5.2		Werkhallen Beschichtungsqualität Ausstellung 4.5.5
Verpackungsmittel, Lagerbehälter	Sehr verbreitet 4.6	Üblich 4.5.2		Werkhallen 4.5.5
Fertigbauteile	Sehr verbreitet 4.6	Üblich 4.5.2		Werkhallen Beschichtungsqualität Ausstellung 4.5.5
Tischlereien	Selten	Selten		Werkstätten
Zimmereien	Selten	Selten		

Tabelle 1 - 2: Querschnittstechnikmatrix der Holzbranche

Mit der Einordnung seines Betriebes in eine der 12 Unternehmensprofile und den zugeordneten Verweisen in den beiden Matrizen kann der Leser somit schnell die wesentlichen Ausführungen zu den Energieeinsparmöglichkeiten in seinem Unternehmen finden.

1.2 Handhabungsbeispiel

Beispiel: Möbelhersteller

Ein Möbelhersteller hat einen hohen Verbrauch an thermischer Energie. Als Brennstoffe werden Holzspäne, Heizöl und Erdgas eingesetzt. Das Erdgas wird nur für die Abgasreinigung der großen Lackieranlage genutzt. Heizöl und Späne dienen der Beheizung der Räume und einer Furnierpresse.

Aufgrund der großen Produktpalette ist die Zuordnung des Unternehmens zu einem der 12 Profile nach Kapitel 3 nicht eindeutig, es kommen die Profile Gestell-, Korpus- und Küchenmöbel in Betracht.

Die Unternehmensprofilmatrix (Tabelle 1 - 1) liefert für die Profile Gestell-, Korpus- und Küchenmöbel unter der Bearbeitungsgruppe thermische Bearbeitung die Lacktrocknung als wichtigen Bearbeitungsvorgang mit den Verweisen auf Kapitel 4.3.4 (Lacktrocknung) und Kapitel 4.3.6 (Abluft- und Abgasreinigung). Dort werden die energetischen Eigenschaften der verschiedenen Verfahren beschrieben und Verbesserungsmöglichkeiten aufgezeigt.

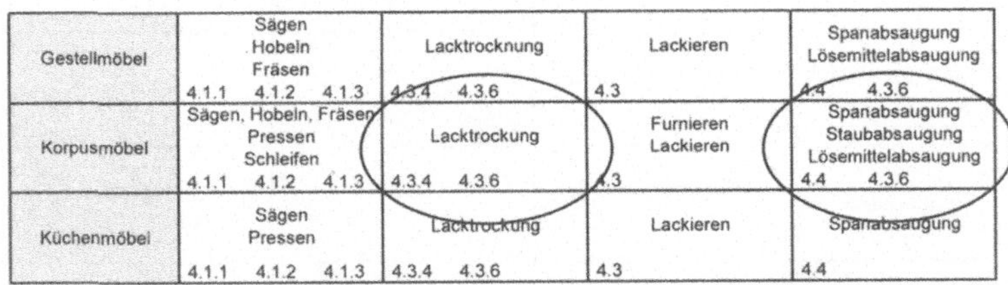

Gestellmöbel	Sägen Hobeln Fräsen 4.1.1 4.1.2 4.1.3	Lacktrocknung 4.3.4 4.3.6	Lackieren 4.3	Spanabsaugung Lösemittelabsaugung 4.4 4.3.6
Korpusmöbel	Sägen, Hobeln, Fräsen Pressen Schleifen 4.1.1 4.1.2 4.1.3	Lacktrockung 4.3.4 4.3.6	Furnieren Lackieren 4.3	Spanabsaugung Staubabsaugung Lösemittelabsaugung 4.4 4.3.6
Küchenmöbel	Sägen Pressen 4.1.1 4.1.2 4.1.3	Lacktrockung 4.3.4 4.3.6	Lackieren 4.3	Spanabsaugung 4.4

Abbildung 1 - 1: Auszug aus Tabelle 1 - 1

Die Matrix der relevanten Querschnittstechniken (Tabelle 1 - 2) verweist für das Profil Korpusmöbel auf Kapitel 4.5.3 (Wärmebereitstellung und Verteilung) mit den entsprechenden Informationen zu den in dieser Branche häufig genutzten Wärmeträgermedien Dampf, Heißwasser und Thermoöl.

Gestellmöbel	Sehr verbreitet 4.6	Üblich 4.5.2		Werkhallen Ausstellung 4.5.5
Korpusmöbel	Sehr verbreitet 4.6	Üblich 4.5.2	Dampf Heißwasser Thermoöl 4.5.3	Werkhallen Beschichtungsqualität Ausstellung 4.5.5
Küchenmöbel	Sehr verbreitet 4.6	Üblich 4.5.2		Werkhallen Beschichtungsqualität Ausstellung 4.5.5

Abbildung 1 - 2: Auszug aus Tabelle 1 - 2

2 Die Holzbranche in NRW

Die Daten, die über die Holzbranche in NRW zur Verfügung stehen, unterscheiden sich abhängig von den erhebenden Institutionen in den Bezugsjahren und in den Betrachtungsebenen voneinander.

Infolge von Abgrenzungsunschärfen können die Daten nicht exakt abgeglichen werden. Während z.B. die Trennung von Holzhandwerk und -industrie noch möglich ist, ist eine Aufteilung der Unternehmen in holzbe- und -verarbeitende Betriebe nicht möglich, da viele Handwerks- und Industriebetriebe Produktionsschritte sowohl der Holzbearbeitung (Sägewerke, Herstellung von Halbzeugen) als auch der Holzverarbeitung (Herstellung von Produkten aus Halbzeugen) durchführen.

Vor diesem Hintergrund werden die meisten Daten in ihrer Ursprungsaufschlüsselung abgebildet. Plausibilitätskontrollen erfolgen i.d.R. auf der höchsten Betrachtungsebene. Diese Vorgehensweise ist ausreichend, um in guter Näherung die wesentlichen quantitativen und qualitativen Merkmale der Holzbranche herauszuarbeiten.

2.1 Strukturdaten

Die Holzbranche in NRW umfaßt rd. 13.000 Betriebe mit ca. 170.000 Beschäftigten. Im Abgleich statistischer Daten (LDS) mit Daten aus dem Firmeninformationssystem der Industrie- und Handelskammern (IHKn) ergeben sich für das Bezugsjahr die in den Abbildungen 2 - 1 und 2 - 2 dargestellten Aufteilungen.

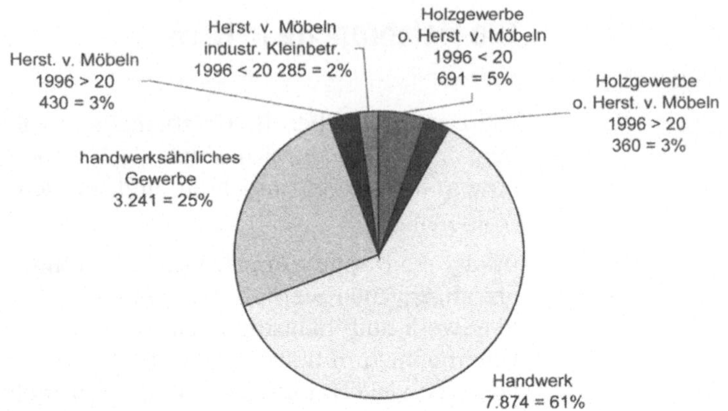

Abbildung 2 - 3: Betriebe in der Holzbe- und -verarbeitung in NRW

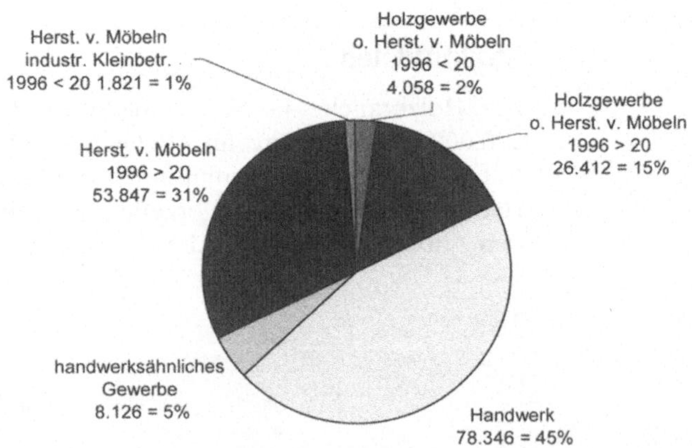

Abbildung 2 - 4: Beschäftigte in der Holzbe- und -verarbeitung in NRW

Größenstruktur der Betriebe

Demnach stellen das Handwerk und die handwerksähnlichen Betriebe - d.h. Betriebe ohne Eintrag in die Handwerksrolle - sowohl bei der Anzahl der Betriebe (86 %) als auch bei der Beschäftigtenzahl (51 %) den größten Anteil dar. Auch im industriellen Zweig der Holzbranche - Holzgewerbe und Herstellung von Möbeln - haben Kleinbetriebe (Beschäftigtenzahl < 20) noch merkliche Anteile (Betriebe 8 % von Gesamt; Beschäftigte 3 % von Gesamt). D.h. mit Ausnahme weniger „Großbetriebe" des Holzgewerbes und der Möbelherstellung ist die Holzbranche in weiten Teilen von klein- und mittelständischen Unternehmen geprägt.

Regionale Schwerpunke

Die regionalen Schwerpunkte des holzbe- und verarbeitenden Gewerbes in NRW lassen sich aus den in den 16 IHK-Bezirken registrierten Betrieben ableiten. Danach ist die Holzbranche am stärksten im Kammerbezirk Bielefeld vertreten, gefolgt von den Kammerbezirken Münster, Detmold, Arnsberg und Aachen. Während in den Bezirken Bielefeld, Detmold und Münster die Herstellung von Möbeln dominiert, herrschen in den Bezirken Aachen und Arnsberg Säge-, Hobel- und Holzimprägnierwerke vor.

Vergleichsweise schwach vertreten ist die Holzbranche in den Ruhrgebietsbezirken Bochum, Dortmund und Essen. Hier sind jeweils weniger als 50 Betriebe der Holzbranche bei den IHKn registriert.

Anteil an der Holzwirtschaft der BRD

Die Bedeutung der nordrhein-westfälischen Holzbranche für die deutsche Holzwirtschaft ergibt sich aus der Gegenüberstellung der Beschäftigtenzahlen (Abb. 2-5).

Nach den Statistiken der LDS arbeiten mehr als 30 % der bundesweit in der Holzbranche beschäftigten Personen in NRW. Unterstrichen wird diese große Bedeutung ebenfalls durch den Vergleich der Umsatzzahlen auf Bundes- und auf Landesebene (Abb. 2-6).

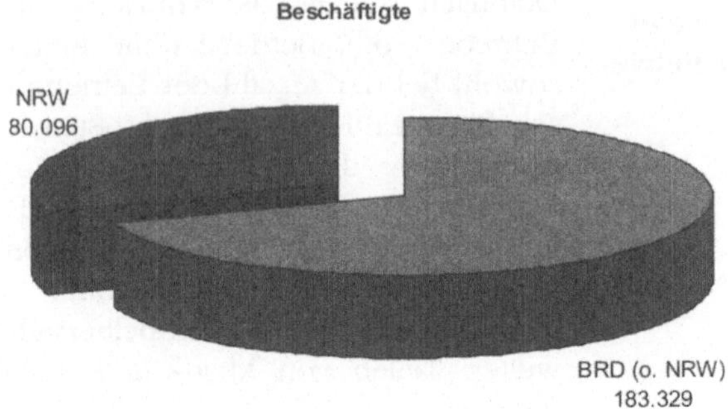

Abbildung 2 - 5: Beschäftigte der Holzbranche
Vergleich: BRD:NRW
/LDS 2001/

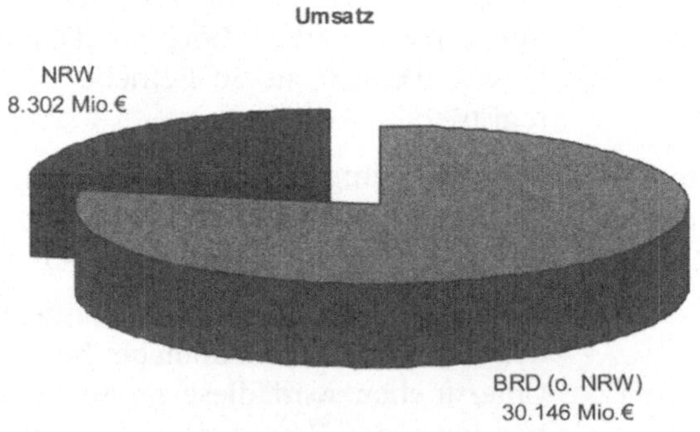

Abbildung 2 - 6: Umsätze der Holzbranche
Vergleich: BRD:NRW
/LDS 2001/

Ein sehr großer Anteil des Energieverbrauches der Holzbranche fällt in kleinen Betrieben an. Sie verfügen in der Regel nicht über ausreichende Kenntnisse und Mittel, eigenständig Energiesparpotentiale zu ermitteln. Sie brauchen Hilfe zur Selbsthilfe und gute Beratungsangebote. Dieser Leitfaden ist daher so aufgebaut, dass auch Handwerker dazu befähigt werden, erste Einsparpotentiale im eigenen Betrieb zu entdecken und einfachere Maßnahmen selbst umzusetzen.

2.2 Energiedaten

Der Energieeinsatz in der Holzbranche kann auf der Basis statistischer Daten /LDS, 97/ und durch die Verknüpfung spezifischer Energieeinsätze /WIFI, PROGNOS, RESSEL/ mit den Beschäftigtenzahlen abgeschätzt werden. Entsprechend der verfügbaren Daten ist dabei nur eine Auflösung nach

- Möbel(herstellung)
- Holzbe- und -verarbeitung (= Holzgewerbe ohne Herstellung von Möbeln) und
- Holzhandwerk (inkl. handwerksähnlicher Betriebe)

möglich. Unter dieser Voraussetzung und bei Ausklammerung der in zahlreichen Betrieben praktizierten energetischen Restholznutzung stellen sich Strom- und Brennstoffeinsatz der Branche wie in Abb. 2 - 7 dar.

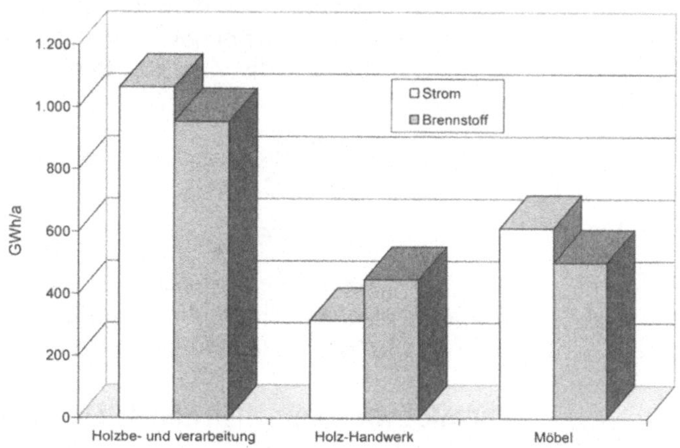

Abbildung 2 - 7: Strom- und Brennstoffeinsatz in der Holzbranche von NRW

Primärenergie und Emissionen

Bei Ansatz eines Stromerzeugungsnutzungsgrades von 34 %, einer Brennstoffaufteilung von 50 % Erdgas und 50 % Heizöl sowie CO_2-Emissionsfaktoren von 650 g/kWh_{el}, 210 g/kWh_{Erdgas} und 270 $g/kWh_{Heizöl}$ resultiert daraus

- ein Primärenergieeinsatz von rd. 7.800 GWh/a und
- eine CO_2-Produktion von rd. 1,75 Mio. t CO_2/a.

Gemessen an dem Endenergieverbrauch des Landes mit rd. 640 TWh/a hat das holzbe- und -verarbeitende Gewerbe einen Anteil von etwa 0,6 %.

Bezogen auf den Endenergieverbrauch des Verarbeitenden Gewerbes in NRW im Jahr 1995 (245.736 GWh/a) beläuft sich der Anteil auf rd. 1,6 %.

Obwohl die landesweiten Anteile des holzbe- und -verarbeitenden Gewerbes relativ gering sind, entsprechen die Werte in etwa dem Primärenergieverbrauch und dem CO_2-Aufkommen des Kreises Höxter (ohne Verkehr). Bei Ansatz durchschnittlicher Energiekosten (10 Ct/kWh_{el}; 3,5 Ct/kWh_{Erdgas} und 3 Ct/$kWh_{Heizöl}$) betragen die jährlichen Energieausgaben der Holzbranche in NRW ca. 275 Mio. Euro.

Kennzahlen

Für den Vergleich von Betrieben und deren zeitlicher Entwicklung sind Kennzahlen in Form von spezifischen Werten ein wichtiges Hilfsmittel. Zur Beurteilung der energetischen Effizienz sind die spezifischen Energieverbräuche bezogen auf die verarbeitete Holzmenge, die Zahl der Beschäftigten und den Umsatz sinnvoll:

kWh/m^3

kWh/(Besch*a)

kWh/(T€*a)

Alle diese Kennzahlen weisen zum Teil starke Abhängigkeiten von den einzelnen Unternehmensprofilen und der Betriebsgröße auf. Erste Anhaltswerte sind in Kapitel 3 zu finden.

2.3 Energieanwendungen in der Holzbe- und -verarbeitung

Die Energieanwendungen in der Holzbe- und -verarbeitung können in

- branchenspezifische Produktions- und Fertigungsanwendungen sowie
- branchenunspezifische Bereiche

Branchenspezifische Energieanwendungen

eingeteilt werden. Zu den branchenspezifischen Anwendungen gehört der Betrieb sämtlicher Anlagen, die für die Herstellung der verschiedenen Endprodukte erforderlich sind. Hierzu zählen neben den Vorbereitungs- und Nachbehandlungsanlagen insbesondere Trocknungsanlagen, diverse Maschinenantriebe, Pressen und Absauganlagen.

Die Bearbeitungsvorgänge in der Holzbranche können eingeteilt werden in

- Mechanische Bearbeitung,
- Thermische Bearbeitung,
- Sonstige Bearbeitung und
- Absaugung.

Innerhalb dieser Bearbeitungsgruppen werden die einzelnen energetisch relevanten Bearbeitungsvorgänge definiert, die in den verschiedenen Betrieben der Holzbranche ausgeführt werden (Tabelle 2- 3).

Mechanische Bearbeitung

Zu dieser Bearbeitungsgruppe gehören die Herstellung von Rohteilen wie Bretter und Balken durch Zersägen sowie die Formgebung durch Materialabtrag (Hobeln, Fräsen etc.) oder Zusammenfügen (Pressen). Die Maschinen werden elektrisch angetrieben. Dies kann direkt erfolgen oder indirekt über Hydraulik oder Pneumatik.

Thermische Bearbeitung

Zu dieser Bearbeitungsgruppe gehören die Vorbehandlung des Holzes (Dämpfen, Kochen, Trocknen) oder das Zusammenfügen durch Pressen mit Hitze (Spanplattenherstellung, Furnierung). Bei diesen Pressvorgängen ist der thermische Energiebedarf wesentlich größer als der mechanische Energiebedarf. Das Trocknen von Lackschichten gehört ebenfalls zu dieser Gruppe.

Die thermische Energie wird teilweise durch Umwandlung elektrischer Energie erzeugt, besonders bei der Lacktrocknung.

Sonstige Bearbeitung

Die sonstigen Bearbeitungsvorgänge dienen vorwiegend dem Aufbringen von Schutz- und Dekorschichten auf die Holzprodukte. Es wird hauptsächlich elektrische Energie benötigt, teilweise über den Zwischenschritt der Drucklufterzeugung. Einige

Arten der Lackauftragung arbeiten auch zusätzlich mit thermischer Energie (Heißspritzen).

Mechanische Bearbeitung
- Sägen
- Hobeln
- Fräsen
- Bohren
- Drechseln
- Hacken
- Schleifen
- Pressen

Thermische Bearbeitung
- Dämpfen
- Kochen
- Trocknen
- Pressen

Sonstige Bearbeitung
- Imprägnieren
- Beschichten
- Lackieren

Absaugung
- Späne
- Stäube
- Lösemittel
- Abgase

Tabelle 2 - 3: Branchenspezifische Bearbeitungsvorgänge in der Holzbe- und -verarbeitung

Absaugung

Der Betrieb von Absauganlagen ist in der Holzindustrie vorgeschrieben, um Gesundheitsgefährdungen der Beschäftigten und Anwohner auszuschließen. Dies betrifft sowohl Holzstäube als auch Schadstoffe aus der Lackierung. Gleichzeitig dienen sie zum Freihalten der Sicht auf die Werkstücke und dem Erhalt der Funktionsfähigkeit der Maschinen (Verstopfungen oder Verklemmungen durch Späne).

Die Absauganlagen werden elektrisch angetrieben. Sie verursachen durch den erzeugten Luftwechsel zusätzlich Heizwärmebedarf. In vielen Betrieben der Holzbranche ist der Strombedarf für die Absaugung ungefähr gleich groß wie der Strombedarf der Bearbeitungsmaschinen.

Transporteinrichtungen

- Flurförderer
- Bandanlage
- Krananlage

Versorgung

- Heizung
- Beleuchtung
- Drucklufterzeuger, -verteiler
- Warmwasser-, Dampfbereitung
- Lüftung, Klimatisierung
- Bürogeräte/EDV

Tabelle 2 - 4: Branchenunspezifische Einrichtungen und Anlagen

Nicht branchenspezifische Energieanwendungen

Zu den branchenunspezifischen Energieanwendungen zählt der Betrieb der Transporteinrichtungen und der Ver- und Entsorgungsanlagen (Tabelle 2 - 4). In der Möbelherstellung verursachen beispielsweise Raumheizung, Lüftung und Beleuchtung teilweise überproportionale Energieverbräuche. Aufgrund der hohen Bedeutung für den Energieverbrauch eines Betriebes der

Holzbranche werden diese Querschnittstechnologien in Kapitel 4.6 ausführlich behandelt.

Nutzung von Restholz

Eine besondere Rolle spielen darüber hinaus in vielen Betrieben Anlagen zur energetischen Restholznutzung (Abb. 2 - 8). Mit diesen Anlagen werden Rinden, Schwarten, Kappreste, Spreißel, Säumlinge, Holzspäne und z.T. -stäube verbrannt. Die bei der Verbrennung freiwerdende Energie wird je nach Anfall der Restholzmengen

- entweder in Form von Wärme und/oder elektrischer Energie zur innerbetrieblichen Energieversorgung eingesetzt
- oder als Abwärme an die Umwelt abgegeben.

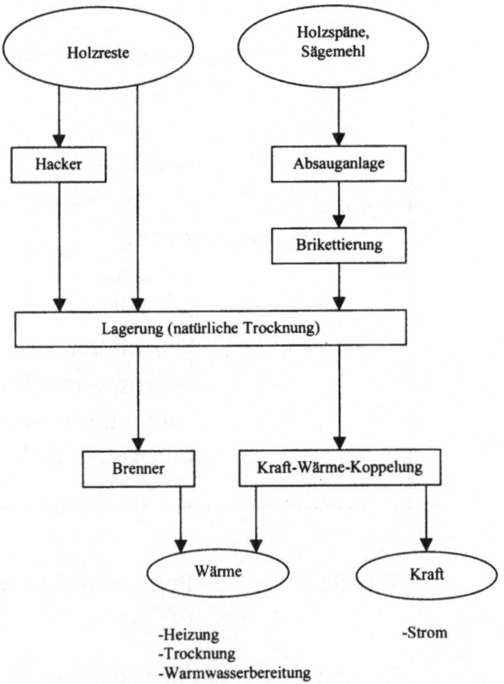

Abbildung 2 - 8: Elemente der energetischen Restholznutzung

In einem Großteil der mit solchen Anlagen ausgerüsteten Betriebe reichen die Restholzmengen aus, um den kompletten Wärmebedarf zur Raumheizung und zur Warmwasserbereitung zu decken. Die bei nicht ausreichendem Speicher- bzw. Silovolumen, speziell im Sommerhalbjahr, erzeugten Restholzüberschüsse werden allerdings sehr häufig „thermisch entsorgt".

Wegen des hohen Verbreitungsgrades der Holzfeuerungsanlagen in der Holzbranche können diese zur Zeit noch als typische Anlagen dieser Branche angesehen werden, obwohl sie inzwischen auch in anderen Bereichen verstärkt eingesetzt werden. Die Holzfeuerungsanlagen werden dementsprechend in diesem Leitfaden in einem eigenständigen Kapitel beschrieben und nicht unter den Querschnittstechniken.

3 Unternehmensprofile und ihre spezifischen Energieeinsätze

In diesem Kapitel werden Unternehmensprofile aufgestellt, mit denen die Betriebe der Holzbranche charakterisiert werden können. Betriebe, die eindeutig einem Profil zugeordnet werden können, finden schnellen Zugriff auf Bandbreiten von spezifischen Endenergieverbräuchen spezieller Bearbeitungsvorgänge so wie erste Ansatzpunkte zur Einsparung von Energie, die für das jeweilige Profil typisch sind. Für Betriebe, die nicht eindeutig einem Profil entsprechen, können artverwandte Profile ermittelt werden.

Generell haben die Querschnittstechniken in der Holzbranche einen hohen Einfluß auf die energetische Effizienz eines Betriebes. Eine Untersuchung auf Optimierungsmöglichkeiten ist deshalb in der Regel lohnend. Auf herausragende Einsparpotentiale der Querschnittstechniken wird bei den einzelnen Unternehmensprofilen hingewiesen.

Charakteristisch für das holzbe- und -verarbeitende Gewerbe ist, dass sich einzelne Abschnitte der Produktionskette nicht auf ein Unternehmensprofil eingrenzen lassen. Vielmehr ist es so, dass sich - u.a. abhängig vom Bearbeitungszustand des Holzinputs - verschiedene Bearbeitungsvorgänge in den unterschiedlichsten Unternehmensprofilen wiederfinden.

Beispielsweise sei hier die spanende Bearbeitung mit Sägen, Fräsen und Bohren genannt, die ausnahmslos in jedem holzbe- und -verarbeitenden Betrieb erfolgt. Unterschiede gibt es in diesem Fall lediglich in Leistung und Typ der eingesetzten Maschinen.

Zur Auffindung der wesentlichen Ansatzpunkte zur Energie(kosten)einsparung werden daher im weiteren aus den derzeit verfügbaren Quellen die spezifischen Energieeinsätze der hauptsächlichen Bearbeitungsvorgänge der Produktionskette abgebildet.

3.1 Säge- und Hobelwerke

Säge- und Hobelwerke stellen für die meisten Produkte der Holzbranche den Anfang der Produktionskette dar. Sie verarbeiten die aus den Forsten angelieferten Stämme zu Brettern, Kanthölzern und Leisten, die dann entweder

- als Bauelemente für Verpackungsmittel und Lagerbehälter dienen oder
- als Bauholz in die Zimmereien bzw.
- als Halbzeuge in die Weiterverarbeitung gehen.

Die Bearbeitungsschritte im Säge- und Hobelwerk sind in Abbildung 3 - 1 dargestellt.

Aus der Darstellung ist zu erkennen, dass

- neben der Holztrocknung die Bearbeitung auf Endmaß (im Hobelwerk) und Haupt- und Nachschnitt die höchsten Energieeinsätze erfordern und
- die spezifischen Energieeinsätze nahezu für alle Energieanwendungen in großen Bandbreiten streuen.

Die Ursachen für die großen Bandbreiten sind

- die Holzart,
- die Holzfeuchte,
- die Betriebsweise (Bedarfsregelung) und
- die angewandten Säge- und Trocknungsverfahren.

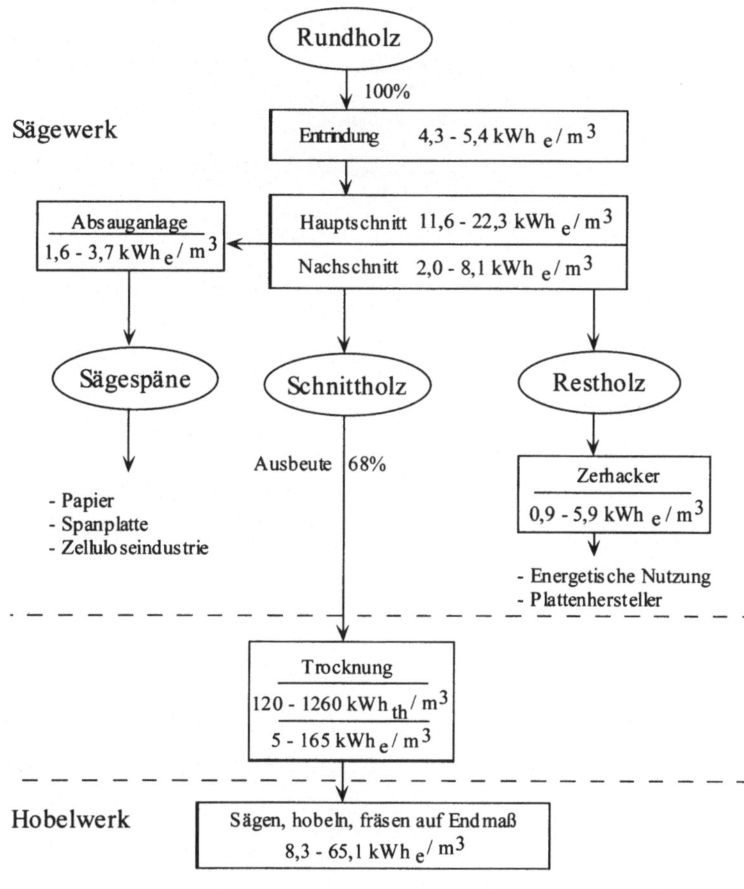

Abbildung 3 - 1: Produktionskette in Säge- und Hobelwerken [Quelle: BEA]

Energieeinsatz Holztrocknung

Aus den nachfolgenden Abbildungen wird deutlich, wie sich die Holzarten und die eingesetzten Verfahrenstechniken auf den Energieeinsatz im Säge- und Hobelwerk auswirken.

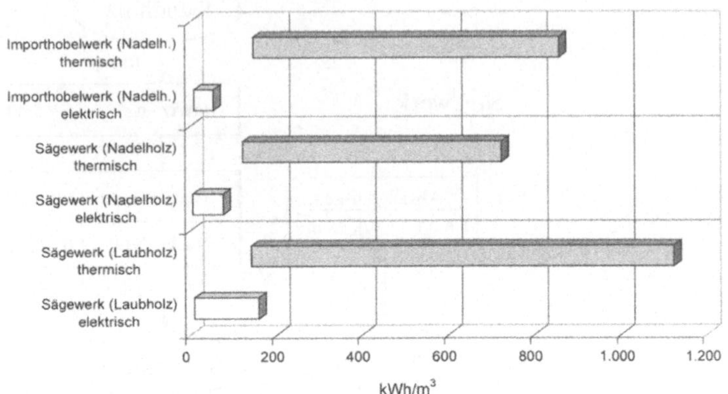

Abbildung 3 - 2: Bandbreiten spezifischer Energieeinsätze zur Schnittholztrocknung [Quelle: BEA]

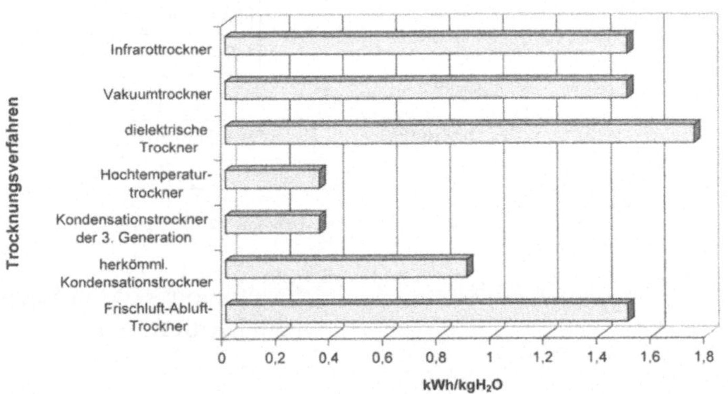

Abbildung 3 - 3: Spezifische (holzfeuchtebezogene) Energieeinsätze verschiedener Trocknungsverfahren [Quelle: BEA]

Energieeinsatz Sägeverfahren

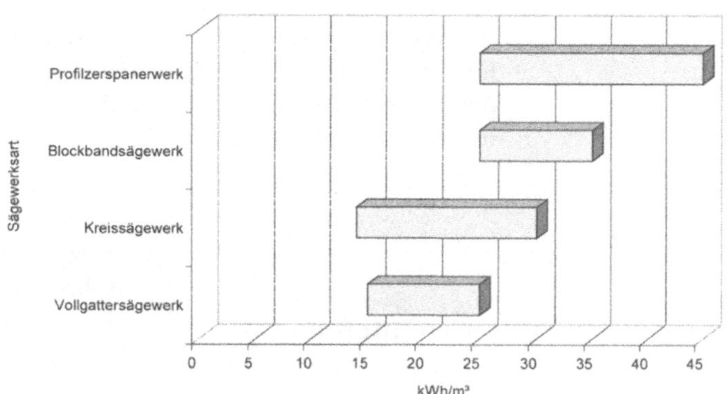

Abbildung 3 - 4: Bandbreiten spezifischer Energieeinsätze verschiedener Sägeverfahren [Quelle: ISI]

Auf die Streuung des spezifischen Energieverbrauches durch den Einflußfaktor Holzart haben die Betriebe keinen Einfluß. Die Eingangsholzfeuchte des Rohholzes mit Feuchtegehalten von 40 % - 200 % (bezogen auf das Trockengewicht) läßt sich durch Vortrocknung im Freien reduzieren. Diese Trocknungsart erfordert große Lagerflächen und hohen Zeitaufwand und ist nur in sehr seltenen Fällen wirtschaftlich.

Die größten Energiesparpotentiale liegen in der Auswahl der optimalen Trocknungs- und Sägeverfahren. In der Betriebsweise der Anlagen können in der Regel Einsparpotentiale erschlossen werden, die ohne Investitionen realisiert werden können.

3.2 Spanplattenwerk

Im Spanplattenwerk werden Holzrohmaterialien (Rundhölzer, unbehandelte Resthölzer) zerspant und über verschiedene Bearbeitungsstufen zu Spanplatten geformt.

Spanplatten sind hauptsächlich Eingangsprodukte bei der Herstellung von Korpus- und Küchenmöbeln und darüber hinaus Ausbaumaterialien im Tischlerei- und Schreinereihandwerk.

Im Produktionsprozeß (Abb. 3 - 5) stellt, wie im Säge- und Hobelwerk, die Holztrocknung den Energieverbrauchsschwerpunkt dar. Die Trocknung der Späne kann auch noch mehr thermische

Energie benötigen, wenn die Späne zur Erhöhung des Brandschutzes vorbehandelt und dabei stark befeuchtet werden. Beim Beschichten und Pressen werden ebenfalls große thermische Energiemengen eingesetzt. In der Aufbereitung/Sortierung wird der Hauptteil der elektrischen Energie der Bearbeitungsmaschinen verbraucht.

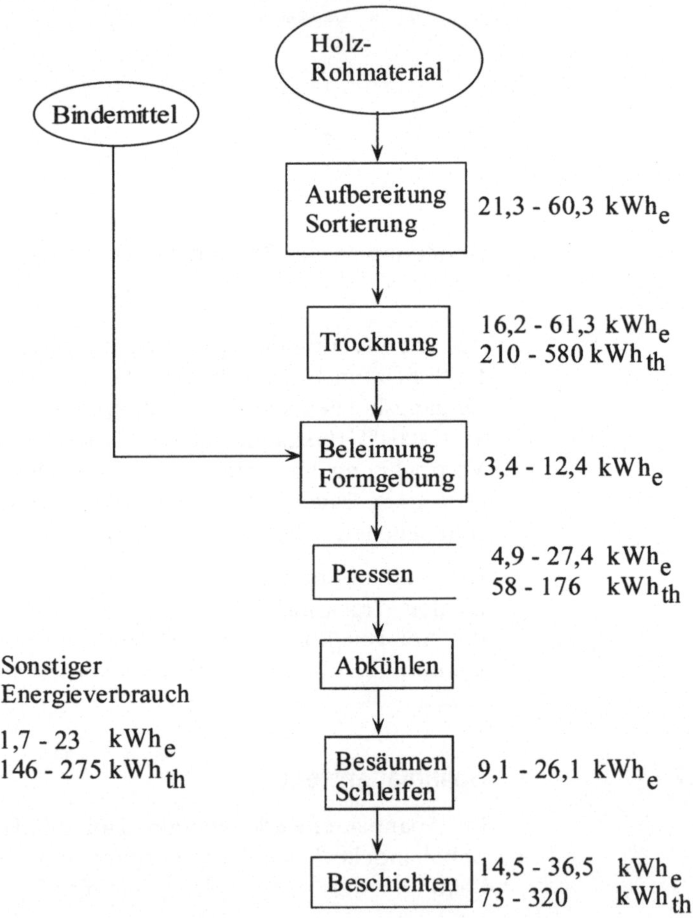

Abbildung 3 - 5: Produktionskette in Spanplattenwerken (Energieeinsatz $kWh_{e/th}$ pro m^3) [Quelle: BEA]

Die Hauptansatzpunkte zur Energieeinsparung in diesem Unternehmensprofil bieten die Trocknungsanlagen. Die Spänetrocknung ist in vielen Fällen gut für den Einsatz von Wärmerückgewinnungsanlagen geeignet. Häufig werden spezielle Wärmeträgermedien wie Dampf, Heißwasser oder Thermoöl eingesetzt, bei deren Nutzung in der Regel große Einsparpotentiale vorhanden sind.

3.3 Leimholzwerk

Bei der Leimholzherstellung werden Schnitthölzer (aus dem Säge- und Hobelwerk) zu Leimholzplatten- oder -bindern verarbeitet. Leimholzprodukte werden vornehmlich (durch Handwerksbetriebe) im Bau- und Ausbaubereich eingesetzt, z.T. auch zur Möbelherstellung.

Der energieintensivste Arbeitsschritt bei der Leimholzherstellung (Abb. 3 - 6) ist, wie bei den zuvor beschriebenen Werken, die Trocknung des Holzes. Auffällig ist jedoch der weitaus höhere Verbrauch an thermischer Energie der sonstigen Verbraucher, zu denen hauptsächlich die Raumheizung gehört. Die Absaugung verbraucht annähernd die gleiche Menge elektrischer Energie wie die Bearbeitungsmaschinen.

Der hohe Heizenergieverbrauch wird häufig durch die Absauganlagen mitverursacht. Eine Optimierung der Absauganlagen reduziert neben dem Stromverbrauch auch den Lüftungswärmebedarf. In der Regel kann hier durch Wärmerückgewinnung ein großes Einsparpotential erschlossen werden. Weitere Möglichkeiten zur Energieeinsparung bestehen durch Verbesserungen an den Trocknungsanlagen.

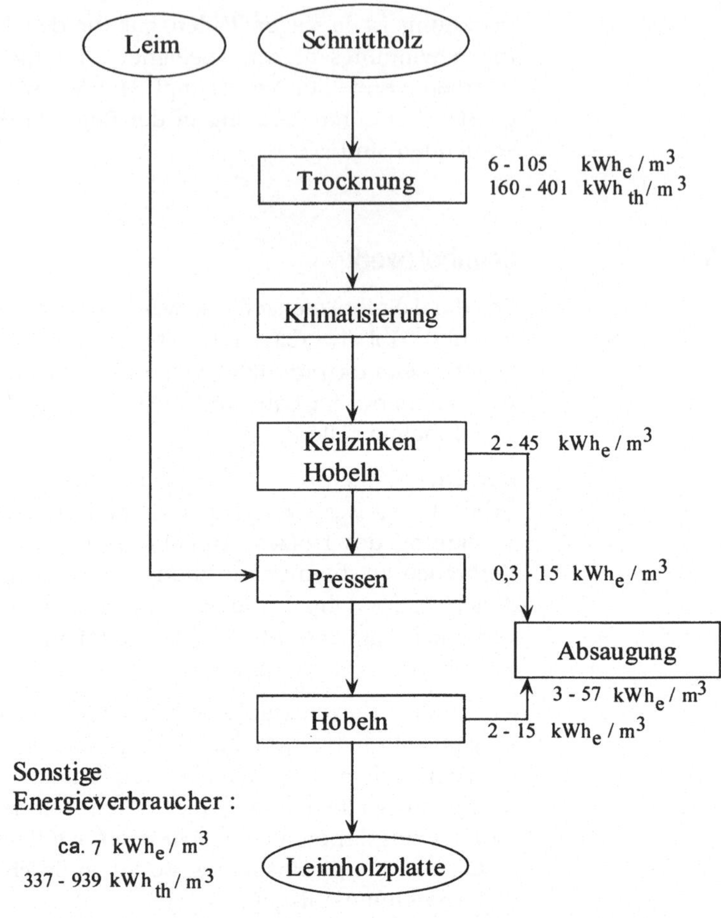

Abbildung 3 - 6: Produktionskette in Leimholzwerken [Quelle: BEA]

3.4 Lagenholzwerke

Zu den Lagenholzwerken zählen Furnier- und Plattenwerke.

Die Furnierwerke verarbeiten Rundhölzer zu Furnieren unterschiedlicher Stärke. Der Trocknungsvorgang sowie das Dämpfen und Kochen der entrindeten Rundhölzer sind die energieintensivsten Glieder des Produktionskette. Die produzierten Furniere werden an die Möbelindustrie, die Hersteller von Fertigbauteilen

(Türen, Treppen, Paneele etc.) - in erster Linie zur Dekor-Beschichtung von Spanplattenprodukten - und an die Hersteller von Sperrhölzern und Tischlerplatten geliefert.

Bei der Sperrholzherstellung werden die Furniere unter Leimzugabe gepreßt und anschliessend besäumt und geschliffen.

Bei der Tischlerplattenherstellung werden Furniere - ebenfalls unter Leimzugabe - auf Schnitthölzer oder Hobelware gepreßt. Aufgrund des Schnittholzkerns ist die Herstellung von Tischlerplatten weniger energieintensiv.

Ein Teil der Sperrhölzer und Tischlerplatten wird vor Auslieferung zusätzlich mit Dekoren oder mit einem Oberflächenschutz beschichtet.

Sperrhölzer und Tischlerplatten werden zur Herstellung von Möbeln und im Bau- und Ausbaubereich eingesetzt.

Der Hauptenergieeinsatz erfolgt bei der thermischen Bearbeitung. Die Potentiale zur Einsparung von Energie liegen hauptsächlich in der Optimierung der Trocknung und in der Verbesserung der Wärmebereitstellung / Verteilung (Querschnittstechnik).

Die Bearbeitungsmaschinen verbrauchen zum Teil hohe Mengen elektrische Energie mit erheblicher Bandbreite, so dass eine Überprüfung der Maschinenantriebe in vielen Betrieben Einsparungspotential nachweisen wird.

Für die hohen Verbräuche mit großer Streubreite der sonstigen Stromverbraucher dürften großenteils die Drucklufterzeuger und die Beleuchtung verantwortlich sein, die ebenfalls überprüft werden sollten.

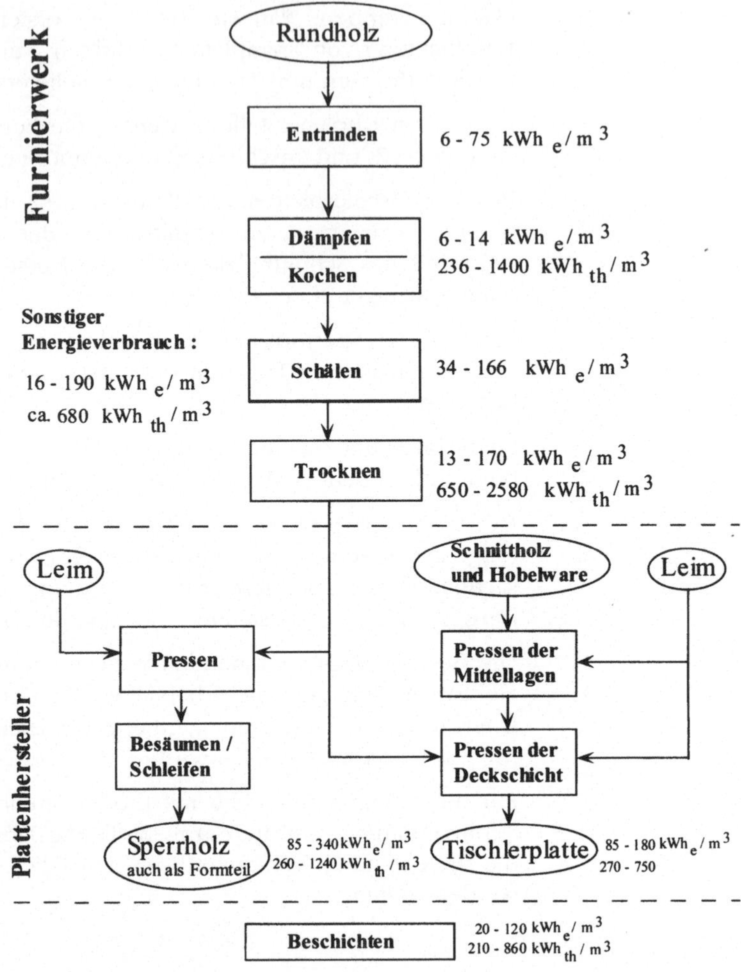

Abbildung 3 - 7: Produktionskette in Lagenholzwerken [Quelle: BEA]

3.5 Möbelindustrie

Die Möbelindustrie umfaßt die Herstellung von Polster-, Gestell-, Korpus- und Küchenmöbeln. Sie verarbeitet die aus den unter 3.1 bis 3.4 beschriebenen Werken gelieferten verschiedenen Produkte zu Einrichtungsgegenständen. In Einzelfällen (dann insbesondere bei der Gestell- und Polstermöbelherstellung) kommen Roh- und Rundhölzer auch direkt in die Möbelwerke.

Die spezifischen Energieverbräuche in der Möbelbranche sind abhängig von den Endprodukten der Herstellung. Für eine kleine Anzahl von Betrieben sind sie in den Abbildungen 3 - 8 bis 3 - 11 zusammengetragen.

Demnach erfordert die Herstellung von Gestellmöbeln den geringsten Energieverbrauch. Die Energieverbräuche von Polster- und Korpusmöbelherstellung liegen etwas darunter, während die Herstellung von Küchenmöbeln weniger als die Hälfte des Energieverbrauches der Gestellmöbelherstellung erfordert.

Die wesentlichen Ursachen sind die Bearbeitungszustände der Eingangsprodukte. Bei der Küchenmöbelherstellung sind die Eingangsprodukte in der Regel Spanplatten und Furniere, wobei die Spanplatten großenteils auch schon fertig beschichtet sind. Die Platten werden nur noch gepreßt, zugeschnitten, gebohrt und teilweise oberflächenbehandelt.

Die restlichen Möbelhersteller verwenden neben Platten, Halbzeugen und Furnieren zum Teil auch Rohhölzer. Sie durchlaufen zusätzlich umfangreiche spanende und nichtspanende Verformungen sowie Lackier- und Beschichtungsvorgänge.

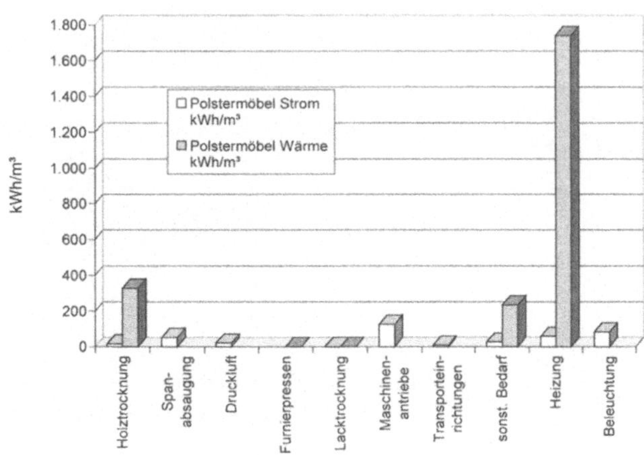

Abbildung 3 - 8: Spezifische Energieverbräuche bei der Polstermöbelherstellung [Quelle: BEA]

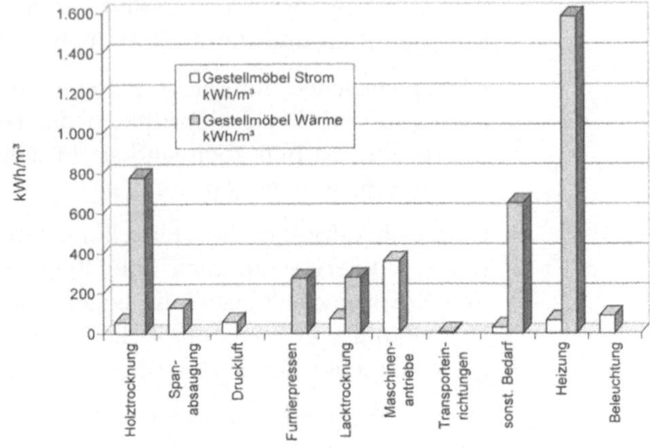

Abbildung 3 - 9: Spezifische Energieverbräuche bei der Gestellmöbelherstellung [Quelle: BEA]

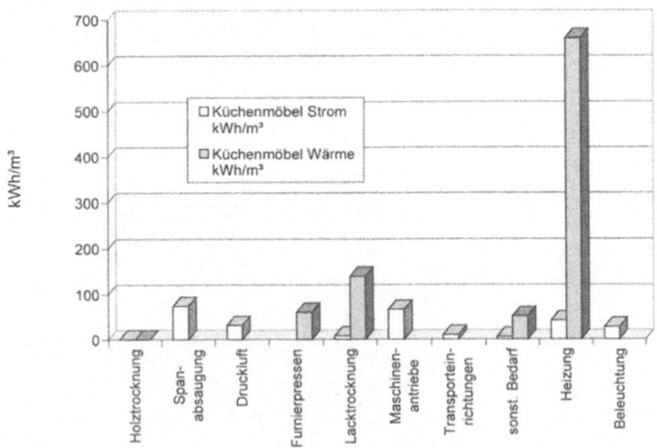

Abbildung 3 - 10: Spezifische Energieverbräuche bei der Küchenmöbelherstellung [Quelle: BEA]

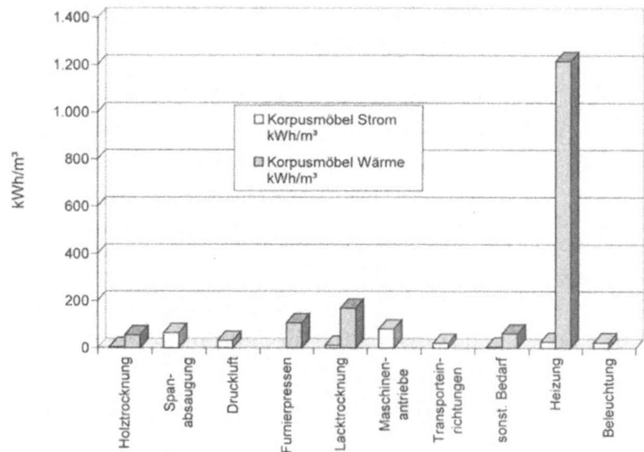

Abbildung 3 - 11: Spezifische Energieverbräuche bei der Korpusmöbelherstellung [Quelle: BEA]

Energieschwerpunkt Hallenbeheizung

Es ist festzustellen, dass zur Beheizung der Werkhallen, gemessen an den produktionsbedingten Wärmeverbräuchen, die spezifisch höchsten Wärmemengen eingesetzt werden. Eine Ursache ist die üblicherweise angewendete Beheizung der Werkhallen mittels Lüftungsgeräten mit sehr hohen Außenluftwechseln, die teilweise wegen Schadstoffbelastungen z.B. bei Lackierarbeiten erforderlich sind. Weitere Schwerpunkte für den Einsatz thermischer Energie sind die Holz- und Lacktrocknung sowie die Furnierpressen. Die Optimierungen der Lackieranlagen inklusive der zugehörigen Trockner und Abluftbehandlung bieten große Einsparpotentiale, ebenso die Querschnittstechnik der Wärmeversorgung.

Verbrauchsschwerpunkte elektrischer Energie sind die Maschinenantriebe und die Spanabsaugung gefolgt von der Beleuchtung. Wegen der hohen Maschinenlaufzeiten der großenteils industriellen Fertigung bewirken auch kleine Optimierungen der Maschinenantriebe hohe Energieeinsparungen. Das gleiche gilt für die Absauganlagen.

Besonders intensive Beleuchtungen sind in den Lackierabteilungen und den in dieser Branchengruppe üblichen Ausstellungsräumen vorhanden, so dass auch in dieser Querschnittstechnik ein hohes Energieeinsparpotential vorhanden ist.

3.6 Hersteller von Verpackungsmitteln, Lagerbehältern und Fertigbauteilen

Bei der Herstellung von Verpackungsmitteln, Lagerbehältern und Fertigbauteilen wird auf die Produkte der Säge-, Hobel-, Lagen- und Leimholzwerke zurückgegriffen. Diese werden mit Hilfe von Elektro- oder Druckluftwerkzeugen weiterbearbeitet und - ggf. unter Einsatz von Metallverbindern- und Beschlägen - zusammengefügt.

Während sich bei den Fertigbauteilen (Treppen, Türen etc.) daran Oberflächenbehandlungschritte wie Beschichten oder Lackieren anschließen, verlassen die meisten Verpackungsmittel und Lagerbehälter (Kisten, Paletten etc.) den Hersteller unbehandelt.

Die Produktionketten setzen sich aus den bei der Möbelindustrie anzutreffenden Elementen zusammen. Eine differenzierte Darstellung ist auf Grund der Vielfalt der produktspezifischen Abläufe und mangels verfügbarer Energiedaten nicht möglich.

Optimierungsmöglichkeiten bieten sich generell bei den Absauganlagen. Eventuell ist eine Untersuchung der Lackierabteilung lohnenswert.

3.7 Tischlereien, Schreinereien und Zimmereibetriebe

Die typischen Vertreter des Holzhandwerks sind Tischlereien, Schreinereien und Zimmereibetriebe. In der Regel werden durch diese Betriebe kleine individuelle Aufträge abgewickelt. Nur selten werden Produkte in Serie gefertigt.

Das Spektrum der hier verarbeiteten Holzmaterialien ist äußerst breit. So kommen neben Rohhölzern sämtliche Produkte der Säge-, Hobel-, Spanplatten-, Leimholz- und Lagenwerke zum Einsatz. Demzufolge wird in diesen Betrieben ein heterogener Gerätepark vorgehalten, der es ermöglicht, dieser Materialbandbreite und den individuellen Anforderungen der unterschiedlichen Aufträge gerecht zu werden.

Überdies werden auf den Baustellen dieser Betriebe Maschinen eingesetzt, die vorwiegend durch die Baustromversorgung elektrisch angetrieben werden (z.B. Tischkreissägen, Bohrmaschinen, Oberfräsen).

Vor diesen Hintergründen ist eine übersichtliche Abbildung einer Produktionskette für die hier beschriebenen Holzhandwerksbetriebe nicht erstellbar.

Die Möglichkeiten zur Energieeinsparung bestehen in diesen Betrieben hauptsächlich bei den Querschnittstechniken. Branchenspezifische Einsparpotentiale bestehen im umsichtigen Umgang mit den Bearbeitungsmaschinen und deren sorgfältiger Auswahl bei der Neuanschaffung. Der Bestand sollte auf überdimensionierte Geräte kontrolliert werden, eventuell machen sich Neuanschaffungen schnell bezahlt.

Besondere Beachtung sollten Lackierarbeiten erhalten, da diese Betriebe dafür in der Regel nur unzureichende Anlagen vorhalten oder von Hand lackieren. Hier ist hohes Potential zur Verbesserung des Energieverbrauches und / oder des Schutzes der Gesundheit vorhanden.

4 Ansatzpunkte zur Energieeinsparung

In Kapitel 3 wurden die Betriebe der Holzbranche in 12 Unternehmensprofile eingeteilt und jeweils typische Bearbeitungsgänge mit ihren spezifischen Energieverbräuchen aufgelistet. Es wurde grob aufgezeigt, welche Bearbeitungsvorgänge in den einzelnen Unternehmensprofilen Potentiale zur Energieeinsparung bieten.

In diesem Kapitel werden die konkreten Möglichkeiten zur Energieeinsparung in den einzelnen Bearbeitungsvorgängen erläutert. Dazu werden die verwendeten Techniken detailliert mit den üblichen und möglichen energetischen Unzulänglichkeiten beschrieben und Optimierungsmöglichkeiten aufgezeigt.

Tabelle 4 - 1 zeigt, in welchen Unterkapiteln die Beschreibungen zu den einzelnen Bearbeitungsvorgängen zu finden sind. Dabei sind alle Vorgänge der Bearbeitungsgruppe Mechanische Bearbeitung im Unterkapitel 4.1 Bearbeitungsmaschinen zusammengefaßt.

Bearbeitungsgruppe	Unterkapitel	
Mechanische Bearbeitung	4.1	Bearbeitungsmaschinen
Thermische Bearbeitung	4.2	Holztrocknung
	4.3.4	Lacktrocknung
Sonstige Bearbeitung	4.3	Lackieranlagen
	4.3.4	Lacktrocknung
	4.3.6	Abluftreinigung
Absaugung	4.4	Absauganlagen

Tabelle 4 - 1: Zuordnung der Bearbeitungsgruppen zu den Unterkapiteln

Die Unterkapitel 4.1 bis 4.4 behandeln die spezifischen Bearbeitungsvorgänge und Techniken der Holzbranche. Dabei fällt das Unterkapitel 4.3 (Lackieranlagen) aus dem Rahmen, da hier ein hochspezifischer abgeschlossener Produktionsbereich beschrieben wird. Die Energieverbräuche von Lackieranlagen einschließlich Nebenanlagen sowie deren Einfluß auf den Energieverbrauch von Lüftungs- und Heizungsanlagen sind jedoch markant. Da in größeren Betrieben der Möbelherstellung umfangreiche Lackierabteilungen betrieben werden und auch in kleinen Betrieben häufig lackiert wird, kann hier auf eine angemessene Darstellung nicht verzichtet werden.

Das Unterkapitel 4.5 beschreibt die Querschnittstechniken. Da sie in vielen Betrieben der Holzbranche die größten Energiesparpotentiale aufweisen, werden auch sie ausführlich behandelt.

Das Unterkapitel 4.6 schließlich geht auf die in der Holzbranche weit verbreiteten Holzfeuerungsanlagen ein.

Im Unterkapitel 4.7 werden Praxisbeispiele aus untersuchten Betrieben der Holzbranche vorgestellt. In einer tabellarischen Zusammenfassung werden jeweils Einsparpotentiale, Kosten, Kapitalrückflusszeiten und CO_2-Einsparungen aufgeführt. Die beschriebenen Maßnahmen wurden zum Teil schon umgesetzt.

4.1 Bearbeitungsmaschinen

Die Entwicklung der Bearbeitungsmaschinen war lange Zeit auf Steigerungen der Effizienz bezüglich der Produktion und der Bedienung ausgerichtet. Der energetischen Effizienz wurde kaum Beachtung geschenkt. Der Grund ist hauptsächlich in der mangelnden Nachfrage zu sehen. Kaum jemand hätte zum Erreichen geringerer Energiekosten mehr für eine Maschine bezahlt. In den Bearbeitungsmaschinen steckt daher ein lohnenswertes Potential zur Energieeinsparung. Dies kann umfassend aber nur erschlossen werden, wenn die Unternehmen der Holzbranche energiesparende Maschinen auch von den Herstellern verlangen.

Die in der Holzbranche verwendeten Maschinen zur spanenden Bearbeitung sind vom Prinzip her ähnlich den Maschinen der Metallbearbeitung. Die Unterschiede liegen hauptsächlich in materialbedingten höheren Schnittgeschwindigkeiten, größeren Schnittflächen und der Tatsache, dass keine Kühlschmiermittel verwendet werden.

Weiterhin führen die leichten kleinen Späne zu hohen Beeinträchtigungen und Gesundheitsgefährdungen, sie müssen deshalb abgesaugt und ausgefiltert werden. Durch Absauganlagen ist der Energieverbrauch der Nebenanlagen sehr hoch.

Die eingesetzten Werkzeuge unterscheiden sich teilweise von denen der Metallbearbeitung. Beim Hobeln werden vorwiegend lange Messerwellen eingesetzt. Die Köpfe der Bohrer weisen mit Zentrierspitzen und Vorschneidern für die Bohrlochränder eine völlig andere Bauform auf.

4.1.1 Antriebe

Die Maschinen werden in der Regel mit Asynchron-Drehstrommotoren angetrieben. Ca. 34 % der in Deutschland betriebenen Asynchronmotoren haben eine Leistung zwischen 0,75 und 7,5 kW, der Bereich zwischen 7,5 und 75 kW ist mit 23 % vertreten [Energiever(sch)wendung]. Die Wirkungsgrade der Motoren sind von der Motorgröße abhängig und fallen bei kleinen Baugrößen stark ab. Große Motoren erreichen einen Wirkungsgrad um 92 %, kleine Motoren um ca. 0,1 kW erreichen nur noch ca. 55 %.

Getriebe

Bei einem Maschinenantrieb addieren sich zu den Verlusten im Motor noch die Getriebeverluste, die je nach Konstruktion sehr groß werden können. Ein Schneckengetriebe zur Erzeugung eines hohen Antriebsmoments oder einer hohen Übersetzung vernichtet beim Nenndrehmoment bis ca. 50 % der an der Schneckenwelle eingeleiteten mechanischen Energie. Im Teillastbetrieb wird mehr Energie in Wärme umgesetzt, als das Getriebe mechanisch abgibt. Ein Antrieb mit einem kleinen Motor und Schneckengetriebe erreicht so bei Nennbelastung nur einen Antriebswirkungsgrad von ca. 27 %!

4.1.1.1 Motoren

Der Wirkungsgrad eines Elektromotors ist nicht nur von der Baugröße, sondern wie in Bild 4 - 1 dargestellt ebenfalls von der Belastung abhängig. Im Leerlauf beträgt er je nach Motor nur noch 5 - 20 %.

Leerlaufverluste

Hat die Maschine beispielsweise im Leerlauf mechanische Verluste von 10 % der Nennleistung, so beträgt der Motorwirkungsgrad ca. 19 %. Aus der Leistungsabgabe des Motors und dem Wirkungsgrad folgt, dass der Motor im Leerlauf ca. 50 % der Nennleistung aufnimmt.

Ist der Motor zu groß dimensioniert, wird der Motorwirkungsgrad im Leerlauf noch deutlich schlechter. Dies gilt auch bei geringeren mechanischen Verlusten der Maschine. Zur Deckung der mechanischen Antriebsverluste nehmen Maschinen im Leerlauf nicht selten 80 % der elektrischen Nennleistung auf.

Zu groß ausgelegte Motoren einer Maschine arbeiten nie mit ihrem besten Wirkungsgrad. Maschinen im Teillastbetrieb arbeiten ebenfalls nicht mit optimalen Wirkungsgraden.

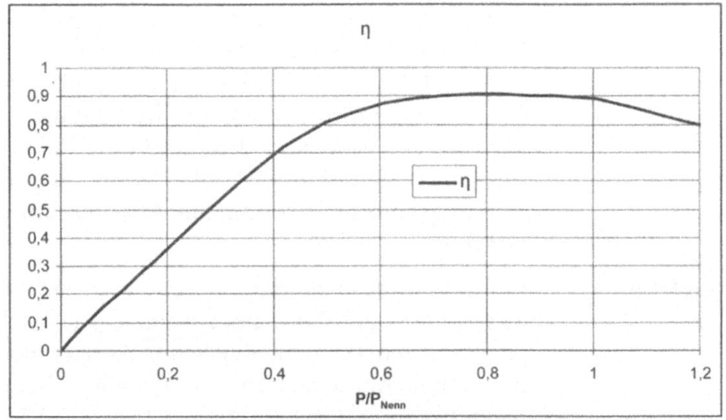

Abbildung 4 - 1: Typischer Wirkungsgradverlauf von Asynchronmotoren

Die Verluste eines Elektromotors setzen sich aus den Anteilen von

- Kupferverlusten
- Eisenverlusten und
- mechanischen Verlusten

zusammen. Die Kupferverluste resultieren aus den ohmschen Widerständen der Wicklungen und sind dementsprechend spannungsabhängig. Die Eisenverluste teilen sich in Wirbelstromverluste und Hystereseverluste auf. Die Wirbelströme werden durch die Magnetfelder in den Metallkernen der Motorwicklungen induziert und verlaufen kreisförmig um die Magnetfelder. Diese Ströme heizen die Pakete auf und erzeugen so Verluste. Um die Wirbelströme möglichst klein zu halten, werden die Metallkerne als Blechpakete ausgeführt. Die Hystereseverluste entstehen durch die ständige Umpolung der Magnetfelder in den Blechpaketen durch den Wechselstrom. Diese Verluste sind abhängig von der Frequenz des Wechselstromes und der magnetischen Induktion.

Mechanische Verluste treten bei Elektromotoren als Reibung in den Lagern, als Strömungsverluste im Luftspalt zwischen Rotor und Stator sowie durch den Betrieb des Lüfters auf der Motorwelle zur Abfuhr der Verlustwärme des Motors auf. Sie steigen mit der Drehzahl des Motors an.

Energiesparmotoren

Standard-Elektromotoren erreichen besonders im Leistungsbereich unterhalb 20 kW nicht ihren theoretisch nach der Baugröße möglichen Wirkungsgrad. In dieser Leistungsklasse werden sogenannte Energiesparmotoren angeboten, auch High-Efficiency-Motoren genannt. Sie sind aus verbesserten Blechpaketen und Kupferwicklungen aufgebaut. Bei Motoren über 10 kW Leistung liegt der Wirkungsgrad infolge dieser Verbesserung um ca. 4 %-Punkte höher. Bei kleineren Motoren sind je nach Baureihe auch Wirkungsgradsteigerungen über 10 %-Punkte möglich. Der Verlauf des Wirkungsgrades über den Lastbereich ist bei diesen Motoren flacher, deshalb weisen diese Motoren im Teillastbereich deutlich geringere Verluste auf als Standardmotoren. Bedingt durch den höheren Materialverbrauch liegen die Preise ca. 50 % über denen der Standardmotoren. In der Regel amortisieren sich die Mehrkosten innerhalb von 2 Jahren.

4.1.1.2 Drehzahlregelung

In holzverarbeitenden Betrieben werden Maschinen selten über die Zeit gesehen konstant belastet. Sie können mit einer Veränderung der Drehzahl an den momentanen Zustand angepaßt werden und nehmen dann im drehzahlreduzierten Teillastbereich weniger Leistung auf. Dies läßt sich in der Regel bei Fördermaschinen besonders gut realisieren.

Polzahlverstellung

Die einfachste Art der Drehzahlverstellung bei Drehstrommotoren besteht in der elektrischen Schaltung zweier Anzahlen von Polen im Stator. Ist der Stator beispielsweise so konstruiert, dass er 6 Pole aufweist, kann er durch elektrische Verschaltung mit 3 oder 6 Polen betrieben werden. Der Motor kann abhängig von der Anzahl der Polpaare mit zwei festen Drehzahlen betrieben werden. Bei dieser Methode ist aber nur eine grobe Abstufung möglich.

Schlupfsteuerung

Bei Asychronmotoren kann die Drehzahl durch Veränderung des Schlupfes stufenlos verstellt werden. Die Drehzahländerung ist allerdings abhängig von der Belastung des Motors. Im Leerlauf steigt die Drehzahl annähernd bis zur Synchrondrehzahl an.

Bei Schleifringmotoren kann der Schlupf durch Änderungen des Rotorwiderstandes geändert werden. Die Drehzahländerung erfolgt jedoch aufgrund von Leistungsverlusten im Rotor und ist daher zur Energieeinsparung wenig geeignet. Durch Veränderung der Statorspannung ist der Schlupf und damit die Drehzahl ebenfalls veränderbar. Insgesamt ist mit der Schlupfsteuerung nur ein begrenzter Verstellbereich verbunden mit einem schlechten Wirkungsgrad möglich.

Stern-Dreieck-Schaltung

Eine besondere Form der Veränderung der Statorspannung ist die Stern-Dreieck-Schaltung. In der Sternschaltung gibt der Motor nur 1/3 seiner Nennleistung ab. Sie wird hauptsächlich zur Reduzierung der Anlaufströme des Motors verwendet und ist eigentlich keine Drehzahlregelung. Bei Maschinen im Teillastbetrieb kann sie jedoch zu einer gewissen Reduzierung des Energieverbrauches eingesetzt werden. Beispielsweise können große Sägen zum Bearbeiten dünner Werkstücke in der Sternschaltung betrieben werde.

Frequenzumrichter

Frequenzumrichter ändern Frequenz und Spannung der Stromversorgung des Motors und reduzieren die Motorverluste im Teillastbereich in gewissen Grenzen. Der magnetische Fluß ist über den Regelbereich ungefähr konstant, es ist ein Anlaufmoment in der gleichen Größe wie das Kippmoment möglich (siehe Abbildung 4 - 2).

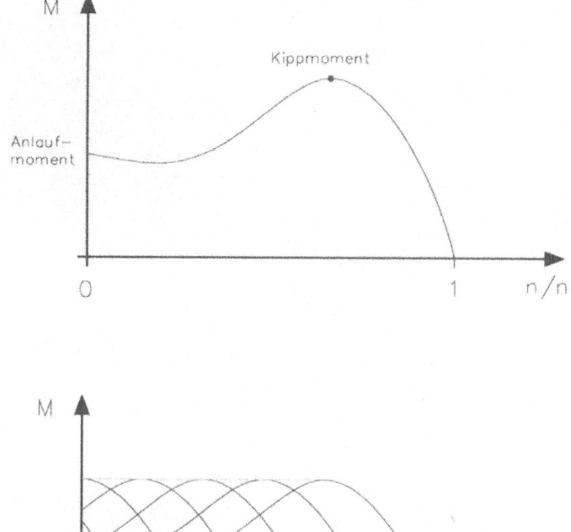

Abbildung 4 - 2: Typische Kennlinie eines ungeregelten Asynchronmotors und Kennfeld dieses Motors mit Frequenzumrichter

Mit Frequenzumrichtern kann die Drehzahl über einen großen Bereich stufenlos und mit hohem Wirkungsgrad verstellt werden. Im Nennlastpunkt ist der Wirkungsgrad etwas geringer als bei ungeregelten Motoren, da auch der Umrichter Verluste aufweist. Im drehzahlreduzierten Teillastbereich aber ist der Gesamtwirkungsgrad aus Motor und Umrichter deutlich besser. Die Regelung mit Umrichter und Sensoren ist aufwändig, hat sich jedoch durchgesetzt. Bei Neuanschaffung eines Motors mit Drehzahlregelung bei hohem Teillastanteil (Lüfter, Pumpen) liegt die Kapitalrückflusszeit häufig unter 2 Jahren.

Abbildung 4 - 3: Getriebemotor mit integriertem Frequenzumrichter [Quelle: SEW]

Abbildung 4 - 4: Antriebsumrichter mit asynchronem und synchronem Servomotor [Quelle: SEW]

Drehzahlregelung kein Ersatz für richtige Dimensionierung

Die Drehzahlregelung ist kein Allheilmittel gegen falsche Auslegung der Maschine oder der Motorgröße. In den Handwerksbetrieben der Holzbranche sind beispielsweise häufig für den Bedarf des Betriebes zu groß dimensionierte Sägen anzutreffen.

Ist eine Pumpe oder ein Lüfter zu groß, kann mit einer Drehzahlregelung der tatsächlich benötigte Massenstrom eingestellt und der Energieverbrauch gesenkt werden. Die Energieeinsparung ist aber nicht optimal, da der Motor weiterhin im Teillastbereich mit nicht optimalem Wirkungsgrad läuft. Zudem wird der mögliche Regelbereich der Maschine eingeschränkt.

Ist der Motor auf einem richtig dimensionierten Lüfter zu groß, ist keine Wirkung erzielbar, weil die Drehzahl des Lüfters nicht abgesenkt werden kann, ohne die geförderte Luftmenge zu reduzieren. Der Antriebsmotor läuft zwangsläufig in Teillast.

Ist eine Säge zu groß dimensioniert, führt eine Verringerung der Drehzahl zu kleineren und damit nicht optimalen Schnittgeschwindigkeiten.

4.1.1.3 Optimierungen

Für die Optimierung von Maschinen gibt es noch weitere Optionen, die im wesentlichen durch die inzwischen erreichten Verbesserungen der Regelungstechnik möglich sind.

Früher waren große bewegte Massen teilweise erwünscht, um Bewegungen gleichmäßig ablaufen zu lassen (Schwungrad). Die moderne Regelungstechnik benötigt solche Speicher mechanischer Energie nicht mehr, da sie schnell und präzise genug reagiert. Da bewegte Massen Energie verbrauchen, sollten sie in modernen Maschinen möglichst klein gehalten werden.

In der Holzbranche arbeiten viele Teilantriebe von Maschinen mit Druckluft. Durch die Substitution dieser Druckluftantriebe durch kleine Elektroantriebe kann der Druckluftverbrauch der Maschinen gesenkt werden. Geregelte kleine Elektroantriebe weisen deutlich bessere Wirkungsgrade als der Druckluftbetrieb auf. Durch die Absenkung des Druckniveaus kann ebenfalls viel Energie bei der Drucklufterzeugung eingespart werden.

Die Bremsenergie von Maschinen kann mittels der Regelelektronik durch Generatorschaltung der Motoren genutzt werden. Dies ist besonders bei Maschinen wirksam, die häufig Geschwindigkeits- oder Drehrichtungsänderungen vornehmen.

In den Maschinen können teilweise bessere Getriebe eingesetzt werden. Bei hohen Laufzeiten können auch teure Getriebe wirtschaftlich werden. Der Einsatz von Schneckengetrieben sollte aufgrund der sehr schlechten Wirkungsgrade dieser Getriebe soweit wie möglich reduziert werden. Zahnriemen weisen gegenüber Keilriemen keinen Schlupf auf und reduzieren dadurch die Verluste. Geregelte Hydraulikpumpen reduzieren den Energieeinsatz gegenüber Drosselregelungen erheblich.

Durch die modernen Elektromotoren und deren Regelungen können mechanische Koppelungen von Anlagenteilen durch elektronische ersetzt werden. Die kleinen Motoren von Einzelantrieben liegen zwar im Wirkungsgrad unter dem eines großen Motors für den Gesamtantrieb, dafür entfallen die Reibungsverluste der mechanischen Koppelung. Die elektronische Steuerung ermöglicht zudem, dass die Einzelantriebe nur laufen, wenn dies wirklich notwendig ist und nicht generell, sobald die Gesamtmaschine eingeschaltet ist. Durch die mögliche Präzisionserhöhung können eventuell Bearbeitungsgänge und damit Energie eingespart werden.

4.1.2 Einzelmaschinen

In Handwerksbetrieben der Holzbranche werden normalerweise Maschinen eingesetzt, die zeitgleich jeweils nur einen Bearbeitungsgang durchführen können. Zu diesem Maschinentyp gehören auch die Mehrzweckmaschinen, auf denen heute in der Regel die Bearbeitungsgänge Bohren, Fräsen, Hobeln oder Kreissägen möglich sind. Zur Wahl der Bearbeitungsart können die Maschinen mehr oder weniger einfach umgestellt werden. Die Beschickung mit den Werkstücken und deren Vorschub während des Bearbeitungsganges erfolgt mit Ausnahme des Dickenhobelns von Hand. Bei Kopierfräsen oder CNC-gesteuerten Maschinen wird der Vorschub von Werkzeug oder Werkstück ebenfalls automatisch durchgeführt.

Abbildung 4 - 5: Bearbeitungszentrum für verschiedene Bearbeitungsgänge [Quelle: Felder]

In der Fertigungsindustrie werden auch Maschinen verwendet, die mehrere Arbeitsschritte gleichzeitig durchführen. Beispiele dafür sind Mehrblatt- und Mehrwellenkreissägen, Gattersägen oder Mehrseitenhobelmaschinen. Die Beschickung mit Werkstücken erfolgt meistens von Hand, während der Vorschub bei der Bearbeitung häufig automatisch erfolgt.

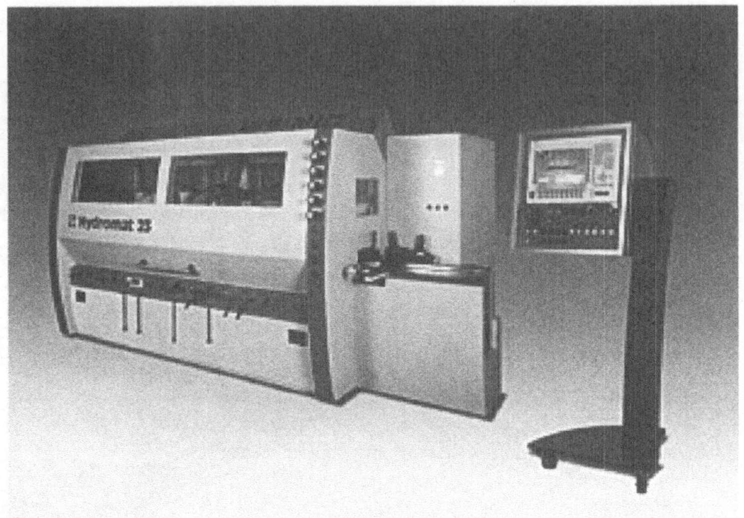

Abbildung 4 - 6: Mehrseitenhobelmaschine [Quelle: Weinig]

Nebenanlagen

Zum Betrieb der Maschinen im Holzgewerbe sind umfangreiche Nebenanlagen erforderlich. In allen Fällen der spanenden Bearbeitung sind Absauganlagen notwendig. Bei vielen Maschinen kommt eine Druckluftversorgung hinzu.

Der Betrieb der Spanabsaugung sollte mit dem Betrieb der Maschine gekoppelt sein. Optimal wäre eine Abschaltung der Absaugung im Leerlauf der Maschine. Dieses Verhalten ist jedoch bei handbedienten Maschinen schwer realisierbar. Im Kapitel 4.4 werden Absauganlagen näher behandelt.

Die Druckluftversorgung sollte auf möglichst niedrigem Druckniveau erfolgen. Näheres zur Druckluftversorgung ist im Kapitel 4.5.2 nachzulesen.

4.1.2.1 Nutzerverhalten

An bestehenden Maschinen können durch die richtige Betriebsweise bedeutende Energiemengen eingespart werden. Hauptansatzpunkt ist der erhebliche Energieverbrauch im Leerlauf.

Leerlaufzeiten reduzieren

Die Leerlaufzeiten zwischen der Bearbeitung mehrerer Werkstücke sollten möglichst kurz gehalten werden. Bei Leerlaufzeiten, die voraussichtlich länger als die 5-fache Hochlaufzeit der Maschine betragen, lohnt es sich bei Berücksichtigung des Anlaufstromes schon, die Maschinen abschalten. Dabei müssen natürlich die Herstellerangaben über die zulässige Schalthäufigkeit beachtet werden. Maschinen mit Sanftanlauf oder Drehzahlregelung sind in dieser Hinsicht weitaus unempfindlicher als solche mit ungeregelten Motoren.

Energieeffiziente Arbeitsstrategie

Die Mitarbeiter sollten in einer rationellen Arbeitsweise geschult werden. Damit können die Leerlaufzeiten verkürzt und die Schalthäufigkeiten herabgesetzt werden. Generell sollte die Bearbeitung von einzelnen Werkstücken soweit wie möglich vermieden werden. Durch Zusammenfassung von Vor- und Nebenarbeiten können in vielen Fällen mehrere Werkstücke ohne Pause Stoß an Stoß beispielsweise durch eine Fräse geschoben werden. Möglicherweise können auch unterschiedliche Werkstücke mit den gleichen Maschineneinstellungen teilbearbeitet werden. In diesem Fall sollte nicht jeweils ein Werkstück fertiggestellt werden, sondern die Arbeitsgänge sollten nach Maschineneinstellung gruppiert werden.

Teillast vermeiden

Wegen des schlechten Teillastwirkungsgrades ist der Teillastbetrieb von Maschinen zu vermeiden. Durch die Rücknahme der Vorschubgeschwindigkeit einer Säge, Fräse oder eines Hobels wird der Energieverbrauch nicht gesenkt, sondern erhöht. Die Zerspanungsarbeit ist die gleiche wie bei höherer Vorschubgeschwindigkeit, wird aber mit schlechterem Maschinenwirkungsgrad ausgeführt und benötigt deshalb mehr elektrische Antriebsanergie. Das gleiche gilt für den Anpreßdruck einer Schleifmaschine.

Werkzeuge sollten in einwandfreiem Zustand gehalten werden. Die Qualität der eingesetzten Werkzeuge hat direkten Einfluß auf die Zerspanungsarbeit.

Regelmäßige Wartung

Die regelmäßige vorbeugende Wartung der Maschinen sorgt dafür, dass die Leerlaufverluste nicht unbemerkt ansteigen. Schon ein geringfügiger Anstieg der Reibungsverluste durch nachlassende Schmierung führt zu drastisch erhöhten Leerlaufverlusten.

4.1.2.2 Neuanschaffung von Maschinen

Bei der Neuanschaffung von Maschinen für die Holzbearbeitung wurde bisher den Betriebskosten infolge des Energieverbrauches häufig zu wenig Beachtung geschenkt. Aufgrund des bisher mangelnden Interesses machen die Hersteller in ihren Prospekten und Katalogen größtenteils keine Angaben zum Energieverbrauch ihrer Maschinen. Eine Einteilung in Effizienzklassen wie bei etlichen Haushaltsgeräten (z.B. Kühlschränke oder Lampen) gibt es noch nicht.

Vor dem Kauf einer Maschine sollten von den Herstellern Energiekennzahlen, mindestens der Energieverbrauch bei Nennbelastung und Leerlauf, angefordert werden. Damit können Maschinen gleicher Bearbeitungsleistung bezüglich der Energiekosten miteinander verglichen werden. Der Energieverbrauch sollte mit zur Kaufentscheidung beitragen. Besonders die Leerlaufleistung sollte beachtet werden. Die Energieverbrauchswerte sollten vertraglich abgesichert und bei Lieferung überprüft werden.

Auslegung der Maschinengröße

Um niedrige elektrische Energieverbräuche gewährleisten zu können, sollten neue Maschinen nicht überdimensioniert werden. Handwerker beispielsweise neigen häufig dazu, eine neue Säge nach möglichst hoher Leistung auszuwählen. Diese Sägen werden dann nur im Teillastbetrieb mit schlechtem Wirkungsgrad oder im Leerlauf betrieben oder bestenfalls einige Male im Jahr voll ausgelastet. Eine Auslegung auf ca. 80 bis 90 % der Anwendungsfälle ist in den meisten Fällen optimal. Die meisten Maschinen lassen sich kurzzeitig ohne Probleme um ca. 10 bis 15 % überlasten und die Belastung kann in gewissen Grenzen durch die Reduzierung von Schnitt- oder Vorschubgeschwindigkeit an die Nennbelastung der Maschine angepaßt werden.

Energiesparende Komponenten neuer Maschinen

Neue Maschinen sollten mit Energiesparmotoren bestückt sein. Für einen geringen Leerlaufstrom sorgen neben der passenden Größenauslegung der Maschine hochwertige Getriebe. Die Verwendung von Schneckengetrieben sollte nur noch auf Antriebe beschränkt sein, die ganz selten benutzt werden und meistens stillstehen. Anstatt Keilriemen sollten Zahnriemen verwendet werden. Energetisch optimal sind direkte Einzelantriebe, die jeweils im Leerlauf ausgeschaltet werden. Maschinen mit Sanftanlauf bieten ebenfalls Möglichkeiten zum Energiesparen, da sie wegen der größeren zulässigen Schalthäufigkeit öfter ausgeschaltet werden können.

Drehzahlregelungen für optimale Schnittgeschwindigkeiten helfen ebenfalls Energie sparen. Maschinen, die sehr langsam hochlaufen und deshalb im Leerlauf seltener abgeschaltet werden, können mit Drehzahlregelung zwischen Produktionsgängen wenigstens auf niedrigere Drehzahlen heruntergefahren werden.

Neben der Einsparung von Energie wird dadurch der Verschleiß reduziert, beispielsweise beim Sägeband einer Bandsäge.

Weiteres Energiesparpotential bietet der Druckluftverbrauch einer Maschine. Neben einem möglichst geringen Druckluftbedarf ist ein niedriger Betriebsdruck auschlaggebend, da die Druckluftkosten exponentiell mit dem Druck steigen. Die Absaugstutzen der Spanabsaugung sollten optimal an die Maschine angepaßt sein (Kapitel 4.4).

4.1.3 Verkettete Maschinen

In industriell geprägten Betrieben der Holzfertigung werden meistens Serien von gleichartigen Werkstücken produziert. Zur Rationalisierung werden die Maschinen für aufeinander folgende Bearbeitungsschritte miteinander verkettet und automatisch betrieben. Die Werkstücke werden in der Regel mittels Förder-, Wende- und Positionieranlagen bewegt. Das Personal wird hauptsächlich zur Überwachung, Einstellung und zum Werkzeugwechsel benötigt.

Hochautomatisierte Anlagen können teilweise sogar die Werkzeuge selbst wechseln. Bedienung und Einstellungen erfolgen über Computer (CNC-Maschinen).

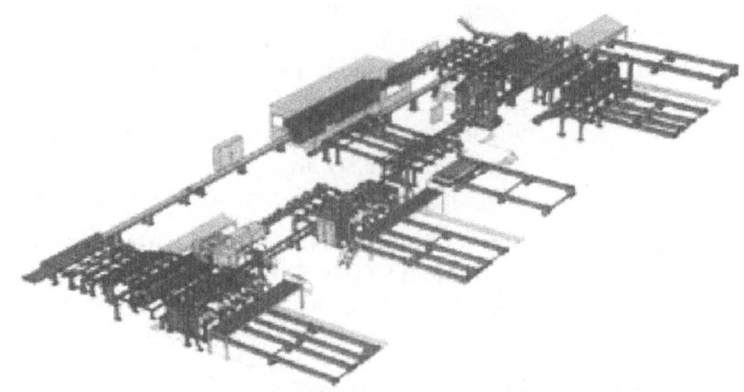

Abbildung 4 - 7: Verkettung von Trennbandsäge, Hobel- und Kehlmaschine sowie Stapel- und Verpackungsstationen [Quelle: Weinig]

Die bei den Einzelmaschinen getroffenen Feststellungen zu energetischen Optimierungen hinsichtlich Nutzerverhalten und Neuanschaffung gelten auch für die verketteten Maschinen. Durch die Verkettung sind zusätzliche Einsparpotentiale vorhanden, die jedoch kaum durch Nutzerverhalten, sondern durch Modifizierung der Steuerungen oder beim Neukauf erschlossen werden können.

Betrieb von Teilanlagen ohne Werkstücke

Verkettete Maschinen werden über einen Hauptschalter in Betrieb genommen und in der Regel laufen dann alle Antriebe ohne Unterbrechung. Dies ist aus energetischer Sicht dann nicht besonders nachteilig, wenn die Holzteile Stoß an Stoß durch die Anlage laufen. Die Anlagenteile arbeiten nach dem Einschalten nur im Leerlauf, bis das erste Werkstück dort ankommt und beim Ausschalten, nachdem das letzte Werkstück den Anlagenteil verlassen hat. Wird die gesamte Anlage aber häufig abgeschaltet oder werden die Werkstücke mit größerem Abstand zugeführt, so werden alle Anlagenteile einen großen Anteil der Betriebszeit im Leerlauf betrieben.

Noch gravierender sind die Energieverluste, wenn die Produktionsstraße von den Werkstücken nicht komplett durchlaufen wird und die nicht benutzten Anlagenteile trotzdem in Betrieb sind. Das gilt auch für die mit den Anlagenteilen verbundenen Nebenanlagen wie z.B. Absauganlagen.

Zur Vermeidung der Leerlaufverluste müssen die einzelnen Anlagenteile mit Sensoren ausgerüstet sein, die der Maschinensteuerung melden, ob im jeweiligen Anlagenteil Werkstücke zur Bearbeitung anstehen. Die Steuerung schaltet erst dann den Anlagenteil ein und nach Verlassen des Werkstückes den Anlagenteil wieder aus. Die Spanabsaugung kann über gesteuerte Klappen oder Schieber so angepaßt werden, dass nur aus Anlagenteilen abgesaugt wird, in denen Werkstücke bearbeitet werden.

Bei der Konstruktion neuer Bearbeitungsanlagen für die Holzindustrie kann diese Energiespartechnik gut implementiert werden. Beim Kauf neuer Anlagen sollte deren Vorhandensein hohe Priorität bei der Kaufentscheidung eingeräumt werden.

Nachrüstung bestehender Anlagen

Bestehende Anlagen der Holzbearbeitung können in der Regel mit den benötigten Sensoren nachgerüstet werden. Schwieriger ist die erforderliche Anpassung der Maschinensteuerung. Der Aufwand ist abhängig davon, ob beispielsweise nur ein Programm geändert werden muß, zusätzliche Relais in den Schaltschrank zu integrieren sind, oder ob es notwendig ist, die komplette Steuerung zu ersetzen. Hierzu können an dieser Stelle keine allgemeingültigen Aussagen getroffen werden. In jedem Einzelfall muß ermittelt werden, wie groß das energetische Einsparpotential ist und welcher Aufwand zu dessen Erschließung erforderlich ist.

4.1.4 Tipps zur Energieeinsparung

Nicht investive Maßnahmen

- Maschinen regelmäßig warten.
- Werkzeuge in einwandfreiem Zustand halten.
- Teillastbetrieb der Maschinen vermeiden, Maschinen voll belasten.
- Maschinen so schnell wie möglich abschalten.
- Werkstücke möglichst Stoß an Stoß durch die Maschine geben.
- Energieeffiziente Arbeitsstrategie entwickeln.
- Druckniveau der Druckluftversorgung auf mögliche Absenkung überprüfen.

Investive Maßnahmen

- Bei Austausch kleiner Elektromotoren den Einsatz von Energiesparmotoren überprüfen.
- Bei Austausch von Elektromotoren die Motorgröße und die Auslastung überprüfen und nach Absprache mit dem Maschinenhersteller wenn möglich einen Motor mit geringerer Leistungsaufnahme verwenden.
- Bei elektrischen Antrieben mit hohen Laufzeiten und variabler Belastung die Nachrüstmöglichkeiten von Drehzahlregelungen überprüfen.
- Bei bestehenden Produktionsanlagen mit verketteten Maschinen die Nachrüstung mit Sensoren und Abschaltungen von Anlagenteilen ohne Werkstücke überprüfen.

Maßnahmen bei Anlagenersatz

- Bei Neuanschaffung von Maschinen keine zu hohe Nennleistung auswählen.

- Bei Neuanschaffung von Maschinen Energiekennwerte anfordern und bei der Entscheidung berücksichtigen.
- Bei der Neuanschaffung von Maschinen auf energiesparende Techniken achten, besonders bei Verkettung von Maschinen zu Produktionsanlagen.

4.2 Holztrocknung

Nach dem Einschnitt und der Aufteilung, ist die Holztrocknung die zweite große und energieintensive Bearbeitungsstufe.

Je nach Produktionsschwerpunkt werden in den Betrieben der Holzbe- und -verarbeitung bis zu 40 % (in seltenen Fällen, bei elektrischer Beheizung der Trockenkammern, bis zu 90 %) des Gesamtverbrauchs an elektrischer Energie für die Holztrocknung aufgewandt. Aufgrund der sehr langen Laufzeiten, von bis zu 8.400 Stunden im Jahr, kommt es auch bei Einsatz von relativ kleinen Motoren zu großen Verbrauchswerten.

Frisch geschnittenes Holz besteht zu ca. 2/3 aus Wasser und zu ca. 1/3 aus der eigentlichen Holzsubstanz. Das Wasser ist in den Zellwänden (gebundenes Wasser) und in den Zellhohlräumen (freies Wasser) gespeichert.

Um einen Liter Wasser zu verdampfen, müssen 2,5 MJ (ca. 0,68 kWh/kg) aufgebracht werden. Bei üblichen Trocknerwirkungsgraden von ca. 0,2 bis 0,4 bedeutet dies, daß für die Trocknung von 1 m^3 Schnittholz ca. 1.500 bis 3.500 MJ eingesetzt werden müssen. Unter der Annahme, daß ca. 60 % der in Deutschland pro Jahr verarbeiteten Schnittholzmenge (18 Mio. m^3) getrocknet werden müssen, ergib sich ein Energieaufwand - ausgedrückt in Heizöläquivalenten - von etwa 400.000 bis 900.000 t Heizöl [siehe Ressel, B.J. u.a.]

Der Feuchtegehalt des Holzes hat einen bedeutenden Einfluß auf die Holzdichte, den Heizwert, die Festigkeitseigenschaften, die elektrischen Eigenschaften und die Dauerhaftigkeit.
Nach DIN 1052-1 ist Holz grundsätzlich mit dem Feuchtegehalt einzubauen, der sich im Gebrauchszustand im Mittel einstellt. In der nachstehenden Tabelle sind einige Richtwerte für Einbaufeuchten von Holz aufgeführt.

Anwendungsbereich	Holzfeuchte in [%]	Beispiele
allseitig geschlossene Bauwerke - mit Zentralheizung - mit Ofenheizung	 9 ± 3 12 ± 3	 Möbel
überdeckte, offene Bauwerke	15 ± 3	Hallen etc.
Konstruktionen, die der Witterung allseitig ausgesetzt sind	18 ± 3	Zäune, Fassaden, etc.

Tabelle 4 - 2: Richtwerte für die Einbaufeuchte von Holz [Quelle: DIN 1052-1]

Vor der Weiterverarbeitung ist daher in der Regel eine Trocknung erforderlich, die in drei Phasen aufgeteilt werden kann:

Phase 1 Das freie Wasser an der Oberfläche wird verdunstet.

Phase 2 Die Verdunstungszone wandert von der Holzoberfläche ins Innere. Die Phase 2 ist abgeschlossen, wenn die feuchteste Stelle gerade noch Fasersättigung aufweist.

Phase 3 Der Dampfdruck in der Holzfaser ist noch höher als in der Umgebung. Die Trocknungsgeschwindigkeit nimmt in dieser Phase deutlich ab.

Der Feuchtegehalt u (relative Feuchte) errechnet sich nach der Formel:

$$u = \frac{m_u - m_o}{m_o} * 100 \qquad \text{in } \%$$

m_u = Masse der feuchten Holzprobe in g

m_o = Masse der absolut wasserfreien, darrgetrockneten Probe in g

4.2.1 Trocknungsverfahren

4.2.1.1 Natürliche Trocknung / Freilufttrocknung

Freilufttrocknung

Bei der Freilufttrocknung wird das Schnittholz in Schichten gestapelt und im Freien oder unter einer Bedachung dem örtlichen Klima ausgesetzt. Die Trocknungszeit und die erreichbare Restfeuchte sind dabei abhängig von dem schwankenden lokalen Klima, den mittleren Windgeschwindigkeiten und der Jahreszeit. Die Trocknung des gebundenen Wassers ist - vor allem im Kernbereich - sehr langwierig. Holzfeuchten von unter 15 % können aufgrund der klimatischen Gegebenheiten praktisch nicht erreicht werden.

Im folgenden Bild sind die Trocknungszeiten von Fichtenbrettern zur Erreichung von 15 % Restfeuchte in Abhängigkeit vom Startmonat der Freilufttrocknung dargestellt.

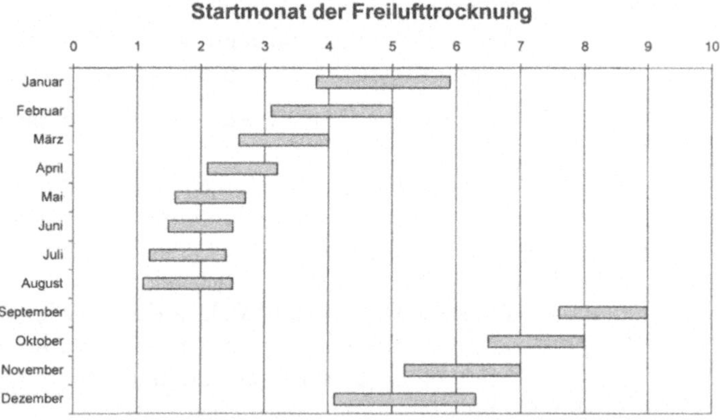

Abbildung 4 - 8: Trocknungszeiten von Fichtenbrettern, 24 mm Dicke [Quelle: Gloor, R.]

Die Trocknung des Holzes hängt im Wesentlichen von der Holzart, der Ausgangsfeuchte, der Brettstärke und der gewünschten Endfeuchte ab. Zur Minimierung der Trockenzeit sollten die Stapel in Hauptwindrichtung ausgerichtet sein. Der Abstand zwischen dem Schnittholz, der durch Stapellatten hergestellt wird, muß mit der Werkstückdicke wachsen. Zum Qualitätserhalt ist es zudem notwendig, die Stapel gegen Regen und direkte Sonneneinstrahlung zu schützen.

Zur Vermeidung von Wertminderungen infolge von Witterungsschwankungen, aber auch zur zeitlichen Optimierung des Kapitaleinsatzes (Umlaufkapital), ist in vielen Fällen eine technische Trocknung notwendig bzw. anzuschließen, um die geforderte Einbaufeuchte zu erreichen.

Grundsätzlich sollte frisch gesägtes Holz in einer Freilufttrocknung vorgetrocknet werden, um den Energieaufwand in den anschließenden technischen Trocknungsverfahren zu reduzieren.

Beispiel:

Um unter idealen Bedingungen einen Liter Wasser zu verdampfen, müssen 0,68 kWh/kg aufgewandt werden. In der folgenden Abbildung ist der Energieaufwand für eine Trockenkammer mit einem Wirkungsgrad von 30 % dargestellt (Energieaufwand: 2,26 kWh/kg), abhängig von der Vortrocknung der Holzbeladung. Die in der Abbildung angegebenen Zahlenwerte beziehen sich auf 1.000 kg atro (absolut trockenes) Holz.

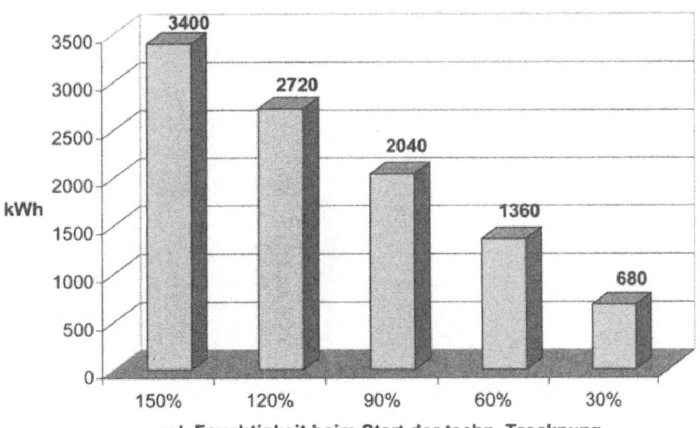

Abbildung 4 - 9: Auswirkung der Vortrocknung auf den Energieeinsatz

Es ist einfach zu erkennen, wie stark sich die Vortrocknung auf den Energieeinsatz auswirkt.

4.2.1.2 Technische Trocknungsverfahren

Bei den technischen Trocknungsverfahren wird das Holz in Kammern oder Durchlaufkanälen einem künstlichen, trockenen Klima ausgesetzt. Durch Regelung des Klimas können wesentlich geringere Endfeuchten in kürzeren Zeitabschnitten erreicht werden, als dies bei der Freilufttrocknung möglich ist. Je nach Holzart und -dicke wird die Trocknersteuerung angepaßt, um ein optimales Ergebnis zu erreichen. Der Trockenvorgang wird dabei über spezielle Sensoren überwacht, die mit der Steuerung verbunden sind. Die sinnvolle Anordnung der Sonden ist dabei entscheidend, um den Trocknungszustand des Holzes zu beurteilen.

Zur Vermeidung von Qualitätseinbußen ist es erforderlich, in zeitlichen Abständen Wasser oder Dampf auf die Oberflächen zu bringen, um eine gleichmäßige Trocknung der tieferliegenden Schichten zu erreichen.

In der nachfolgenden Abbildung 4 - 10 ist der grundsätzliche Aufbau einer Trockenkammer dargestellt:

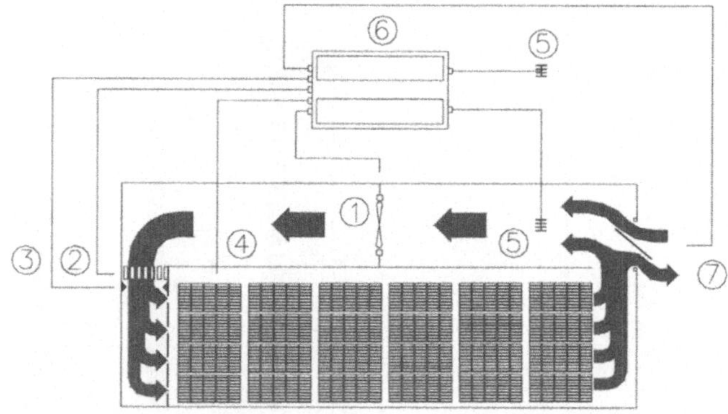

Abbildung 4 - 10: Typischer Aufbau einer Trockenkammer

Die Erzeugung des notwendigen trockenen Klimas kann auf unterschiedlichen Verfahren beruhen, von denen nachfolgend einige skizziert werden.

Umluft-trockner

Umlufttrockner, auch Frischluft-/Ablufttrockner genannt, sind die am häufigsten anzutreffenden Trocknungssysteme. Sie beruhen auf dem einfachen Prinzip der konvektiven Erwärmung des Trockengutes durch zuvor erwärmte Frischluft. Durch die äußere Erwärmung des Trockengutes stellt sich ein Feuchtegradient von innen nach außen ein, der den Feuchtetransport bewirkt. Übliche Trocknertemperaturen liegen bei ca. 50 bis 90 °C.

Das Einsatzgebiet ist vor allem die Trocknung von dünnem Schnittholz und schnell trocknenden Qualitäten, wie z.B. Nadelhölzern.

Solargestützte Trocknungs-anlagen

Für den Bereich der Frischluft-/Ablufttrocknung finden auch solargestützte Systeme Anwendung. Das Holz wird dabei von einer transparenten Hülle umgeben, die ähnlich wie in einem Gewächshaus die kurzwellige Sonnenstrahlung durchläßt und die langwellige Wärmestrahlung reflektiert.

Die Hersteller der Anlagen geben eine Reduktion der Trocknungskosten um ca. 40 % an, wobei sich die Kosten für elektrische Energie um ca. 50% reduzieren.

Dieses langsam wirkende System findet Einsatz bei der Trocknung von Bauholz und Harthölzern aller Art. Es kann aber auch zur kostengünstigen Vortrocknung genutzt werden.

Abbildung 4 - 11: Beispiel einer solargestützten Trocknungsanlge [Quelle: Fa. Thermo - System]

Kondensati-onstrocknung

Bei der Kondensationstrocknung wird die feuchte Kammerluft von einem Ventilator angesaugt und strömt über ein Kühlregister, an dem das aufgenommene Wasser kondensiert. Die abgekühlte, trockene Luft wird anschließend wieder erwärmt und der Kammer zugeführt. Die Feuchtigkeit verläßt die Kammer als Kondensat, nicht als Wasserdampf. Die Kondensationstrocknung erfolgt bei Temperaturen von ca. 50 bis 70 °C.

HF-Trocknung

Bei dem Verfahren der Hochfrequenz- bzw. Mikrowellentrocknung wird das Holz einem hochfrequenten Wechselfeld ausgesetzt. Hierbei steigt die Temperatur im Inneren schneller an als in den Randzonen. Das Wasser bewegt sich daraufhin vom Inneren zur Oberfläche. Der Anwendungsbereich der Hochfrequenztrocknung liegt insbesondere im Bereich hochwertiger Hölzer kleinerer Dimensionen.

Vakuumtrocknung

Vakuumtrockner werden immer häufiger für die Trocknung hochwertiger Hölzer eingesetzt. Das System der Vakuumtrocknung basiert auf dem physikalischen Grundprinzip, dass der Verdampfungspunkt von Wasser druckabhängig ist. Wird der Druck in einer geschlossenen Trockenkammer reduziert, so erreicht der geringe Druck auch die Fasern im Holzquerschnitt. Auch bei Temperaturen von deutlich unter 100 °C kommt es dann zu Verdampfung des gebundenen Wassers. Im Holzquerschnitt stellt sich eine Dampfströmung in Richtung der Oberfläche ein und ermöglicht so eine schnelle und schonende Trocknung bei niedrigen Temperaturen.

Bei der Vakuumtrocknung wird weniger Wärmeenergie aufgewandt als bei der Frischluft-/Ablufttrocknung, dafür wird aber mehr elektrischer Strom benötigt. Abgesehen von den Transmissionsverlusten wird die eingesetzte Energie tatsächlich zur Verdampfung des Wassers eingesetzt.

Das Verfahren ermöglicht zudem die Verminderung der Trokkenzeiten, ohne Qualitätseinbußen befürchten zu müssen. In modernen Anlagen kann bei gleichem Trockenkammervolumen pro Zeiteinheit die dreifache Menge Holz getrocknet werden, als bei einer konventionellen Zuluft-/Ablufttrockneranlage.

Abbildung 4 - 12: Vakuumtrockner
[Quelle: Fa. Hildebrand - Holztechnik]

Ein weiterer Vorteil kommt bei der Trocknung hochwertiger Hölzer zum Tragen. Bei vermindertem Druck wird auch die Sauerstoffmenge in der Kammer reduziert, die sonst evtl. Verfärbungen des Holzes nach sich zieht.

Zur Übertragung der Wärmeenergie an das Holz ist es notwendig, aufgrund der im Vakuum verdünnten Luft, die Luftgeschwindigkeit deutlich zu erhöhen. Bei Geschwindigkeiten von ca. 15 bis 20 m/s ist eine sinnvolle Grenze erreicht, da sich bei den erhöhten Geschwindigkeiten ungleiche Strömungsverhältnisse sehr stark auf die Trocknungsqualität auswirken.

Inkubations- / Dekompressionstrockner

Beim Inkubations-/Dekompressionstrockner erfolgt die Trocknung des Holzes rein mechanisch, ohne Zuführung von Wärmeenergie. Durch das wechselseitige Ansetzen eines Über- und Unterdrucks erfolgt die Trocknung des eingeschlossenen Holzes. Während der Inkubationsphase wird Luft in die Holzhohlräume gepreßt. Das in den Hohlräumen vorhandene Wasser sättigt sich an der einströmenden Luft. In der Dekompressionsphase führt dies zu einer Übersättigung, wodurch das Wasser entlang der Kapillaren an die Oberflächen gelangt. Durch mehrfaches Wiederholen kann das Holz bis zu einer Feuchtigkeit von ca. 10 % getrocknet werden.

Trocknung von Holzspänen

Holzspäne können erst bei einer Restfeuchte von ca. 2% zu Spanplatten verarbeitet werden. Zur Trocknung der Späne werden in der Spanplattenproduktion über 60% der aufzuwendenden Produktionsenergie benötigt.

Üblich ist es, mit warmen Brennerabgasen die Späne zu erhitzen und den freigesetzten Wasserdampf ungenutzt durch den Schornstein abzuführen. Neuere Erkenntnisse des Fraunhofer-Instituts für Holzforschung und dem Clausthaler Umweltinstitut weisen nun auf eine energiesparende Anlagenkonzeption, bei der überhitzter Wasserdampf zur Trocknung eingesetzt wird. In einer modifizierten Großanlage in Uelzen wurden folgende Erfahrungen gemacht: "In der Anlage strömt überhitzter Wasserdampf im Kreislauf. Er trocknet die Holzspäne schneller als heißes Gas und reichert sich weiter mit Wasser an. Ein Teil des Dampfstroms wird kondensiert. Mit der freigesetzten Abwärme wird frischer Dampf erzeugt. Auf diese Weise und durch den Einsatz eines neuartigen Wärmetauschers werden in Uelzen 15 Prozent Heizenergie eingespart." [Ehrlenspiel, J.]

Im Fall der beschriebenen modifizierten Großanlage werden sich die Investitionen innerhalb von vier Jahren amortisieren.

4.2.3 Energiesparmöglichkeiten

Anpassung der Ventilatorleistung an die Holzfeuchte:

Luftumwälzung

Eine Reduktion der Luftgeschwindigkeit um die Hälfte reduziert die Leistungsaufnahme des Ventilators um den Faktor acht (siehe Kapitel 4.4.1). Bei Holzfeuchten von mehr als 25% (oberhalb der Fasersättigung) ist es sinnvoll, zunächst hohe Luftgeschwindigkeiten von ca. 2,5 m/s zu fahren. Bei Unterschreiten der Fasersättigung kann die Drehzahl des Ventilators deutlich gesenkt werden, ohne Leistungs- oder Qualitätseinbußen befürchten zu müssen.

Anpassung der Ventilatorleistung an die Beladung:
Bei der Trocknung von dünnen Brettern beträgt der freie Querschnitt in der Trockenkammer ca. 50%. Bei einer Beladung mit dicken Brettern, Balken o.ä. reduziert sich der freie Querschnitt auf Werte um ca. 30%. Für die Energieeffizienz bedeutet dies, dass schon zu Anfang mit einer reduzierten Ventilatorleistung gefahren werden kann, um in dem verbliebenen freien Querschnitt eine Luftgeschwindigkeit von 2,5 m/s zu erzeugen.

Regelung der Ventilatorleistung:
Zur Reduktion und Anpassung der Leistung bieten sich polumschaltbare Motoren oder besser frequenzgeregelte Drehzahlregelungen an. Die geringste einstellbare Drehzahl sollte dabei so gewählt werden, dass der Ventilator immer noch einen gleichmäßigen Luftstrom erzeugt.

Geräteauswahl:
Aufgrund der sehr langen Betriebszeiten der Trockenkammern von bis zu 8.400 Stunden im Jahr sollten Ventilatoren mit möglichst hohen Wirkungsgraden und großen Regelbereichen eingesetzt werden. Als Antriebsmotoren sollten ausschließlich Energiesparmotoren Anwendung finden.

Beispiel:

Ein Unternehmen der Leimbinderproduktion setzt zwei ältere und eine neuere Zuluft-/Abluftanlage zur Trocknung von Holz ein. In den nachfolgenden Tabellen sind die aufgezeichneten Wärme- und Stromverbräuche dargestellt.

Wärmeverbrauch:

Zuluft-/Ablufttrocknung	spez. Wärmeverbrauch [kWh_{th}/m^3]	Wärmeverbrauch bei 4.700 [m^3/a]
TK 1*	151	710.000 kWh/a
TK 2*	158	743.000 kWh/a
TK 3**	149	700.000 kWh/a
* ältere Anlage, ohne Drehzahlregelung ** neuere Anlage, mit Drehzahlregelung		

Tabelle 4 - 3: Wärmeverbrauch der untersuchten Zuluft-/Abluftanlagen

Stromverbrauch:

Trockenkammern, Umluftprinzip	spez. Stromverbrauch kWh_{el}/m^3	Stromverbrauch bei $4.700\ m^3/a$ kWh_{el}/a	Stromkosten in EURO, bei 0,10 EURO/kWh
TK 1*	27,50	129.000	12.900
TK 2*	25,00	117.000	11.700
TK 3**	14,00	66.000	6.600

* ältere Anlage, ohne Drehzahlregelung
** neuere Anlage, mit Drehzahlregelung

Tabelle 4 - 4: Stromverbrauch der untersuchten Zuluft-/Abluftanlagen

Die Analyse der Stromverbrauchsmessungen zeigt einen erheblichen Unterschied im Stromverbrauch zwischen den älteren und der neueren Anlage auf. Die Ursache ist im drehzahlgeregelten Ventilator der neuen Kammer zu sehen.

Bei gleicher Trocknerleistung resultiert daraus ein Einsparpotential von 114.000 kWh/a (= 11.400 EURO/a, bei einem Strombezugspreis von 0,10 EURO/kWh), das durch Nachrüstung der älteren Trockenkammern erschlossen werden kann.

Hinzu kommen weitere Vorteile, wie Trocknungsqualität, geringere Wartungs- und Reparaturkosten sowie ein besseres Handling des gesamten Trocknungsvorgangs.

Wärmedämmung

Neben der Wärmerückgewinnung aus der Abluft durch Wärmetauscher oder Kondensation des Wasserdampfes (siehe Kapitel 4.5.6) ist es sinnvoll, die Transmissionswärmeverluste durch Wände und Decken zu minimieren. Bei den Trockenkammern, mit mittleren Temperaturdifferenzen zur Umgebung von ca. 70 K, die zudem das ganze Jahr über bestehen, sollten Dämmstärken von ca. 20 cm an den Wänden, ca. 30 cm im Dachbereich und ca. 10 cm im Bodenbereich vorgesehen werden. Für die Dämmung der Wände und Decken bieten sich übliche Dämmmaterialien der Wärmeleitgruppe (WLG) 040 an. Im Bodenbereich müßte aufgrund des hohen Gewichts ein druckfester Dämmstoff, wie z.B. Schaumglas, eingesetzt werden.

Beispiel:

Die weitgehend ungedämmte Rückwand einer Trockenkammer hat einen U-Wert von 1,5 [W/m²K] und eine Fläche von 100 m². Der mittlere Temperaturunterschied zwischen Kammer und Umgebung beträgt 70 K. Durch Dämmung der Rückwand mit 5, 15 bzw. 30 cm Dämmstoff der WLG 040 (λ=0,04 W/mK) ergeben sich die in der Tabelle 4 - 5 aufgelisteten Einsparungen:

$$U_{alt} = 1{,}5\ [\frac{W}{m^2K}]$$

$$U_{neu} = (\frac{1}{U_{alt}} + \frac{d}{\lambda})^{-1} \quad \text{in } [\frac{W}{m^2K}]$$

$$\dot{Q}_{Einsp} = (U_{alt} - U_{neu}) * A * dT \quad \text{in } [W]$$

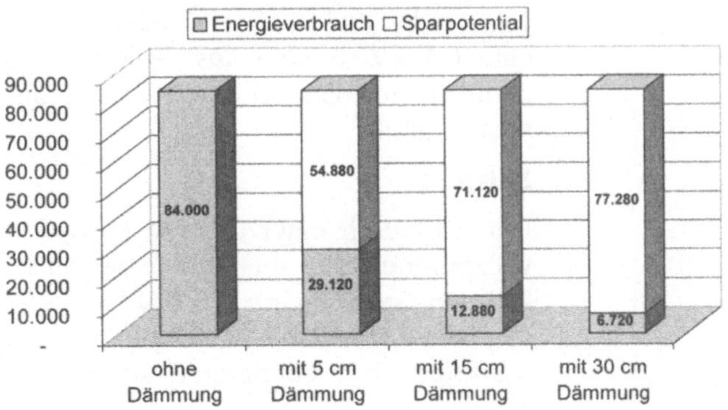

Abbildung 4 - 13: Einfluß der Wärmedämmung auf den Energieverbrauch

	U-Wert [W/m²K]	Wärmeverlust bei 70 K und 100 m² in [kW]	Einsparung bei 8.000 h/a in [kWh] und EURO*
ohne Dämmung	1,50	10,50	-
mit 5 cm Dämmung	0,52	3,65	54.780 kWh 2.739 EURO
mit 15 cm Dämmung	0,23	1,58	71.320 kWh 3.566 EURO
mit 30 cm Dämmung	0,12	0,86	77.140 kWh 3857 EURO

* Wärmebezugspreis 0,05 EURO/kWh_{th}

Tabelle 4 - 5: Einfluß der Wärmedämmung auf den Energieverbrauch

Umwälzpumpen der Heizungsanlage

Für die zur Versorgung des Trocknerwärmetauschers eingesetzten Umwälzpumpen gilt, wie bei der Gebäudeheizung, dass die Pumpenleistung etwa ein Tausendstel der Heizleistung ausmachen sollte. Bei einer Heizleistung von z.B. 500 kW reicht also eine 0,5 kW Pumpe aus. Außerdem sollte die Umwälzpumpe natürlich nur dann laufen, wenn tatsächlich Wärme transportiert werden muß.

Beispiel:

Der Austausch einer um ca. 2,5 kW zu groß ausgelegten Umwälzpumpe spart bei 8.000 Betriebsstunden pro Jahr 20.000 kWh. In Geld bewertet (0,10 EURO/kWh_{el}) kann man durch diese Maßnahme 2.000 EURO pro Jahr einsparen. Die Energieeinsparungen werden ohne Leistungs- oder Qualitätseinbußen erzielt.

Beladung der Trockenkammern

In einer Trocknungskammer sollten nach Möglichkeit nur Hölzer gleicher Art und Stärke mit gleicher Anfangs- und Endfeuchte getrocknet werden, um kurze Trocknungszeiten und gleichmäßige Qualitäten zu gewährleisten.

Bei der Stapelung sollte kein Versatz zwischen den Stapeln entstehen, so dass die Luft ungehindert durch die Stapelstöße strömen kann.

Spitzenlastmanagement

Die elektrischen Antriebe von Trockenkammern sind gut geeignet, um in ein Spitzenlastmanagement einbezogen zu werden. Da dieser Sachverhalt noch ausführlich in einem späteren Kapitel (4.5.1) behandelt wird, sei hier nur angemerkt, dass die elektrische Leistungsaufnahme der Trockenkammer kurzzeitig reduziert werden kann, ohne negativen Einfluß auf die Trocknungsqualität bei nur geringer Verlängerung des Trocknungsprozesses.

Heizungsanlage

Ideal zur Bereitstellung der für die Trocknung notwendigen Wärmeenergie ist eine Holzfeuerungsanlage (siehe Kapitel 4.6), mit der die ohnehin anfallenden Resthölzer sinnvoll und CO_2-neutral verwertet werden können. Während der Stillstandszeiten muß die Beheizung natürlich abgeschaltet werden.

Bei gas- oder ölbetriebenen Kesseln sollte ein Niedertemperaturkessel eingesetzt werden. Bei der Niedertemperaturtrocknung, mit entsprechend niedrigen Rücklauftemperaturen ist ein Brennwertkessel die effizienteste Art der Beheizung.

Die Kesselanlage sollte grundsätzlich in ihrer Leistung regelbar sein, um z.B. in der dritten Trocknungsphase auch eine Reduzierung der Heizleistung und damit einen energiesparenden Betrieb zu ermöglichen.

Die elektrische Beheizung von Trockenkammern ist aus energetisch / ökologischer Sicht abzulehnen. Es mag sinnvoll sein, wie im Schrifttum zu finden, eine bestehende elektrisch beheizte Anlage energetisch zu optimieren, z.B. zu dämmen. Wegen der hohen Energieverluste bei der Stromerzeugung ist es jedoch nicht sinnvoll, eine solche Anlage zu installieren. Im Gebäudebereich, in dem die Beheizung bei niedrigeren Temperaturen erfolgt, ist der Zusammenhang schon seit langem bekannt.

Das folgende Beispiel vergleicht den Primärenergiebedarf und die CO_2-Emissionen unterschiedlicher Heizsysteme, am Beispiel einer Zuluft-/Ablufttrockenanlage.

Beispiel:

Die Zuluft-/Ablufttrockenanlage, aus einem vorherigen Beispiel bekannt, hat einen spez. Wärmeverbrauch von 149 kWh_{th}/m^3 und einen spez. Stromverbrauch von 14 kWh_{el}/m^3. Bei der Trocknung von 4.700 m^3 Holz pro Jahr werden 700 MWh_{th}/a und 6,6 MWh_{el}/a aufgewandt.

Im folgenden Systemvergleich werden unterschiedliche Wärmeversorgungsvarianten mit den daraus resultierenden Primärenergieverbräuchen und die CO_2-Emissionen dargestellt:

Fall 1 Die Wärme wird elektrisch erzeugt. (Primärenergiefaktor (KEA**) für den Strom-Mix in Deutschland: 2,91* [kWh/kWh] / CO_2-Emission pro kWh: 0,677* [kgCO_2/kWh])

Fall 2 Die Wärmeerzeugung erfolgt über einen konventionellen Öl-Kessel (Primärenergiefaktor für Heizöl: 1,16* [kWh/kWh] / CO_2-Emission pro kWh: 0,317 [kgCO_2/kWh] / Nutzungsgrad: 0,92)

Fall 3 Die Wärmeerzeugung erfolgt über einen Gaskessel mit Brennwertnutzung (Primärenergiefaktor für Erdgas: 1,17* [kWh/kWh] / CO_2-Emission pro kWh: 0,252 [kgCO_2/kWh] / Nutzungsgrad: 1,03)

Fall 4 Die Wärmeerzeugung erfolgt über einen Holzkessel (Primärenergiefaktor für Stückholz: 0,03* [kWh/kWh] / CO_2-Emission pro kWh: 0,02* [kgCO_2/kWh] / Nutzungsgrad: 0,90)

Der Primärenergiefaktor für den nicht thermisch genutzten Strom beträgt 2,98* [kWh/kWh], die dazugehörigen CO_2-Emissionen 0,68 [kgCO_2/kWh]

* Werte nach GEMIS 4.1
** kumulierter Energieaufwand

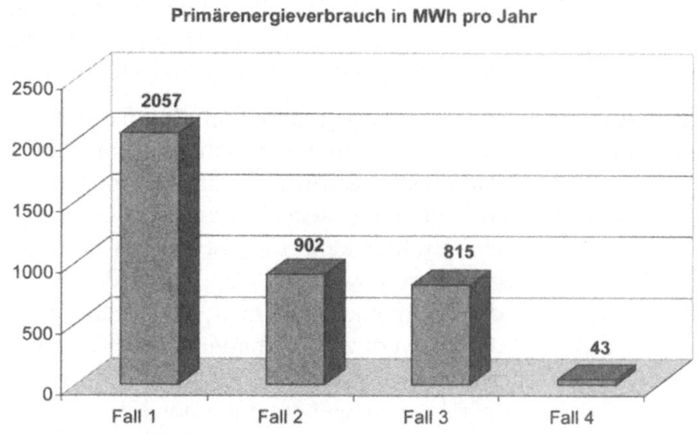

Primärenergieverbrauch in MWh pro Jahr
2500
2000
1500
1000
500
0
2057
902
815
43
Fall 1
Fall 2
Fall 3
Fall 4

Abbildung 4 - 14: Vergleich des Primärenergieverbrauchs, bei verschieden beheizten Zuluft-/Abluftanlagen

CO_2-Emission in t CO_2 pro Jahr
500
450
400
350
300
250
200
150
100
50
0
478
246
176
20
Fall 1
Fall 2
Fall 3
Fall 4

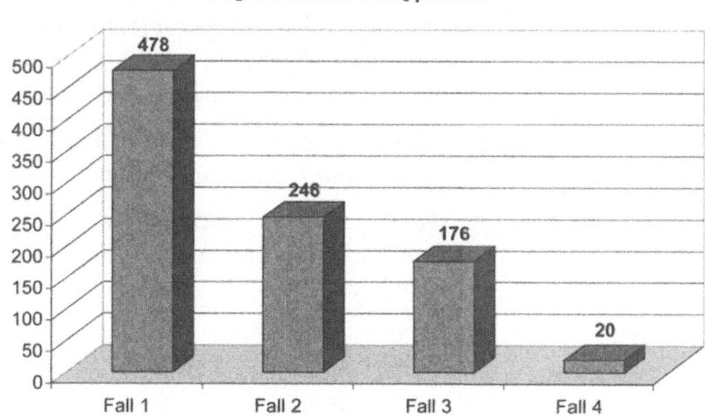

Abbildung 4 - 15: Vergleich der CO_2-Emission, bei verschieden beheizten Zuluft-/Abluftanlagen

Kraft - Wärme - Kopplung

In größeren Betrieben ist auch die Kraft-Wärme-Kopplung auf Restholzbasis denkbar. Das Erneuerbare - Energien - Gesetz (EEG) garantiert für eingespeisten Strom eine Vergütung, die i.d.R. über dem Strombezugspreis liegt. Die anfallende Wärme kann zur Beheizung der Trockenkammern genutzt werden, die aufgrund des langen und gleichmäßigen Verbrauchs ideale Abnehmer darstellen. Im Zuge einer größeren Revision oder Anschaffung sollte daher der wirtschaftliche Einsatz einer Kraft - Wärme - Kopplungsanlage in jedem Fall geprüft werden.

Wärmerückgewinnung

Bei den konventionellen Zuluft-/Ablufttrocknungsanlagen wird die aufgenommene Feuchtigkeit mit der Abluft aus der Trockenkammer ausgeführt. Die im Dampf enthaltene Energie ist danach für eine technische Nutzung verloren. Durch Einsatz eines Wärmetauschers kann die Wärme aus dem Abluftstrom auf die Zuluft übertragen werden. Der Wasserdampf kondensiert und verläßt den Wärmetauscher nicht als Dampf sondern als Kondensat. Auf diesem Prinzip aufbauend wurde ein sogenannter Tandem-Trockner entwickelt, der die Abwärme der ersten Trockenkammer in eine weitere Kammer leitet, die zur Vortrocknung dient. Weitere Möglichkeiten der Wärmerückgewinnung werden ausführlich im Kapitel 4.5.6 beschrieben.

4.2.4 Tipps zur Optimierung

Nicht investive Maßnahmen

- Wenn es vom Liefertermin und vom Klima her möglich ist, sollte aus Sicht der Energieeffizienz eine Vortrocknung im Freien oder in einem geschützten Bereich genutzt werden. Dabei sollte auf folgende Punkte geachtet werden:
    - Nutzung der Hauptwindrichtung
Ausrichtung der Stapel längs zur Hauptwindrichtung
    - Abstandhalter / Stapellatten
Mit zunehmender Werkstückdicke muß der Abstand wachsen
    - Abstand vom Boden
Stapel nicht direkt auf dem Boden plazieren und für einen Regenabfluß sorgen
    - Abdecken der Stapel
Stapel gegen Regen und direkter Sonnenbestrahlung schützen
    - Überdachter Holzplatz
Beste Bedingungen zur Holztrocknung mit gleichmäßiger Qualität

- Langsames Aufheizen der Trockenkammer bewirkt zweierlei:
  1. Die Heizleistung des Kessels muß nicht so groß sein
  2. Zu schnelles Austrocknen der Außenbereiche mit Oberflächen- und Hirnrissen wird vermieden.

Investive Maßnahmen

- Einbindung der Trocknungsanlagen in die betriebliche Spitzenlastregelung /-begrenzung. Ein kurzzeitige Verringerung der Luftgeschwindigkeit führt zur deutlichen Reduzierung der elektrischen Lastaufnahme, ohne merkliches Anwachsen der Trocknungszeit.
- Solange das zu trocknende Holz eine Feuchtigkeit von über 25 % hat, beschleunigt eine hohe Luftgeschwindigkeit (ca. 2,5 m/s) den Trocknungsprozess. Unterhalb einer Holzfeuchte von 25% erbringt eine hohe Luftgeschwindigkeit keinen Zeitgewinn. D.h. Anpassung der Ventilatorleistung in Abhängigkeit der Holzfeuchte. (Wie aus Erfahrungsberichten bekannt, werden die vom Hersteller vorgesehenen Einrichtungen zur Drehzahlreduzierung oftmals nicht genutzt). Eine Halbierung der Ventilatordrehzahl/Luftgeschwindigkeit reduziert die Leistungsaufnahme um den Faktor 8 (siehe Kapitel 4.31).
- Um den Transmissionswärmeverlust gering zu halten, sollten die Trockenkammern im Dachbereich eine Dämmung von ca. 30 cm, an den Wänden von ca. 20 cm und im Bodenbereich von ca. 10 cm aufweisen.

Maßnahmen bei Anlagenersatz

- Die Beheizung der Trockenkammern sollte möglichst über einen Holzkessel erfolgen, der in der Lage ist, das zur Verfügung stehende Restholz sinnvoll und CO_2-neutral zu nutzen.

4.3 Lackieranlagen

In Kapitel 3.5 sind bei der Lackierung in der Möbelherstellung lediglich die Anteile an thermischer Energie für die Lacktrocknung ausgewiesen.

Zum Energieverbrauch der Lackieranlagen müssen allerdings wegen der geforderten hohen Luftwechsel noch die sehr großen Anteile für die Hallenbeheizung und die Anteile der Druckluftversorgung hinzugerechnet werden. Insgesamt ist der Energieeinsatz nur zu einem geringen Anteil zum Aufbringen der Beschichtung erforderlich, der weitaus größte Anteil wird zum Einhalten von Vorschriften und zum Trocknen der Beschichtung benötigt.

Der direkt oder indirekt der Lackierung zuzuordnende Energieverbrauch ist abhängig von

- Vorschriften
- Verbrauch von organischen Lösemitteln
- verbrauchter Lackmenge
- und Trocknungsverfahren.

Der Verbrauch organischer Lösemittel wird bestimmt durch die verwendeten Lackarten, das Auftragsverfahren und die verbrauchte Lackmenge. Die Lackmenge ihrerseits wird ebenfalls durch das Auftragsverfahren bestimmt. Die einsetzbaren Trocknungsverfahren sind hauptsächlich von den Lackarten abhängig. Die Betriebe können also durch die Auswahl der Lackarten und der Auftragsverfahren den Energieverbrauch entscheidend beeinflussen.

Zur Aufdeckung der Einsparpotentiale ist allerdings einiges Fachwissen erforderlich. Verwendete Lackarten, Auftragsverfahren, Lacktrocknung und Abluftreinigung weisen starke Abhängigkeiten untereinander auf, die bei den energetischen Optimierungen berücksichtigt werden müssen. Die notwendigsten Grundkenntnisse werden in diesem Kapitel vermittelt.

4.3.1 Vorschriften

Bei der Beschichtung der Holzoberflächen wird in unterschiedlichem Umfang mit umweltschädlichen Stoffen hantiert, deren Verwendung stark reglementiert ist. Einige wichtige Vorschriften - ohne Anspruch auf Vollständigkeit - sind:

- Arbeitsstättenrichtlinien
- Gefahrstoffverordnung
- MAK-Werte
- BImSchG
- 4. BImSchV
- 7. BImSchV

- 13. BImSchV
- 17. BImSchV
- TA-Luft
- Europäische VOC-Richtlinie, Richtlinie 1999/13/EG
- Verschiedene Richtlinien zur Vermeidung von Explosionen

Alle diese Vorschriften fordern im Wesentlichen für die schadstoffbelasteten Arbeitsräume bestimmte Maximalkonzentrationen oder Mindestluftwechsel, abhängig vom Gefährdungspotential der Schadstoffe. Von der VBF (Verordnung über brennbare Flüssigkeiten) kann beispielsweise ein 5-facher Außenluftwechsel für Räume gefordert werden, in denen mit Lacken mit organischen Lösemitteln hantiert wird. Generell kann festgestellt werden, dass mit steigendem Verbrauch organischer Lösemittel und wachsender Hallengröße die von außen zugeführte und zu erwärmende Luftmenge zunimmt und dementsprechend der Heizenergieverbrauch steigt. Durch Reduzierung der Raumgrößen kann andererseits der Energieverbrauch gesenkt werden.

Nachbehandlung der Abluft

Oberhalb bestimmter Verbräuche an organischen Lösemitteln ist die Nachbehandlung der Abluft vorgeschrieben, beispielsweise durch Abtrennung der Lösemittel, um die Emissionen der Lösemittel in die Umwelt zu begrenzen. Die einzuhaltenden Grenzwerte der Fortluftkonzentrationen sind ebenfalls abhängig vom Verbrauch organischer Lösemittel. Die Abluftreinigung wird meist in Form einer thermischen Nachverbrennung (Kapitel 4.3.6) realisiert, die Zusatzbrennstoff zum Erreichen der Reaktionstemperatur benötigt.

Es existiert weiterhin eine Vielzahl von Vorschriften zur Abfallbeseitigung und -behandlung. Auf diesem Gebiet sind weitere Möglichkeiten zu Optimierungen und finanziellen Einsparungen vorhanden, z.B. durch Recycling von Lackresten und Lösemitteln. Sie sind jedoch für die Energiebilanz holzverarbeitender Betriebe von untergeordneter Relevanz.

Beispiel

In einer Werkhalle von 20 * 50 m mit einer Raumhöhe von 6 m werden Montage- und Lackierarbeiten durchgeführt. Wegen der verwendeten Lackarten ist ein Außenluftwechsel von 5 vorgeschrieben. Dies entspricht einem Außenluftstrom von 30.000 m^3/h.

Durch Umorganisation der Arbeitsschritte ist es möglich, den Lackierbereich auf 20 * 30 m zu begrenzen. Der Bereich wird durch eine Wand vom Rest der Halle abgetrennt. Die verkleinerte Lackierhalle wird weiterhin mit einem Außenluftwechsel von 5 belüftet, der restliche Teil mit 0,5. Da die Raumluft im restlichen Teil der Halle nicht schadstoffbelastet ist, wird sie als vorgewärmter Zuluftanteil für die Lackierhalle genutzt. Die gesamte notwendige Außenluftmenge beträgt nur noch 18.000 m^3/h. Dies bedeutet eine Einsparung an Heizenergie von 40 %. Bei einer Raumtemperatur von 20°C und einer Auslegungstemperatur (kälteste Wintertemperatur, die die Heizungsanlage abdecken muß) von -12°C werden 139 kW Heizleistung eingespart. Werden 1.500 Vollbenutzungsstunden jährlich für die Heizung angenommen, beträgt die Energieeinsparung ca. 208 MWh/a. Bei angesetzten Wärmekosten von 0,05 EURO/kWh entspricht dies ca. 10.400 EURO/a.

Zusätzlich kann durch die Reduzierung der Luftmengen elektrische Energie für die Lüfter eingespart werden. Für den Fall, dass eine thermische Nachbehandlung der Abluft notwendig ist, kann diese Anlage ebenfalls um 40 % kleiner dimensioniert werden und verbraucht entsprechend weniger Zusatzbrennstoff.

4.3.2 Beschichtungsstoffe

Beschichtungsstoffe werden von der Industrie in großer Vielfalt für die verschiedensten Zwecke und mit sehr unterschiedlichen Eigenschaften angeboten. Wegen der vielen zusammengehörigen mischbaren Komponenten werden sie auch als Lacksysteme bezeichnet. Eine Einteilung der Systeme kann z. B. nach der Wirkung, den chemischen Eigenschaften oder der Umweltverträglichkeit in Form des Gehaltes organischer Lösemittel vorgenommen werden. Die chemischen Eigenschaften bestimmen wesentlich den Energieverbrauch bei der Verarbeitung und die Umweltverträglichkeit den Energieverbrauch zum Einhalten der Vorschriften. Generell gilt, dass der Energieverbrauch zum Gehalt an Lösemitteln proportional ist.

1- und Mehrkomponenten-Lacke

1- und Mehrkomponenten-Lacke

Die Einteilung nach Komponenten stellt einige chemische Eigenschaften der Beschichtungsstoffe dar.

1-Komponenten-Lacke sind im Prinzip aus dem Gebinde heraus verarbeitungsfähig. Sie müssen nur eventuell nach dem Farbton abgemischt werden oder je nach Verarbeitungsverfahren auf die benötigte Viskosität eingestellt werden. Die fertigen Gemische sind lagerfähig.

Lack, der beim Auftragen nicht auf das Werkstück gelangt, der sogenannte Overspray, kann in entspechend ausgestatteten Anlagen aufgefangen und wiedergenutzt werden. Auf diese Weise kann der Lackverbrauch und damit der Verbrauch an Lösemitteln mit Auswirkungen auf den Energieverbrauch zum Einhalten der Vorschriften eingeschränkt werden.

2-Komponenten-Lacke werden direkt vor der Verarbeitung zusammengemischt, die Trocknung erfolgt in der Regel durch eine chemische Reaktion, wodurch der Energieaufwand zum Trocknen gering ist.

Der fertige Lack ist nicht lagerfähig und nur in einem begrenzten Zeitraum bearbeitbar. Dementsprechend kann der Lack in automatischen Lackieranlagen nicht im Kreislauf gefahren werden. Der Overspray kann nicht wiedergenutzt werden. Overspray und nicht verarbeitete Gemische tragen zum Lösemittelverbrauch bei und erhöhen den Aufwand zum Einhalten der Vorschriften.

Aushärtungsart

Aushärtungsart

Die Aushärungsart gehört ebenfalls zu den chemischen Eigenschaften der Beschichtungsstoffe und bestimmt den Energieverbrauch beim Trocknen der Lackschicht.

Physikalisch trocknende Beschichtungsstoffe härten durch physikalische Vorgänge wie Verdunsten der Lösemittel und/oder Erwärmung aus. Bei Raumtemperatur dauert dieser Vorgang sehr lange, insbesondere bei Wasserlacken. Der Vorgang kann durch Heißluft oder Infrarotstrahlung stark beschleunigt und gesteuert werden. Der Energiebedarf zum Verdampfen der Lösemittel ist sehr hoch.

Chemisch aushärtende Beschichtungen sind in der Regel 2-Komponenten-Systeme. Im Allgemeinen ist der Energiebedarf zum Aushärten gering.

Beschichtungen, die mit UV-Strahlung aushärten, sind ein Grenzfall. Sie härten chemisch aus. Dieser Vorgang wird jedoch durch die Bestrahlung ausgelöst. Der Beschichtungsstoff kann wegen der erreichbaren guten Oberfläche dünner aufgetragen werden, was eine Einsparung an Lösemitteln bedeutet.

Lösemittelgehalt

Lösemittelgehalt

Der Lösemittelgehalt gehört eigentlich zu den chemischen Eigenschaften der Beschichtungsstoffe. Jedoch bestimmt der Anteil an organischen Lösemitteln maßgeblich die Umwelteigenschaften und damit die einzuhaltenden Vorschriften.

Lösemittelhaltige Lacke, Lasuren und Beizen enthalten bis zu 95 % Lösemittel. Diese Lösemittel können sowohl organische Lösemittel als auch Wasser sein. Wasser als Lösemittel ist für die Umwelt unproblematisch und führt zu keinem Energieverbrauch zur Einhaltung von Vorschriften. Der Energieverbrauch zum Trocknen ist jedoch aufgrund der hohen Verdampfungsenthalpie sehr hoch.

Lösemittelarme Lacke enthalten bis zu ca. 20 % Lösemittel. Eine Sonderstellung nehmen einige ungesättigte Polyesterlacke (UP-Lacke) ein. Sie enthalten ca. 35 % Styrol als Lösemittel, jedoch wird der größte Teil davon beim Härten umgewandelt und in den Lackfilm eingebaut.

High-Solid-Lacke besitzen einen Festkörperanteil über 70 %. Deshalb kann die Dicke der Beschichtung dünner als bei anderen Lacken gehalten werden, was neben dem geringen Lösemittelanteil zu einer weiteren Reduzierung von Lösemitteln führt.

Wasserlacke enthalten bis zu 15 % organische Lösemittel. Der Energieaufwand zum Trocknen ist abhängig vom Wassergehalt.

Pulverlacke enthalten keine Lösemittel. Sie werden elektrostatisch auf die Oberflächen aufgebracht und sind deshalb in der Holzbranche nur begrenzt einsetzbar. Die Lackschicht wird thermisch geschmolzen und gehärtet. Der "Overspray" kann gut wiederverwendet werden. Der Energieaufwand zum Einhalten von Vorschriften ist sehr gering.

4.3.3 Lackierverfahren

Für den Lackiervorgang wird mit Ausnahme der Handlackierung elektrische Energie entweder direkt als Energiequelle für Zerstäuberpumpen und Antriebe der Förderanlagen oder indirekt über die Druckluftversorgung benötigt. Dieser Energiebedarf spielt jedoch eine untergeordnete Rolle gegenüber dem Energiebedarf der notwendigen Nebenanlagen wie Lüftungsgeräte und Abluftbehandlungsanlagen. Deren Energiebedarf ist hauptsächlich abhängig von der Menge der eingesetzten organischen Lösemittel.

Neben den verwendeten Lackarten haben die Lackierverfahren einen großen Einfluß auf die eingesetzte Menge der organischen Lösemittel. Bei einigen Verfahren müssen die Lacke durch Zusatz von Lösemitteln auf eine geeignete Viskosität eingestellt werden. Der Lackauftrag selbst ist mit einem Auftragswirkungsgrad verbunden, welcher angibt, wie groß der Anteil des Lackes ist, der auf das Werkstück gelangt. Je höher dieser Wirkungsgrad ist, desto geringer ist der Overspray und damit die insgesamt eingesetzte Lackmenge.

Einen weiteren Einfluß auf die benötigte Lackmenge hat die Vorbearbeitung der Werkstücke. Für feingeschliffene Holzoberflächen wird weniger Lack benötigt als für grob gesägte Holzteile, um eine glatte Lackfläche zu erhalten. Deshalb sollte überprüft werden, ob eine Verbesserung der Oberflächenqualität vor der Lackierung über die Lackeinsparung zu weiteren Einsparungen bei der Lüftung und der Abluftbehandlung und eventuell bei der Trocknung führt.

Verfahren	Auftrags-wirkungsgrad	Einschränkungen Bemerkungen
Hochdruckspritzen	20 - 60 %	
Niederdruckspritzen (HVLP)	40 - 70 %	
Airless-Zerstäubung	20 - 80 %	hoher Durchsatz, etwas grobe Zerstäubung
Airmix- Zerstäubung	20 - 80 %	bessere Oberfläche wie Airless
Heißspritzen	25 - 65 %	
Elektrostatische Pistolenapplikation	40 - 70 %	keine Faradayschen Käfige
Airless elektrostatisch	60 - 75 %	keine Faradayschen Käfige, für große Durchsätze
Elektrostatisch Rotations-zerstäubung	60 - 90 %	keine Faradayschen Käfige, automatische Anlagen, hohe Investitionen
Elektrostatisch Pulverlack	80 - 95 %	keine Faradayschen Käfige
Walzen	95 - 98 %	nur ebene Werkstücke, begrenzte Arbeitsbreite
Gießen	90 - 98 %	nur ebene Werkstücke, begrenzte Arbeitsbreite
Tauchen	90 - 98 %	keine schöpfenden Teile, begrenztes Arbeitsvolumen
Fluten	85 - 95 %	keine schöpfenden Teile, begrenzte Arbeitsbreite

Tabelle 4 - 6: Auftragswirkungsgrade von Lackierverfahren [Quelle: Umweltbundesamt, Hessisches Beratungsprogramm zur Vermeidung von Sonderabfällen]

Manuelle Lakkierung

Der manuelle Auftrag der Beschichtungsmittel mit **Pinsel oder Rolle** ist sehr arbeitsintensiv. Die erzielbare Oberflächenqualität ist nicht so hochwertig wie bei den anderen Verfahren. Der Auftragswirkungsgrad ist stark von der Sorgfalt des Anstreichers abhängig. In der Regel werden Beschichtungen nur beim Ausbessern oder auf Baustellen mit Pinsel oder Rolle aufgebracht.

Arbeiten in geschlossenen Räumen sollten auf möglichst kleine Räume beschränkt werden und nicht an Montagearbeitsplätzen in großen Hallen durchgeführt werden, damit geforderte hohe

Außenluftwechsel nur zu möglichst kleinen Luftmengen und damit Heizenergieverbräuchen führen.

Spritzen

Spritzen

Beim Spritzen wird der Beschichtungsstoff zerstäubt und die Werkstücke mit dem Farbnebel beaufschlagt. Das Verfahren ist sehr universell und es können beinahe alle Arten von Werkstükken beschichtet werden. Es können alle Arten von flüssigen Beschichtungsstoffen aufgetragen werden.

Je nach der Form der Werkstücke und der Art der Zerstäubung treffen fallweise erhebliche Anteile des Beschichtungsstoffes nicht auf die zu beschichtenden Oberflächen. Dieser sogenannte Overspray geht im Extremfall verloren, kann bei großen Spritzanlagen eventuell aber auch zum großen Teil aufgefangen und wiederverwendet werden. Die Auftragswirkungsgrade reichen je nach Verfahren bis hinunter zu 20 %. Die Auftragsmengen des Beschichtungsstoffes liegen bei maximal 250 g/m^2.

Wegen der Nebelbildung darf nicht einfach in den Raum gespritzt werden, da die Farbpartikel auf keinen Fall eingeatmet werden dürfen. Automatische Anlagen arbeiten als geschlossene Systeme, sie sind in der Regel auf bestimmte Werkstücke optimiert. Bei Einzelteilen oder Kleinserien wird normalerweise manuell gespritzt. Dazu werden Spritzkabinen oder Spritzwände mit Absaugung verwendet. Der Overspray wird aus dem Abgas trokken oder naß abgeschieden. Bei Naßabscheidung ist je nach verwendetem Beschichtungsstoff ein Recycling möglich.

Die Absauganlagen von Spritzkabinen sollten abgeschaltet werden, wenn nicht gespritzt wird. Dadurch wird die unnötige Beheizung von Zuluft verhindert und der Energieverbrauch einer nachgeschalteten Abluftreinigung gesenkt. Denkbar wäre zum Beispiel, die Spritzpistole bei Nichtgebrauch an einen Hebel zu hängen, der die Abluftanlage mit einem Nachlauf abschaltet.

Beim Spritzen wird zum Teil mit erheblichen Lösemittelmengen hantiert. Je nach Spritzverfahren muß der Beschichtungsstoff durch Zugabe von bis zu 50 % Lösemitteln in der Viskosität eingestellt werden. Durch die Zerstäubung gelangen hohe Anteile der Lösemittel in die Luft und erfordern bei Verwendung organischer Lösemittel hohe Luftmengen zur Belüftung der Bearbeitungsräume. Der Energieeinsatz zur Beheizung und Abluftbehandlung bei diesem Verfahren ist hoch.

Druckluftzerstäubung

Die **Druckluftzerstäubung** arbeitet mit 1 bis 5 bar Luftdruck. Es werden hochviskose und lösemittelarme Beschichtungsstoffe aufgetragen. Der Sprühkegel der Spritzpistolen ist einstellbar. Die Oversprayverluste sind bei diesem Verfahren an höchsten.

Beim **HVLP-Spritzen** (High-Volume-Low-Pressure) beträgt der verwendete Luftdruck nur 0,2 bis 0,7 bar. Der Beschichtungsstoff wird nicht so fein vernebelt. Der Auftragswirkungsgrad ist deutlich besser als bei der normalen Druckluftzerstäubung. Die Einsparrate für den Beschichtungsstoff und damit für die Lösemittel erreicht bis zu 20 %.

Airless-Verfahren

Die **Airless-Zerstäubung**, auch Höchstdruckspritzen genannt, Zerstäubt den Beschichtungsstoff ohne Beimischung von Druckluft. Der Beschichtungsstoff wird mit 100 bis 400 bar durch die Spritzdüse gefördert und zerstäubt durch den inneren Druck nach dem Austritt. Es wird eine gute Zerstäubung bei geringer Nebelbildung und hohem Stoffdurchsatz erreicht. Das Verfahren eignet sich besonders für große zusammenhängende Flächen. Durch die geringe Nebelbildung ist der Overspray und folglich der Verbrauch an Lösemitteln gegenüber der Druckluftzerstäubung geringer

Beim **Airmix-Verfahren** liegt der Betriebsdruck des Beschichtungsstoffes niedriger. Der Spritzstrahl wird durch die Beimischung von Luftstrahlen mit niedrigem Druck homogenisiert. Die erreichbare Oberflächenqualität ist etwas besser als beim Airless-Verfahren. Der Lösemittelverbrauch ist vergleichbar mit der Airless-Zerstäubung.

Heißspritzen

Beim **Heißspritzen** wird der Beschichtungsstoff auf 55 bis 80 °C erwärmt, um die Viskosität zu senken. Dadurch kann bis zu 80 % der Einstellverdünnung eingespart werden. Die verwendete Lösemittelmenge sinkt erheblich und die Emissionen werden geringer. Zusätzlich tritt eine geringere Nebelbildung auf, was zu einer Einsparung an Beschichtungsmitteln führt. Durch die Möglichkeit, größere Schichtdicken aufzutragen, kann eventuell ein zusätzlicher Beschichtungsvorgang mit weiteren Emissionen vermieden werden. Das Verfahren kann sowohl bei der Druckluftzerstäubung als auch bei Airless-Verfahren genutzt werden. Der Energieaufwand zum Einhalten von Vorschriften ist als gering einzustufen.

Auch die **CO_2-Zerstäubung** gehört zu den Heißspritzverfahren. Bei Temperaturen von 40 bis 70 °C und Drücken von 90 bis 110 bar weist CO_2 ein gutes Lösungsvermögen für bestimmte Beschichtungsstoffe auf. Die Einsparung an Lösemitteln beträgt bis zu 80 %.

Elektrostatisches Spritzen

Beim **Elektrostatischen Spritzen** werden der Sprühnebel und das Werkstück gegensätzlich elektrisch aufgeladen. Durch Hochspannung wird ein elektrisches Feld zwischen Sprühorgan und Werkstück aufgebaut. Die Tropfen des Beschichtungsmaterials bewegen sich entlang der Feldlinien zum Werkstück und werden so teilweise sogar an der Rückseite aufgebracht.

Innenecken und Hohlräume bilden sogenannte Faraday' sche Käfige, die unzureichend beschichtet werden. An Kanten konzentrieren sich die Feldlinien, deshalb besteht dort die Gefahr von Überbeschichtungen.

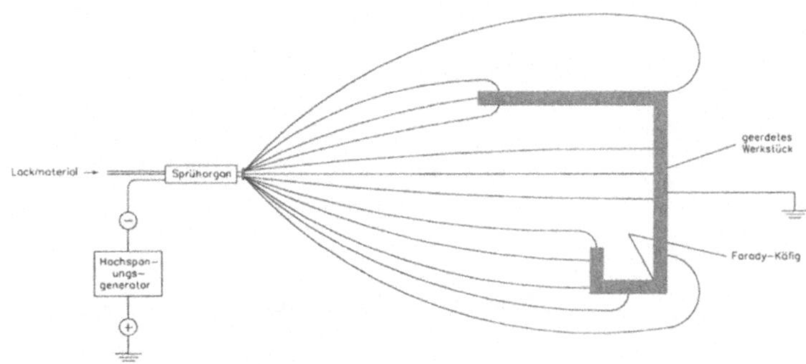

Abbildung 4 - 16: Elektrostatisches Spritzen

Durch den gezielten Auftrag werden große Mengen Beschichtungsmaterial und damit Lösemittel eingespart. Der Energieaufwand zum Einhalten von Vorschriften ist geringer als beim normalen Spritzvorgang. Die Verschmutzung der Arbeitsumgebung wird reduziert.

Das Werkstück muß bei diesem Verfahren elektrisch leitend sein. In der Holzbranche können so vorwiegend Massivholzteile beschichtet werden. Weiteren Einfluß haben die elektrischen Eigenschaften des Beschichtungsmaterieals und die Luftfeuchte beim Arbeitsvorgang.

Mit dem **Elektrostatischen Hochrotations-Sprühen** kann der Auftragswirkungsgrad gegenüber einer elektrostatischen Spritzpistole weiter verbessert werden. Die Zerstäubung erfolgt mittels Glocken oder Scheiben, die mit 15.000 bis 60.000 Umdrehungen je Minute rotieren. Scheibenzerstäuber werden in geschlossenen Anlagen eingesetzt, in denen die Werkstücke Ω-förmig um den Zerstäuber herumgeführt werden.

Drucken

Drucken

Ebene Oberflächen können zu optischen Gestaltung mit Rotationsdruckwerken bedruckt werden. Dieses Verfahren wird in der Holzbranche hauptsächlich bei der Herstellung von Möbelrückwänden eingesetzt.

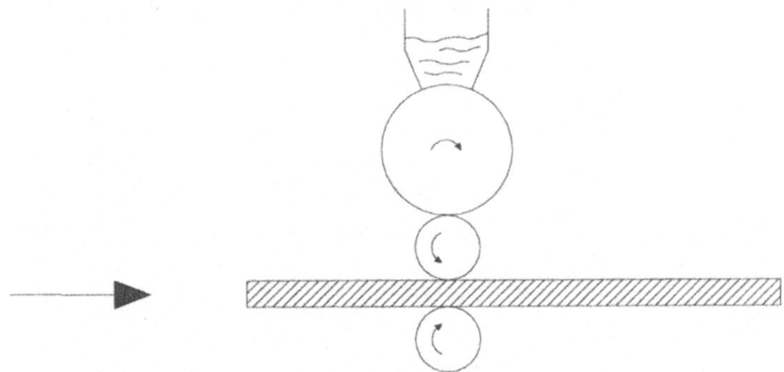

Abbildung 4 - 17: Drucken

Der Verbrauch an Beschichtungsstoffen ist beim Rotationsdruck mit 1 bis 2 g/m² sehr gering. Hauptsächlich werden wasserverdünnbare Druckfarben mit ca. 20 % Lösemittelanteil verwendet. Der Auftragswirkungsgrad ist nahe 100 %. Wegen der sehr geringen eingesetzten Lösemittelmenge erfordert dieses Verfahren geringe Energieverbräuche zum Einhalten von Vorschriften.

Walzen

Walzen

Für die Beschichtung mittels Walzen müssen die Werkstücke ebenfalls absolut eben sein. Die Auftragsmenge wird durch einen verstellbaren Spalt zwischen Dosierwalze und der Auftragswalze aus Gummi eingestellt.

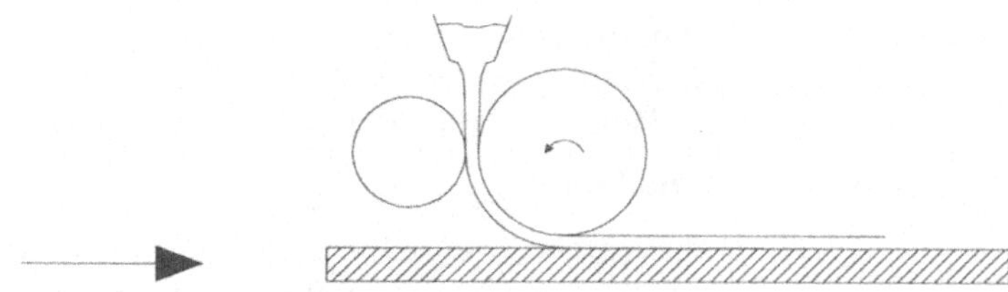

Abbildung 4 - 18: Walzen

Spachtelmasse kann ebenso mit dem Walzverfahren aufgetragen werden. Dabei ist die Umfangsgeschwindigkeit der Auftragswalze etwas geringer als die Vorschubgeschwindigkeit des Werkstückes. Die Spachtelmasse wird auf diese Weise in die Poren des Holzes gedrückt und erzeugt so eine glatte Oberfläche. Dadurch kann die darüberliegende Lackschicht dünner ausfallen und im Endeffekt Lösemittel eingespart werden.

Beim Walzen liegen die Auftragsmengen zwischen 25 und 60 g/m^2. Die Beschichtungsstoffe können einen Festkörperanteil nahe 100 % aufweisen. Der Auftragswirkungsgrad liegt bei ca. 95 %. Walzlacke sind in der Regel UV-härtend oder Wasserlacke. Wegen der geringen Menge an organischen Lösemitteln wird wenig Energie zum Einhalten von Vorschriften verbraucht.

Gießen

Gießen

Beim Gießen werden die Werkstücke unter einer einstellbaren Spaltdüse durchgeführt. Die Auftragsmenge ergibt sich aus der Spaltbreite und der Vorschubgeschwindigkeit. Es werden mit 60 bis 500 g/m^2 große Auftragsmengen in einem Arbeitsgang erreicht.

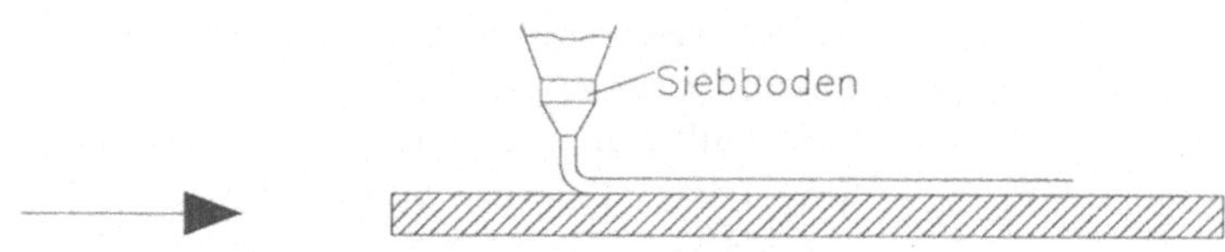

Abbildung 4 - 19: Gießen

Aufgrund der Auftragsart und der Schichtdicke müssen die Werkstücke nicht absolut eben sein. Der Anteil des Gießfilms, der das Werkstück nicht trifft, wird in einer Wanne aufgefangen und wieder in den Gießkopf gepumpt. Damit wird ein Auftragswirkungsgrad von ca. 95 % erreicht. Der Energieaufwand zum Einhalten von Vorschriften ist abhängig von der verwendeten Lackart, er ist auf jeden Fall geringer als bei den Spritzverfahren.

Tauchen

Tauchen

Massenteile wie z.B. Fenster können im Tauchverfahren beschichtet werden. Die Werkstücke werden von Hand oder mit einem Fördersystem in ein Becken mit dem Beschichtungsstoff vollständig eingetaucht.

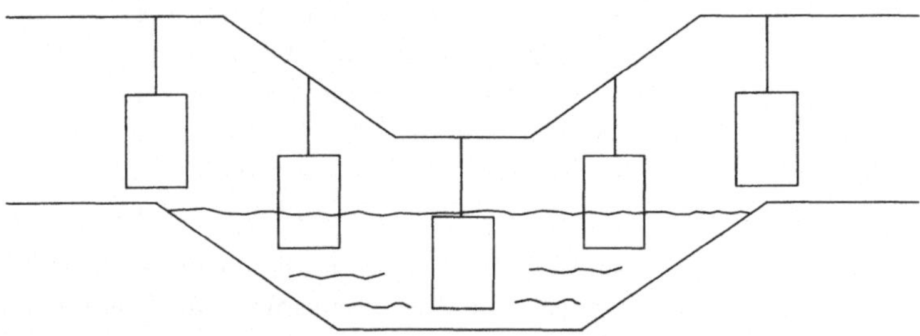

Abbildung 4 - 20: Tauchen

Beim Tauchverfahren sind große Mengen des Beschichtungsstoffes im Einsatz. Der Auftragswirkungsgrad beträgt jedoch über 95 %, wenn die Werkstücke über dem Becken oder einer Auffangrinne vollständig abtropfen können. Die Auftragsmengen betragen 60 bis 200 g/m^2.

Wegen der großen Oberfläche des Beckens und der großen beteiligten Lackmengen sind keine Lacke anwendbar, die von selbst aushärten. Die Form der zu beschichtenden Werkstücke spielt keine große Rolle, die Größe ist jedoch maßgebend für die Beckenabmessungen und damit für die beteiligte Lackmenge. Farbwechsel sind nur mit großem Aufwand durchführbar. Die Abgabe organischer Lösemittel und damit der Energieaufwand zum Einhalten der Vorschriften ist abhängig von der verwendeten Lackart. Es wird weniger Lösemittel emittiert als beim Spritzen, da kein Zerstäubungsvorgang stattfindet.

Fluten

Fluten

Großflächige Teile werden häufig durch Fluten beschichtet. Die Werkstücke werden durch einen Kanal gefördert und dabei aus

Düsenstöcken mit dem Beschichtungsmaterial übergossen. Das überschüssige abtropfende Material wird am Boden des Kanals aufgefangen und nach einer Aufbereitung wieder in die Düsenstöcke gepumpt.

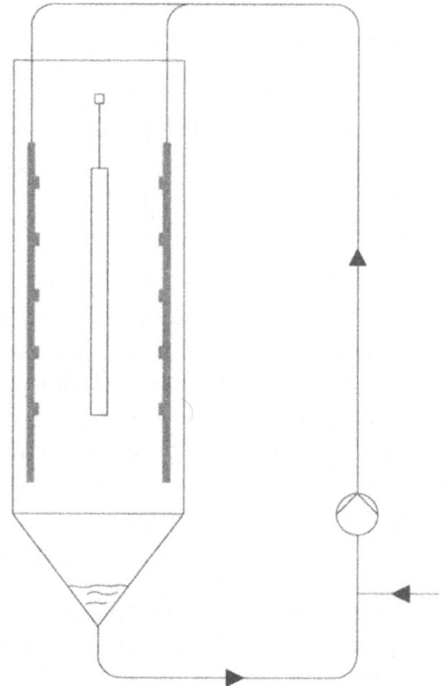

Abbildung 4 - 21: Fluten

Die Auftragsmenge liegt wie beim Tauchen zwischen 60 und 200 g/m^2, der Auftragswirkungsgrad ist ebenfalls gleich groß. Die in der Anlage vorhandene Menge an Beschichtungsstoffen ist erheblich geringer als beim Tauchen. Es können auch Werkstücke bearbeitet werden, die beim Tauchverfahren aufschwimmen würden. Wegen der geringeren offenen Lackoberflächen ist die Abgabe von Lösemitteln an die Umgebung und damit der Energieverbrauch zum Einhalten von Vorschriften etwas geringer als beim Tauchen.

4.3.4 Trocknung und Härtung

Die flüssig oder pulverförmig aufgebrachten Lacke müssen durch Vernetzung eine mechanisch feste Beschichtung bilden. Der Energieverbrauch fällt beim

- Abdunsten und
- Trocknen/Aushärten

an. Um hohe Stückzahlen zu erreichen und den Prozess mit garantierter Qualität reproduzieren zu können, werden dazu in der Regel Trocknungsanlagen eingesetzt. Trocknungsanlagen bieten zudem die Möglichkeit, den Energieverbrauch beim Trocknen kontrollieren zu können.

Abdunsten

Abdunsten ist das Entfernen von Lösemitteln aus der feuchten Lackschicht, die den Trocknungsvorgang in einer Trocknungsanlage stören würden. Die Lösemittel entnehmen dabei die Verdampfungsenthalpie aus der Umgebungsluft, die entsprechend nachgeheizt werden muß. Die notwendige Energiemenge ist abhängig von der Lösemittelart und -menge. Bei Wasser als Lösemittel ist der Energiebedarf zum Abdunsten wegen der hohen Verdampfungsenthalpie sehr hoch. Bei bloßer Luft- oder Raumtrocknung fallen Abdunsten und Trocknung zusammen.

Konventionelles Trocknen

Konventionelles Trocknen ohne erzwungene Luftbewegung durch Stehenlassen des Werkstückes im Arbeitsraum ist heute nur noch selten möglich. Das Verfahren wird vorwiegend in kleinen Handwerksbetrieben und bei Ausbesserungsarbeiten oder auf Baustellen angewendet. Sämtliche ausdunstenden Lösemittel gelangen in die Luft des Arbeitsraumes und erzwingen einen hohen Luftwechsel. Beim Einsatz von Wasserlacken sind die Trocknungszeiten sehr lang und die Gefahr von Oberflächenfehlern durch Staubeinschlüsse ist sehr groß.

Bedingt durch die geforderten hohen Außenluftwechsel beim Trocknen in Arbeitsräumen ist der Energiebedarf durch Aufheizen der Zuluft wesentlich höher, als es physikalisch zur Zufuhr der Verdampfungsenthalpie notwendig wäre. Die energetisch günstigere Aufkonzentration des Lösemittelgehaltes der Luft über MAK-Werte hinaus ist nicht zulässig. Diese Art der Trocknung ist die energetisch ungünstigste Methode. Wenn sie angewendet werden muß, sollten die Trocknungsräume möglichst klein gewählt werden, um die aufzuheizenden Luftmengen zu reduzieren.

Umlufttrockner

Umlufttrockner arbeiten mit definierten Luftströmungen. In der Regel werden ca. 80 % der Trocknungsluft im Kreislauf gefördert und jeweils 20 % zu- bzw. abgeführt. Die Lösemittel werden mit dem Abgas ausgetragen. Durch die Aufkonzentration liegt der Lösemittelgehalt des Abgases deutlich über den MAK-Werten.

Der heiße Luftstrom heizt das Werkstück auf und trocknet den Lack von außen nach innen. Die Trocknungszeiten betragen ca. 30 min für ein Werkstück. Der Energieaufwand ist sehr hoch, da die gesamte Kammer mit dem Luftvolumen und das Werkstück aufgeheizt werden und die Wärmeverluste z.B. durch Abgas und entnommene Werkstücke groß sind.

Infrarot-Trockner

Infrarot-Trockner härten die Lackschicht vom Werkstück zur Oberfläche aus. Die Infrarotstrahlung wird vom Werkstück reflektiert und in der Lackschicht absorbiert. Durch Wärmeleitung werden zu einem gewissen Anteil auch Stellen erfaßt, die sich nicht im direkten Strahlungsbereich befinden.

Der Energieverbrauch ist deutlich geringer als beim Umlufttrockner. Die Werkstücke und das Abgas heizen sich vergleichsweise wenig auf und tragen so wenig Wärme aus der Anlage aus. Bis auf einige Anlagenteile werden nur die Lackschichten aufgeheizt. Organische Lösemittel müssen vor der Trocknung wegen des Explosionsschutzes ausreichend abgedunstet werden.

UV-Trockner

UV-Trockner können nur mit speziellen Beschichtungsstoffen eingesetzt werden. Unter Einwirkung von UV-Licht zerfällt ein zugesetzter Fotoinitiator und bewirkt eine schnelle Aushärtung. Der Fotoinitiator zerfällt nur durch UV-Strahlung und nicht durch Wärmeleitung. Jede Stelle der Oberfläche muß daher von der UV-Strahlung erfaßt werden. Die UV-Trocknung ist folglich am besten für ebene und kleine Flächen geeignet, komplizierte Formen müssen von einem Roboter entsprechend gewendet werden.

Bei der UV-Trocknung entsteht Ozon. Dieses muß mit dem Abgas und der Kühlluft der verwendeten Quecksilberhochdrucklampen abgeführt werden. Der Energieverbrauch ist bei diesem Verfahren ungefähr gleich niedrig wie beim Infrarot-Verfahren, da auch hier kaum Wärme aus der Anlage ausgetragen wird.

Elektronenstrahltrockner

Elektronenstrahltrockner arbeiten mit hochbeschleunigten Elektronen. Die Elektronen durchdringen den Beschichtungsstoff und bewirken eine sehr schnelle Aushärtung. Das Verfahren verlangt spezielle lösemittelfreie Lacke.

Wegen der auftretenden Röntgenstrahlung und der dadurch notwendigen Strahlenschutzeinrichtungen sind diese Trocknungsanlagen sehr teuer. Sie werden nur in der Großserienfertigung eingesetzt.

4.3.5 Gerätereinigung

Spritzpistolen müssen nach Gebrauch oder bei Farbwechsel gereinigt werden. Dazu werden sie in der Regel mit Lösemitteln durchgespült. Häufig wird das Lösemittel einfach gegen eine Spritzwand gesprüht. Bei diesem Vorgehen gelangen große Lösemittelmengen in die Umgebungsluft, die dann über die Absauganlage gegen zu beheizende Frischluft ausgetauscht werden muß. Die Abluft muß eventuell mit hohem Energieaufwand nachbehandelt werden.

Zum Reinigen von Spritzpistolen werden spezielle Reinigungsgeräte angeboten, bei denen das Lösemittel im Gerät bleibt. Das Versprühen mit dem dadurch verursachten Energieverbrauch kann durch die Nutzung solcher Geräte vermieden werden. Wenn solche Geräte vorhanden sind, ist darauf zu achten, dass nicht aus Bequemlichkeit auf die Nutzung verzichtet wird.

4.3.6 Abluft und Abgasreinigung

Je nach Art und Menge der verwendeten Lösemittel kann eine Abgasreinigung erforderlich sein. Die Reinigung kann sowohl thermisch als auch biologisch erfolgen. Das klassische Verfahren zur Abluft- und Abgasreinigung bei Lackieranlagen ist die thermische Nachverbrennung, die durch einen hohen Verbrauch an Zusatzbrennstoff zum Erreichen der Reaktionstemperatur gekennzeichnet ist.

Durch Aufkonzentrierung der Lösemittel und verbesserte Nachverbrennungsverfahren kann der Verbrauch an Zusatzbrennstoff erheblich reduziert werden. Bei Aufkonzentrierung der Lösemittel werden die zu behandelnden Gasströme kleiner und die Anlagen können kleiner und preisgünstiger dimensioniert werden.

Thermische Nachverbrennung

Thermische Nachverbrennung

Bei der thermischen Nachverbrennung wird das Abgas mittels einer Stützfeuerung in einer Brennkammer auf 700 - 850 °C erhitzt. Die organischen Bestandteile werden zu Kohlendioxid und Wasser verbrannt. Durch die Gestaltung der Brennkammer wird eine ausreichende Verweilzeit in der hohen Temperatur gewährleistet. Es sind Reingaskonzentrationen unterhalb von 20 mg/m³ Gesamt-C erreichbar.

Der bei der Verbrennung freiwerdende Energieinhalt der organischen Lösemittel reicht in der Regel nicht aus, um die notwendige Reaktionstemperatur in der Brennkammer aufrecht zu erhalten. Deshalb wird die Stützfeuerung nicht nur zum Anfahren der Anlage benötigt, sondern für den gesamten Reinigungsprozess wird thermische Energie in erheblichen Ausmaß aufgewendet. Zur Reduzierung der Zusatzenergie wird in die Anlage ein Wärmetauscher integriert, über den das behandelte heiße Reingas den aus der Lackieranlage kommende Abgasstrom vorgewärmt. Der Brennstoffverbrauch ist abhängig von der Vorwärmung, der Konzentration der organischen Lösemittel und der Abgasmenge.

Die Temperatur des in die Umwelt abgegebenen Abgases ist in der Regel noch so hoch, dass eine thermische Nutzung stattfinden sollte. Dies kann über nachgeschaltete Luft / Luft- oder Luft / Wasser-Wärmetauscher realisiert werden. Als Abnehmer sind Umlufttrockner, Hallenbeheizung oder Warmwasserbereitung denkbar. Der Energiebedarf der thermischen Nachverbrennung wird dadurch nicht reduziert, jedoch wird an anderer Stelle des Betriebes thermische Energie eingespart.

Katalytische Nachverbrennung

Katalytische Nachverbrennung

Bei der katalytischen Nachverbrennung ist ein auf die verwendeten Lösemittel abgestimmter Katalysator in der Reaktionszone eingebaut. Die Reaktionstemperatur kann dadurch auf ca. 450 °C abgesenkt werden. Dementsprechend ist der Energieverbrauch der Stützfeuerung deutlich geringer.

Der Katalysator muß zum Abbrennen von Verunreinigungen, die durch das Abgas in die Brennkammer gebracht werden, regelmäßig vorgeheizt werden. Silikonzusätze, metallische Bestandteile und andere Stoffe beeinträchtigen sonst die Wirkung des Katalysators.

Aufgrund der niedrigeren Reingastemperaturen ist die Nutzung der Abwärme nicht so einfach wie bei der normalen thermischen Nachverbrennung. Ohne eine solche Nutzung ist der energetische Vorteil der katalytischen Nachverbrennung gegenüber der normalen thermischen Nachverbrennung jedoch gering.

Regenerative Nachverbrennung

Regenerative Nachverbrennung

Bei der regenerativen Nachverbrennung befindet sich die Brennkammer zwischen 2 Wärmespeichersegmenten. Im Betrieb wird das Abgas durch den aufgewärmten Speicher geleitet und dort aufgeheizt. Die Lösemittel oxidieren in den heißen Speichersegmenten oder in der nachgeschalteten Brennkammer. Das heiße Reingas heizt den anderen Speicher auf. Die Stützfeuerung in der Brennkammer garantiert die notwendige Reaktionstemperatur.

In periodischem Wechsel wird die Strömungsrichtung in der Anlage umgekehrt, so dass der durch das Abgas abgekühlte Speicher vom heißen Reingas erwärmt wird und das kalte Abgas die Wärme dem anderen nun heißen Speicher entzieht. Um ansteigende Lösemittelanteile im Reingas während des Umschaltvorganges zu verhindern, werden in besonderen Fällen auch Anlagen mit drei Wärmespeichersegmenten eingesetzt.

Die Anlage kann mit oder ohne Katalysator betrieben werden. Abhängig von der Konzentration und den eingesetzten Lösemitteln kann ein thermischer Wirkungsgrad um ca. 95 % und damit eine nahezu autotherme Reaktion erreicht werden. Damit zählt die regenerative Nachverbrennung zu den Abgasreinigungsverfahren mit geringem Energieeinsatz. Die erreichbare Konzentration im Reingas liegt bei ca. 5 mg/m^3 Gesamt-Kohlenstoff.

Charakteristisch für dieses Verfahren ist die instationäre Temperatur des Reingases nach der Anlage. Durch dieses Verhalten wird die Abwärmenutzung auf einem ausreichenden Temperaturniveau erschwert.

Absorption

Absorption

Bei der Absorption wird das Abgas durch eine Waschflüssigkeit geleitet. Als Waschflüssigkeit wird häufig Wasser mit zugesetzten Chemikalien verwendet. Die gasförmigen Lösemittel werden in der Flüssigkeit gebunden. Neben den Lösemitteln wird auch der Staub aus dem Abgas ausgewaschen.

Der Energieeinsatz beschränkt sich auf den Betrieb der Umwälzpumpen und Dosiereinrichtungen und ist damit sehr gering.

Adsorption

Adsorption

Die Adsorption arbeitet mit zwei Gasströmen, von denen der Abgasstrom abgereichert und der Regenerationsstrom angereichert wird. Dabei findet eine Aufkonzentrierung im Regenerationsabgas bis zu einem Verhältnis von 1:18 statt. Die Gesamt-Kohlenstoff-Konzentration im behandelten Abgas beträgt weniger als 20 mg/m^3.

Der Abgasstrom wird zur Reinigung über mit Sorbentien (z.B. Aktivkohle) beschichtete Flächen geleitet. Die gasförmigen Schadstoffe lagern sich an den Sorbentien an. Ab einer Grenzbeladung können keine weiteren Schadstoffe mehr angelagert werden, der Adsorber muß regeneriert werden.

Dieser Vorgang kann diskontinuierlich oder kontinuierlich erfolgen. Beim diskontinuierlichen Vorgang werden zwei Adsorber im Wechsel betrieben. Der eine Adsorber wird vom Abgas durchströmt durch den anderen Adsorber wird zur Regenerierung Heißgas oder Dampf geleitet. Der Adsorptionsrotor ermöglicht den kontinuierlichen Reinigungsprozess. Durch den größten Teil des Rotors strömt das Abgas, durch den kleineren Teil das Regenerationsgas. Durch die Hitze werden die angelagerten Lösemittel vom Sorbentium abgelöst und verdampft und vom Heißgas in hoher Konzentration mitgenommen.

Die aufkonzentrierten Lösemittel können bei genügend hoher Kondensationstemperatur zum größten Teil auskondensiert und wiedergenutzt oder flüssig entsorgt werden. Sollte eine Wiederverwertung oder flüssige Entsorgung nicht angestrebt sein oder die Kondesationstemperatur der Lösemittel zu niedrig für eine Nutzung sein, kann das Regenerationsabgas in einem Wäscher oder thermisch nachbehandelt werden.

Im Verbund mit einer thermischen Abgasbehandlung bietet die Adsorption den wesentlichen Vorteil der hohen Aufkonzentration der Lösemittel. Die Nachverbrennungsanlage kann deshalb für wesentlich kleinere Gasströme dimensioniert werden und wird deshalb weniger Investitionen erfordern. Die geringere aufzuheizende Gasmenge einerseits und der höhere Gehalt an organischen Lösemitteln andererseits bewirken einen deutlich geringeren Brennstoffeinsatz als bei der rein thermischen Abgasbehandlung.

Die Abbildung 4 - 22 zeigt das Schaltbild einer solchen Kombination. Als Heißgas wird ein Teilstrom des Abgases nach dem Adsorber genutzt, welcher durch einen Wärmetauscher durch das heiße Reingas aufgeheizt wird. Der Energieverbrauch einer solchen Kombination ist sehr gering.

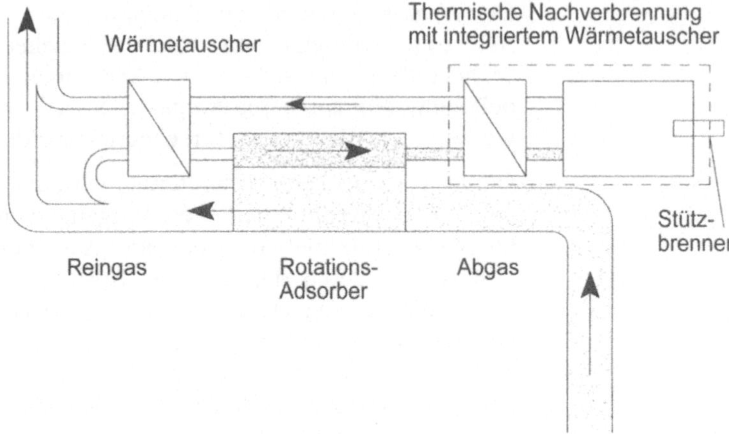

Abbildung 4 - 22: Schema eines Adsorptionsrotors kombiniert mit einer thermischen Nachbehandlung

Biologische Abgasreinigung

Biologische Abgasreinigung

Bei der biologischen Abgasreinigung wandeln Mikroorganismen dafür geeignete Schadstoffe zu Kohlendioxid und Wasser um. In der Reinigungsanlage müssen pH-Wert, Sauerstoffgehalt, Temperatur und Feuchtigkeit in bestimmten Wertebereichen gehalten werden, um die Mikroorganismen zu erhalten und aktiv zu halten. Ein Hemmnis zum Einsatz einer biologischen Abgasreinigung besonders in der Nähe von Wohngebieten stellt die mögliche Geruchsbelästigung dar.

In der Holzindustrie werden Biofilter eingesetzt, die Verwendung von Biowäschern ist in dieser Branche nicht bekannt. Die Mikroorganismen leben hauptsächlich in einer Schüttung aus Rinde, Kompost oder Faserstoffen. Die Feuchtigkeit der Schüttung darf einen bestimmten Konzentrationsbereich nicht verlassen. Die Abgasfeuchte sollte auf mindestens 95 % gehalten werden, so dass eine Befeuchtungsanlage erforderlich ist. Zusätzlich müssen durch Filter partikelförmige Verunreinigungen von der Schüttung ferngehalten werden. Bei der Biofilterung muß mit Geruchsbelästigung der Nachbarschaft gerechnet werden.

Der Energieeinsatz wird bei der Biofilterung hauptsächlich zur Befeuchtung des Abgases benötigt. Die zusätzlich ins Abgas eingebrachte Feuchtigkeit kann nicht wie die Wärme in thermischen Systemen im Kreislauf gefahren werden. Deshalb bietet sich der Einsatz besonders bei Anlagen an, in denen Lösemittel mit hohen Wasseranteilen verwendet werden, das heißt, deren Abgas schon einen hohen Feuchtegehalt aufweist. Es sollte überprüft werden, ob Abwärmequellen zur Lieferung der Verdunstungsenthalpie oder Abdampfquellen zur Verfügung stehen. Mit den passenden Randbedingungen benötigt die biologische Abgasreinigung sehr wenig Energie.

4.3.7 Tipps zur Optimierung

Die Tipps zur Lackierung lassen sich größtenteils nicht eindeutig in investive und nicht investive Maßnahmen trennen. Die Verwendung eines anderen Lacksystems kann beispielsweise in einem Betrieb ohne Investitionen möglich sein, während ein anderer Betrieb ein anderes Applikations- und Trocknungsverfahren einsetzen muß. Deshalb werden die Tipps hier nach den Rubriken Allgemein, Lacke, Lackierverfahren, Trocknung und Härtung sowie Abluft- und Abgasreinigung sortiert.

Allgemein

- Lösemittel nicht unnötig verwenden. Reinigungsgeräte verwenden. Lösemittel nicht in die Raumluft entweichen lassen.
- Thermische Anlagen nicht unnötig betreiben. Wärmeverluste vermeiden (z.B. Türen von Heißlufttrocknern nicht offenstehen lassen).
- Bereiche, in denen mit lösemittelhaltigen Stoffen hantiert wird, möglichst klein halten.
- Wenn möglich, Raumluft aus anderen Bereichen als Zuluft für Lackierräume verwenden.
- Abwärme nutzen.
- Anlagen nicht als Einzelteile sehen, Gesamtkonzept aus Beschichtungsstoff, Applikation, Trocknung und Abgasreinigung bilden.

Lacke

- Bei 2-Komponenten-Lacken nur soviel Lack ansetzen, wie wirklich verbraucht werden kann, Overspray möglichst gering halten.
- Menge organischer Lösemittel senken / begrenzen, um Anforderungen nach Vorschriften gering zu halten, besonders die notwendigen Luftmengen.

- Ideal sind Pulverlacke, keine Lösemittel, sonst lösemittelarme Lacke verwenden.
- Lacke mit dünneren Filmen einsetzen, Lackeinsparung ergibt Lösemitteleinsparung.
- Lacke mit wiederverwendbarem Overspray einsetzen.
- Wasserlacke benötigen eine hohe Energiemenge zum Trocknen durch Wasserverdampfung.

Lackierverfahren

- Spritzstrahl so führen, dass nur geringer Overspray ensteht.
- Immer in Richtung Spritzwand / Absaugwand spritzen, um Lösemitteleintrag in Arbeitsräume zu vermeiden.
- Bei automatischen Anlagen möglichst geringen Abstand der einzelnen Werkstücke untereinander einstellen.
- Betriebsanleitungen der Spritzgerätehersteller beachten, um optimalen Auftragwirkungsgrad zu erzielen.
- Abluftanlagen von Spritzkabinen in Spritzpausen abschalten.
- Zerstäubungsdruck möglichst gering halten.
- Oberflächen gut vorbehandeln, je glatter, desto weniger Lackauftrag notwendig.
- Auftragverfahren mit geringstem Overspray, hohem Auftragswirkungsgrad wählen (Niederdruckspritzen, elektrostatisch).
- Auftragverfahren mit geringstem Lösemitteleinsatz wählen (Heißspritzen, CO_2-Zerstäubung).
- Anlagen mit Lackrecycling einsetzen.

Trocknung und Härtung

- Türen von Umlufttrocknern immer geschlossen halten. Bei Nichtbenutzung möglichst Lüftung abschalten.
- IR- und UV-Strahler gut ausrichten, Aufheizung von Anlagenteilen vermeiden.
- Warme getrocknete Teile möglichst zur Raumbeheizung nutzen, Restausdunstung von Lösemitteln beachten!
- Möglichst keine Raumtrocknung anwenden.

- Bei Raumtrocknung möglichst kleinen Raum nutzen.
- Möglichst keine Umlufttrockner einsetzen.

Abluft- und Abgasreinigung

- Zu den verwendeten Lacken passende Abgasreinigung verwenden. Keine thermischen Verfahren bei Wasserlacken, da zu geringer Anteil an organischen Lösemitteln.
- Organische Lösemittel möglichst hoch aufkonzentrieren, Kombination aus Adsorber und anderen Verfahren anwenden, Wiederverwendung von Lösemitteln nach Adsorber überprüfen.
- Abwärmequellen nutzen, aus Abgasreinigung und für Abgasreinigung.

4.4 Absauganlagen

Stäube und Späne, die bei der Holzbe- und -verarbeitung anfallen, müssen möglichst nahe an der Entstehungsstelle erfaßt und abgeführt werden. Dies steht im Zusammenhang mit den Forderungen zur Reinhaltung der Luft, die sich auf den arbeitenden Menschen wie auch auf die Umwelt beziehen. Zudem gilt es mögliche Brand- und Explosionsgefahren zu vermeiden.

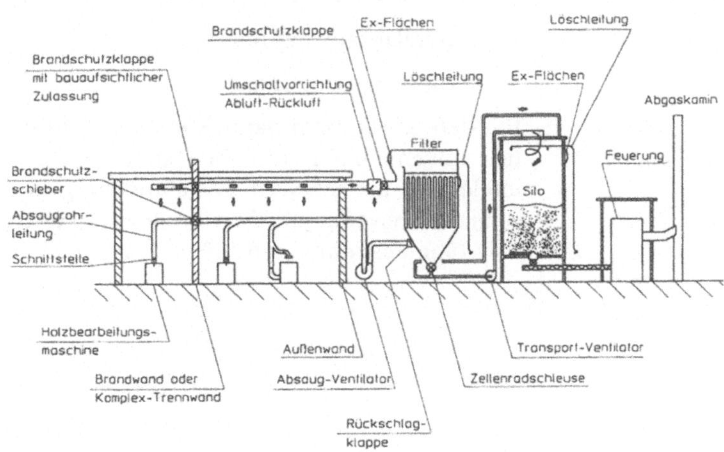

Abbildung 4 - 23: Beispiel einer Absauganlage
[Quelle: VDMA 24179-2]

Zur Erfüllung dieser Anforderungen werden Absauganlagen mit Ventilatoren angewandt, deren Einsatz aus rein energetischer Sicht nicht effizient ist. Übliche Absauganlagen benötigen oft mehr Energie als die abzusaugenden Holzbearbeitungsmaschinen. Sie sind häufig überdimensioniert und weisen schlechte Wirkungsgrade auf. Aus diesem Grund sollte bei der Planung und beim Betrieb der Anlagen auf die Energieeffizienz geachtet werden, um den Energiebedarf soweit wie möglich zu reduzieren.

Der sichere Transport der anfallenden Stäube und Späne erfordert hohe Absaug- und Fördergeschwindigkeiten. Vom VDMA wird eine Luftgeschwindigkeit im Absaugstutzen von 20 bis 28 m/s empfohlen, die berücksichtigt, dass auch vereinzelt vorkommende Grobteile sicher abgeführt werden. Innerhalb dieser Spanne muß für den konkreten Anwendungsfall das Optimum experimentell ermittelt werden. Der Transport der Späne zum Abscheider sollte mit verminderter Geschwindigkeit erfolgen, je nach Dichte des Fördergutes mit ca. 16 bis 20 m/s.

4.4.1 Anlagensysteme

Anlagen-systeme

Allgemein werden folgende Anlagensysteme unterschieden:

- Entstauber
- Einzelabsaugung
- Zentralabsaugung und
- Gruppenabsaugung.

Bei den Entstaubern handelt es sich um Kompaktgeräte für kleine Anwendungen, die die Funktionseinheiten Ventilator, Filterelement und Staubsammeleinrichtung in sich vereinigen. Die oftmals ortsveränderlichen Systeme weisen einen maximalen Luftvolumenstrom von 6.000 m^3/h auf.

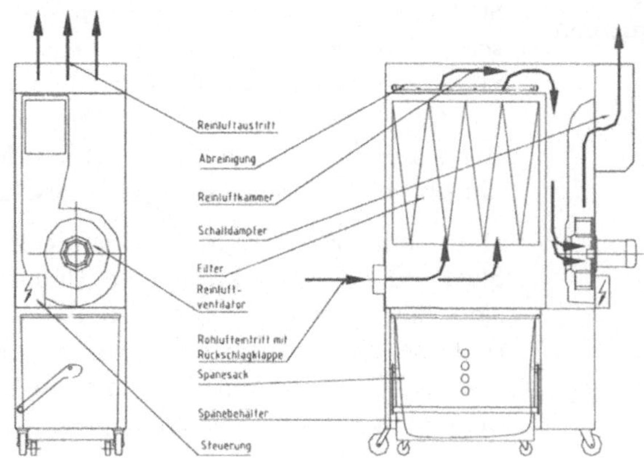

Abbildung 4 - 24: Entstauber [Quelle: VDMA 24179-2]

Einzelab-saugungen

Bei den Einzelabsauganlagen ist jede Holzbearbeitungsmaschine mit einem Ventilator ausgerüstet und über eine Rohrleitung mit einem Abscheidesystem verbunden. Der Ventilator wird bedarfsgerecht zugeschaltet und mit zeitlichem Nachlauf abgeschaltet. Aufgrund der guten Regelbarkeit ist dieses System besonders bei kurzen Einschaltdauern effizient.

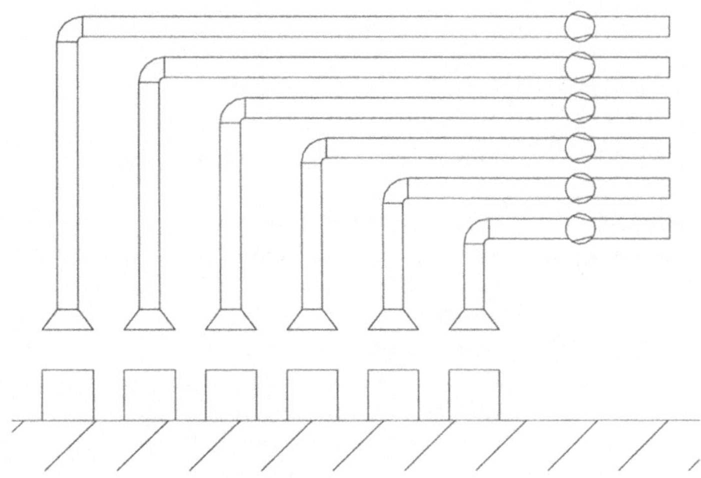

Abbildung 4 - 25: Einzelabsaugung

Zentral-absaugungen

Bei Zentralabsauganlagen werden die einzelnen Maschinen über Stichleitungen mit einem gemeinsamen Ventilator und dem Abscheidersystem verbunden. Die Auslegung erfolgt nach dem maximal zu erwartenden Gleichzeitigkeitsfaktor. Die Stichleitungen werden so ausgelegt, dass sie alle einen gleich niedrigen Widerstand aufweisen. Je nach Bedarf werden die Stichleitungen über ein Abschiebersystem zu- und abgeschaltet.

Die Ventilatorleistung wird so geregelt, dass im Sammelpunkt der Stichleitungen ein konstanter Unterdruck herrscht. Insgesamt sind die Zentralabsauganlagen dann effizient, wenn die angeschlossenen Holzbearbeitungsmaschinen möglichst im Dauerbetrieb laufen. Aufgrund der zentralen Einheiten sind die Investitionskosten niedriger als die vergleichbarer Einzelabsauganlagen.

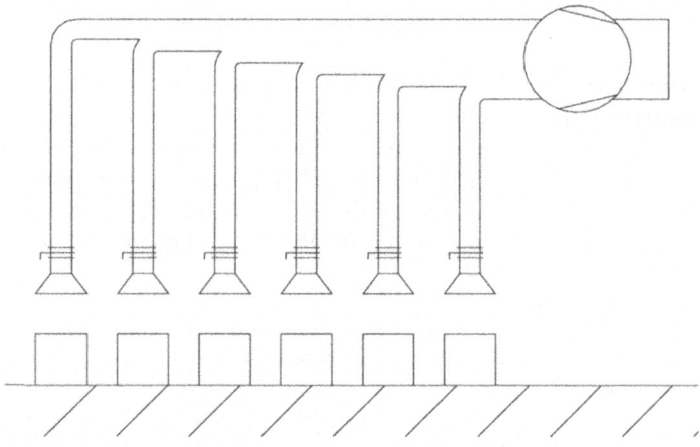

Abbildung 4 - 26: Zentralabsaugung

Gruppen-absaugungen

Einen Kompromiß mit geringeren Investitionen als die Einzelabsaugungen, aber besserer Regelbarkeit als die Zentralabsaugungen, stellen die Gruppenabsauganlagen dar. Die einzelnen Holzbearbeitungsmaschinen werden zweckmäßig in Gruppen zusammengefaßt und über einen zentralen Ventilator abgesaugt. Jede Gruppe kann unabhängig betrieben werden und stellt für sich eine Zentralabsaugung dar. Wie bei der Zentralabsaugung ist es energetisch notwendig, die Schieber der nicht benötigten Absaugkanäle zu schließen und die Ventilatorleistung anzupassen.

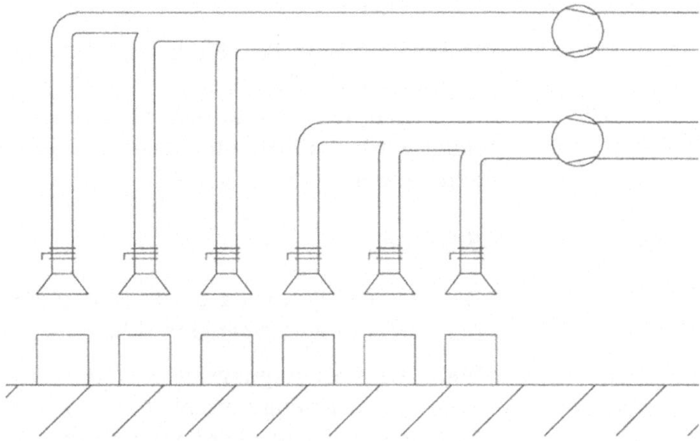

Abbildung 4 - 27: Gruppenabsaugung

Drehzahlregelung Ventilator

Die gute Regelbarkeit des Ventilators, z.B. durch eine Drehzahlregelung (Frequenzumrichter), birgt bei allen Anlagenkonzepten ein hohes Einsparpotential. So steigt der Volumenstrom linear mit der Drehzahl, aber der Druck mit der zweiten und die Leistungsaufnahme mit der dritten Potenz der Drehzahl.

Beispiel:

Bei einer Drehzahlerhöhung von nur 10% steigt:

- der Volumenstrom um $1{,}1 = +\ 10\ \%$ $\quad \frac{\dot{V}_1}{\dot{V}_2} \approx \frac{n_1}{n_2}$

- der Druck um $1{,}1^2 = +\ 21\ \%$ $\quad \frac{\Delta p_{t1}}{\Delta p_{t2}} \approx \left(\frac{n_1}{n_2}\right)^2$

- der Leistungsbedarf um $1{,}1^3 = +\ 33\ \%$ $\quad \frac{P_1}{P_2} \approx \left(\frac{n_1}{n_2}\right)^3$

Da sich die Stromkosten proportional zur Leistung entwickeln, ist die Wirtschaftlichkeit einer Drehzahlregelung leicht nachzuweisen.

Aber selbst Ventilatoren ohne Drehzahlregelung, deren Leistungsaufnahme über Schieber gesteuert wird, nehmen im gedrosselten Betrieb bis zu 20 % weniger Leistung auf, so dass sich auch die Nachrüstung eines automatischen Abschiebersystems lohnen kann.

Durch eine gute Regelbarkeit und Auslegung der Absauganlage wird neben der Einsparung von elektrischer Energie erreicht, daß nicht mehr temperierte Hallenluft als unbedingt notwendig abgesaugt wird. Das bedeutet, dass auch die Raumheizkosten verringert werden.

4.4.2 Erfassung

Die optimale Erfassung der Stäube und Späne ist wesentlich von der Ausführung des Fängers abhängig.

Wenn es die Fertigungsart erlaubt, sollte der Fänger das Werkzeug möglichst eng umschließen, um seine Saugwirkung optimal zu entfalten. Es ist allerdings zu berücksichtigen, dass die erforderliche Absaugluftmenge nachströmen kann.

Wie Bild 4 - 28 zeigt, verringert sich die Saugwirkung schon bei geringen Abständen sehr deutlich. Bei einem Abstand von nur 1 D von der Saugöffnung beträgt die Luftgeschwindigkeit nur noch 10%.

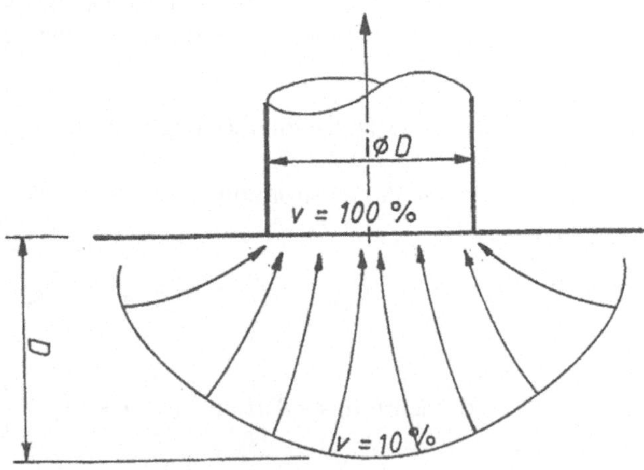

Abbildung 4 - 28: Geschwindigkeitsabnahme vor einem Saugstutzen [Quelle: VDMA 24179-2]

Viele Werkzeuge wirken wie ein Ventilator. Diesen Effekt gilt es bei der Ausführung der Späne- und Staubfänger zu unterstützen. Zudem muß der Fänger verhindern, dass die einmal erfaßten Späne den Fängerbereich wieder verlassen können. Grundsätzliche Gestaltungshinweise der Fänger gibt das VDMA - Einheitsblatt 24179 Teil 2.

Bei größeren Maschinen werden über einen Sammelkanal mehrere Absaugstellen zusammengeführt. Oftmals wird auch bei Serienmaschinen namhafter Hersteller nicht daran gedacht, den Querschnitt des Sammelkanals zu erweitern und unnütze Querschnittsänderungen (siehe Abbildung 4 - 29/30) zu vermeiden.

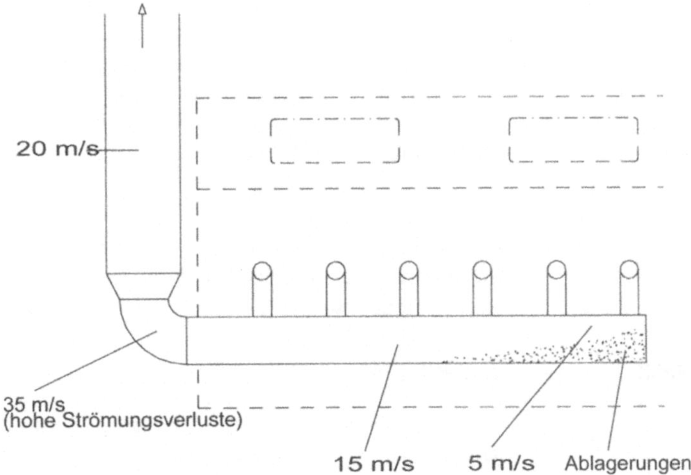

Abbildung 4 - 29: Beispiel eines schlecht gestalteten Sammelkanals

In der Folge kommt es an der Engstelle, vor dem Übergang ins Leitungsrohr, zu einer sehr großen, verlustreichen Absauggeschwindigkeit, die im hinteren Bereich des Sammelrohrs dann stark absinkt.

Mögliche Folge: bei der experimentellen "Optimierung" der Absauganlage wird die Strömungsgeschwindigkeit soweit erhöht, bis auch die hinterste Absaugöffnung des Sammelrohrs eine ausreichende Absauggeschwindigkeit von ca. 20 m/s erreicht. Der Energieaufwand zur Absaugung steigt damit überdurchschnittlich an.

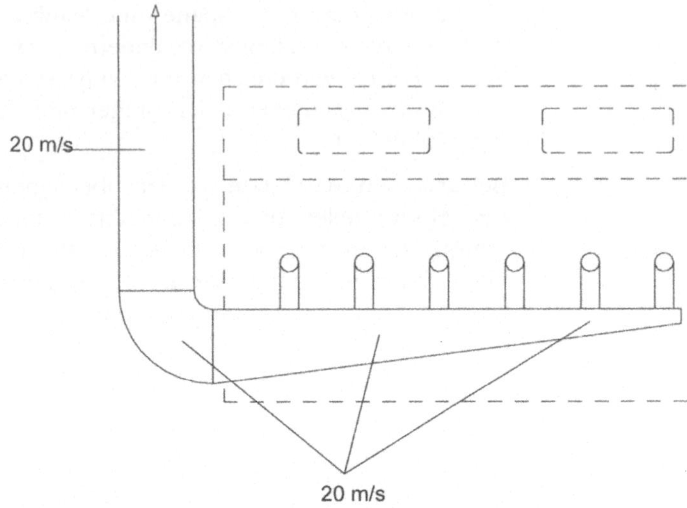

Abbildung 4 - 30: Beispiel einer effizienten Gestaltung eines Sammelkanals

Bei sachgerechter Konstruktion könnte die Absaugleistung verringert und im erheblichen Maß der Energieeinsatz und die -kosten reduziert werden.

4.4.3 Ventilatoren

Ventilatoren können im roh- oder reinluftseitigen Bereich des Absaugsystems angeordnet sein.

Im reinluftseitigen Bereich sollten ausschließlich Hochleistungsventilatoren mit geschlossenen Laufrädern zum Einsatz kommen, die Wirkungsgrade von ca. 0,85 erreichen.

Im rohluftseitigen Bereich ist die Auswahl von der Form der transportierten Späne abhängig. Bei ausschließlichem Anfall von Staub und feinen Spänen können ebenfalls geschlossene Laufräder eingesetzt werden, die in diesem Anwendungsfall Wirkungsgrade von ca. 0,83 erreichen.

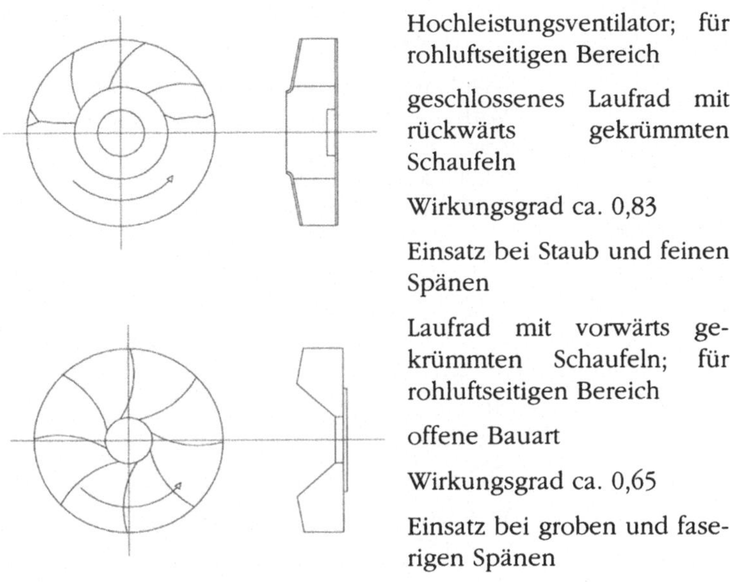

Hochleistungsventilator; für rohluftseitigen Bereich

geschlossenes Laufrad mit rückwärts gekrümmten Schaufeln

Wirkungsgrad ca. 0,83

Einsatz bei Staub und feinen Spänen

Laufrad mit vorwärts gekrümmten Schaufeln; für rohluftseitigen Bereich

offene Bauart

Wirkungsgrad ca. 0,65

Einsatz bei groben und faserigen Spänen

Abbildung 4 - 31: Laufradformen

Bei Anfall von Grobspänen, faserigen Spänen und evtl. Fremdkörpern, die sich in den geschlossenen Laufrädern verheddern könnten (Unwucht), muß auf offene Laufräder zurückgegriffen werden.

Moderne Ausführungen dieser Bauart, ebenfalls mit gekrümmten Schaufeln, weisen Wirkungsgrade von ca. 0,65 auf.

Ventilatoren mit offenen Laufrädern und geraden, radial angeordneten Schaufeln sind preiswert in der Herstellung und können unabhängig von der Drehrichtung betrieben werden. Aufgrund des schlechten Wirkungsgrades von ca. 0,55 sollten sie aber nicht mehr eingesetzt werden.

Insgesamt darf bei der Auswahl des Ventilators nicht nur der Anschaffungspreis im Vordergrund stehen. Auch die Betriebskosten müssen berücksichtigt werden, die wesentlich durch den Wirkungsgrad bestimmt werden.

Beispiel:

Eine Absauganlage mit einer Absaugleistung von 10 kW erfordert mit einem Lüfterrad mit geraden Schaufeln (Wirkungsgrad 0,55) eine Antriebsleistung von 18 kW. Bei einer jährlichen Betriebszeit von 2.000 h werden 36.000 kWh/a elektrische Energie verbraucht. Der Lüfter befindet sich auf der Rohluftseite. Die Abluft ist mit Staub und feinen Spänen belastet.

Der Lüfter kann gegen einen Hochleistungsventilator mit einem Wirkungsgrad von 0,83 ausgetauscht werden. Die erforderliche Antriebsleistung sinkt auf 12 kW, die elektrische Jahresarbeit auf 24.000 kWh/a. Es werden 12.000 kWh/a im Werte von 1.200 Euro jährlich eingespart.

	Absaugleistung [kW]	Antriebs-leistung [kW]	Energie-aufwand+ [kWh]
Hochleistungs-ventilator (η = 0,83)	10	12	24.000
Ventilator (η = 0,55)	10	18	36.000
Einsparungen pro Jahr [kWh]			12.000
Einsparungen++ pro Jahr [€]			1.200

\+ 2.000 Betriebsstunden pro Jahr
++ Strompreis 0,10 €/kWh

Tabelle 4 - 7: Auswirkung der Wirkungsgrade auf den Energieeinsatz

4.4.4 Filteranlagen

Für den Bereich der Holzbe- und -verarbeitung stehen eine Vielzahl unterschiedlicher Filteranlagen zur Verfügung. Die jeweiligen Vor- und Nachteile gilt es bei der Auslegung zu berücksichtigen und auf den konkreten Anwendungsfall hin abzustimmen.

Grundsätzlich sollte bei der Auslegung folgendes berücksichtigt werden:

- Der Filter sollte möglichst in der Nähe der Absaugstelle(n) angeordnet sein.

- Die Rohrverbindung zum Filter sollte möglichst kurz und mit wenigen Rohrbögen ausgeführt werden.
- Kleine Filterflächenbelastungen führen zu großen Filtern und hohen Investitionen. Im Gegenzug ermöglichen Sie einen geringen Druckabfall, eine hohe Standzeit und einen guten Abscheidegrad.
- Der vom Hersteller vorgegebene maximal Druckabfall im Filter sollte regelmäßig und in kurzen Zeitabschnitten überwacht werden.

4.4.5 Abtransport der Stäube und Späne

Das ausgefilterte Staub- und Spangut muß einem Silo zugeführt werden. Bei Silofiltern oder kleineren, kompakten Anlagen mit integrierter Absackeinrichtung ist kein weiterer Transport notwendig. Bei allen anderen Anlagentypen ist eine weitere Förderung notwendig. Die Auswahl des passenden Transportsystems ist von der Transportmenge und dem Transportweg abhängig.

Bei kurzen, geraden Förderwegen zwischen Filter und Silo sollten energieeffiziente mechanische Förderer eingesetzt werden, z.B. Vibrorinnen, Schnecken oder Förderbänder.

Bei Entfernungen bis ca. 100 m kommen pneumatisch betriebene Ringleitungen zum Einsatz. Das Material wird über eine oder mehrere Zellradschleusen in den Ring eingeschleust, der mit dem Silo verbunden ist. Im Silo lagert sich der größte Teil des Materials ab. Da das Saugrohr ebenfalls am Silo angeschlossen ist, wird leichteres, nicht abgeschiedenes Material im Förderstrom mitgeführt, ohne jedoch Schaden anzurichten.

Bei Entfernungen bis ca. 150 m kommen Einrohrsyteme zum Einsatz. Das Material kann bei diesem System entweder direkt aus der Filteranlage abgesaugt werden oder ebenfalls über eine Zellradschleuse zugeführt werden. Die Zellradschleuse wirkt als Trenneinrichtung zwischen Filteranlage und Fördersystem und ermöglicht eine Dosierung und Vergleichmäßigung des einzuschleusenden Materials. Hierdurch kann die Gutbeladung von sonst üblichen 0,3 kg/m^3 auf bis zu 0,5 kg/m^3 Förderluft gesteigert werden.

Bei Entfernungen über 150 m ist der Einsatz von pneumatischen Mitteldruckanlagen zu empfehlen. Der Förderluftstrom wird durch einen Drehkolbenverdichter erzeugt, der nicht mit Rohluft (inkl. Absaugmaterial) in Berührung kommen darf.

Die Gutbeladung beträgt in diesem Fall bis zu 6 kg/m^3 Förderluft. Die Rohrleitungen können zwar mit kleineren Durchmessern ausgeführt werden, müssen dafür aber einen um den Faktor 10 höheren Druck aushalten. Die Einschleusung der Stäube und Späne erfolgt über metallisch dichtende Zellradschleusen, die dem erhöhtem Druck standhalten.

Eine innovative Form des Transports stellt die Kombination einer Brikettpresse mit angeschlossenem mechanischem Brikettransport dar. Die abgeschiedenen Stäube und Späne werden in eine Brikettpresse geleitet und im Verhältnis von ca. 1:10 verdichtet. Die Verdichtung erfolgt ohne Zusatz von Bindemitteln. Die so erzeugten Briketts können dann über ein mechanisches Fördersystem über längere Strecken und in verschiedene Richtungen zur Heizungsanlage, Abpackanlage oder zu einem Container effizient transportiert werden. Ein weiterer Vorteil des Konzepts liegt darin, aus den anfallenden Stäuben und Spänen ein vermarktungsfähiges Produkt zu erzeugen, das im Hausbrand oder in betrieblichen Unterschubfeuerungen genutzt werden kann.

4.4.6 Wärmerückgewinnung

Der Wärmeinhalt der abgesaugten Luft wird in vielen Fällen nicht genutzt und geht als Abwärme in die Umgebung.

In Kapitel 4.5.6 werden Maßnahmen und Einrichtungen zur Wärmerückgewinnung vorgestellt.

Eine spezifische Lösung aus dem Absaugbereich sei aber schon hier vorgestellt.

Die abgesaugte Luft wird in diesem Fall nach dem Passieren des Filters zu ca. 80 % wieder in den Absaugbereich der Holzbearbeitungsmaschine zurückgeführt. Dem Fertigungsbereich wird somit nur 20 % der ursprünglichen, erwärmten Luft entzogen. Da im Bereich der Holzbearbeitungsmaschine der Unterdruck aufrecht erhalten bleibt, ist mit keinen negativen Einflüssen durch evtl. belastete Abluft zu rechnen.

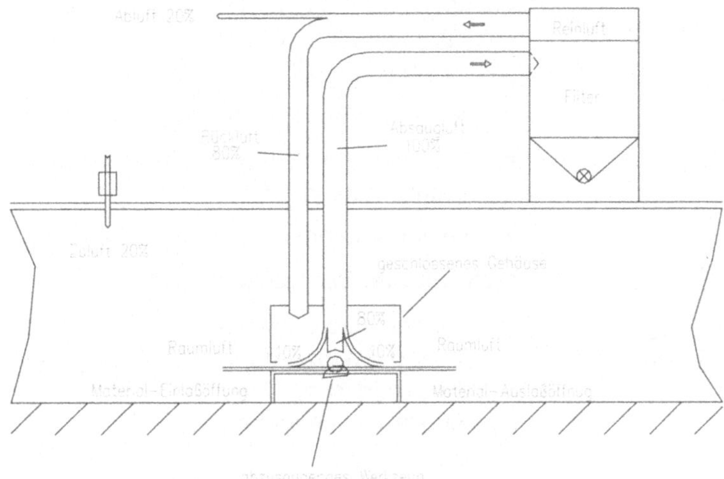

Abbildung 4 - 32: Rückführung abgesaugter Luft

Bei entsprechend guter Filterung kann die gefilterte Luft auch wieder in die Bearbeitungsräume eingeleitet werden. Durch diese Maßnahmen können beträchtliche Mengen Heizenergie eingespart werden, die sonst zur Erwärmung der nachströmenden Außenluft erforderlich wären.

4.4.7 Tipps zur Optimierung

Nicht investive Maßnahmen

- Nicht benötigte Holzbearbeitungsmaschinen und die zugehörigen Absauganlagen abschalten.
- Schieber zu nicht betriebenen Maschinen konsequent schließen. Auch bei Ventilatoren ohne Drehzahlregelung ergeben sich Einspareffekte von bis zu 20%.
- Der vom Hersteller vorgegebene maximal Druckabfall im Filter sollte regelmäßig und in kurzen Zeitabschnitten überwacht werden.

Investive Maßnahmen

- Absauggeschwindigkeiten auf 20 bis 28 m/s einstellen
- Transportgeschwindigkeiten auf 16 bis 20 m/s einstellen

Ventilatoren

- Möglichst mit einer Drehzahlregelung (Frequenzregelung). Verringerung der Drehzahl um 10% bewirkt eine Energieeinsparung von 33%
- Möglichst Einsatz von Hochleistungsventilatoren; $\eta > 0{,}8$
- Im Reinluftbereich ausschließlich Einsatz von Hochleistungsventilatoren; $\eta > 0{,}85$
- Rückführung der abgesaugten Luft

Maßnahmen bei Anlagenersatz

Anlagensystem

- Rohrleitungen zwischen Absaugstelle und Filter sollten möglichst kurz und mit wenigen Krümmern ausgeführt sein. Zudem ist darauf zu achten, abrupte Übergänge und kleine Radien zu vermeiden.

- **Beispiele:**

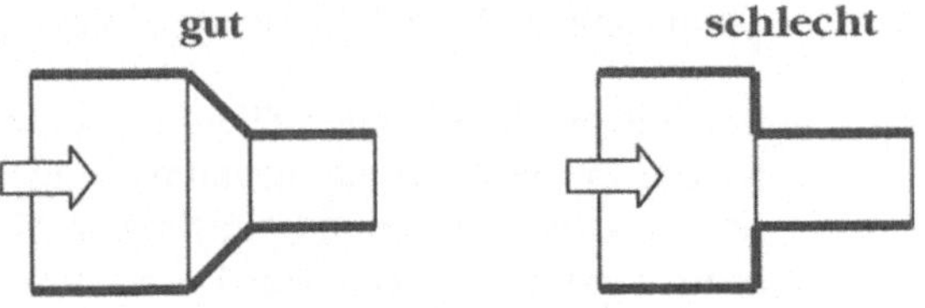

Querschnittsverengung: stetig / sprunghaft
Der Widerstandsbeiwert beträgt 0,05 bzw. 0,22.

Rohrbogen: Krümmer / Knie
Der Widerstandsbeiwert beträgt 0,25 bzw. 1,2.

- **gut** **schlecht**

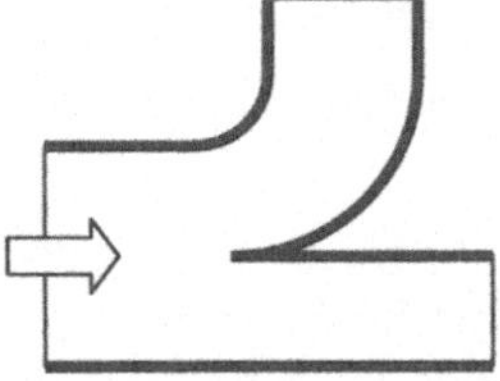

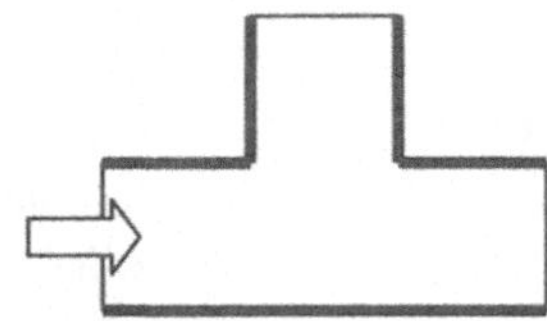

Krümmerabzweig / T-Stück

Der Widerstandsbeiwert beträgt 0,5 bzw. 1,8.

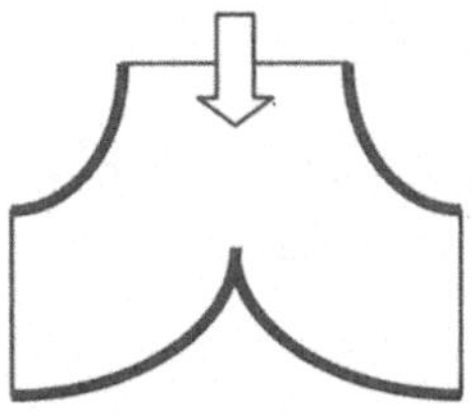

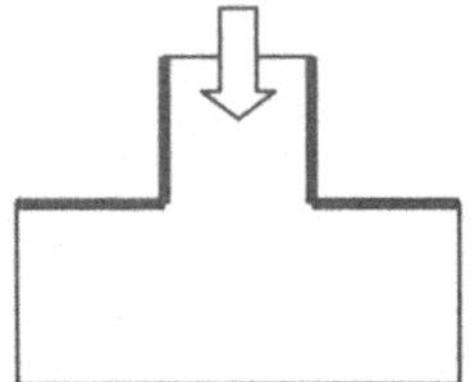

Krümmerendstück / T-Stück
Der Widerstandsbeiwert beträgt 0,15 bzw. 1,3.

- Einzelabsaugungen:
  - gut regelbar, Vorteile bei kurzen Betriebszeiten
  - rel. hoher Investitionsaufwand
  - kleine und mittlere Betriebe
- Zentralabsaugungen
  - Vorteile, wenn Holzbearbeitungsmaschinen überwiegend im Dauerbetrieb arbeiten
  - rel. geringerer Investitionsaufwand
  - für größere Betriebe
- Gruppenabsaugung
  - besser regelbar als Zentralabsaugungen
  - rel. geringere Investitionsaufwand als bei Einzelabsaugungen

Filter

- Der Filter sollte möglichst in der Nähe der Absaugstelle(n) angeordnet sein.

- Kleine Filterflächenbelastungen führen zu großen Filtern und hohen Investitionen. Im Gegenzug ermöglichen sie geringe Betriebskosten durch einen geringen Druckabfall, eine hohe Standzeit und einen guten Abscheidegrad.

Späne-transport

- Optimal wird die Filteranlage direkt über dem Spänesilo angeordnet.
- Bei geringen Spänemengen und kurzen Transportwegen sollten mechanische Systeme wir Spiral- oder Kratzförderer, Vibrorinnen oder Förderbänder eingesetzt werden. Evtl. ist auch der Einsatz einer Brikettpresse möglich.
- Bei größeren Staub und Spänemengen und Transportwegen bis 100 m sollte ein pneumatisches Fördersystem mit Ringleitung eingesetzt werden.
- Bei Transportwegen bis 150 m kommen Einrohrsysteme zum Einsatz.
- Förderwege vom mehr als 150 m werden effizient mit Mitteldruckanlagen bewältigt.

4.5 Querschnittstechniken

4.5.1 Lastmanagement / Spitzenlastoptimierung

Lastmanagement

Der Bezug von elektrischer Energie wird von den EVUs i.d.R. nach dem Arbeits- und dem Leistungspreis abgerechnet. Die bezogene Strommenge wirkt sich linear über den Arbeitspreis auf die Kosten aus, während der Leistungspreis von der geforderten Spitzenleistung abhängt. Das EVU ermittelt dazu, bei der Jahresleistungspreisregelung, den Mittelwert der 2 oder 3 höchsten Viertelstunden-Monatswerte. Zur Ermittlung des Viertelstunden-Monatswertes wird von dem EVU ein Meßwerk eingesetzt, das den jeweiligen Viertelstundenwert bestimmt. Sollte dieser Wert höher sein als der zuvor gespeicherte, so wird er in den Speicher übernommen. Am Ende des Monats wird der höchste Viertelstundenwert des Monats ausgelesen und der Speicher auf Null zurückgesetzt.

Für die Bemessung des Leistungspreises bedeutet dies, dass bei einer Meßperiode von 15 Minuten (entspricht ca. 3.000 Meßperioden im Monat) die Leistungsinanspruchnahme in weniger als 0,01% der Meßperioden die Leistungskosten bestimmt.

Zur Bestimmung der Leistungskosten wird üblicherweise die Viertelstunden-Durchschnittsleistung $P_{0,25}$ herangezogen, die aus der maximal in einer Viertelstunde bezogenen Energie errechnet wird.

$$P_{0,25} = \frac{E_{0,25}}{0,25h} \text{ [kW]}$$

$E_{0,25}$ ist die in 15 Minuten verbrauchte Energiemenge [kWh]

Der Höchstwert resultiert in der Regel aus dem Parallelbetrieb mehrerer elektrischer Verbraucher. Ziel des Lastmanagements ist es, die maximale Viertelstunden-Durchschnittsleistung durch die zeitliche Auflösung des Anlagenbetriebes zu verringern. Das Lastmanagement führt daher nicht zu Energieeinsparungen, vielmehr wird durch geeignete Maßnahmen verhindert, dass der Energiebezug je Meßperiode den vorgegebenen Wert übersteigt.

Anmerkung: Kurze Anhebungen der Leistungsaufnahme, z.B. durch das Anlaufen eines Elektromotors, spielen keine große Rolle, da der Einfluß auf den Viertelstundenwert nur sehr gering ist. Daher ist eine Überwachung der Momentanleistung nur in seltenen Fällen hilfreich, da deren Begrenzung nur zu unnützen Störung des Betriebsablaufes führen würde.

Ursache:	Gleichzeitiger, oftmals zufälliger Betrieb mehrerer Verbraucher
Wirkung:	Lastspitzen = hohe Energiebezugskosten
Vermeidung:	1. Planung des Betriebsablaufs 2. Verlagerung von Produktionsprozessen in Zeiten geringerer Belastung 3. Spitzenlastüberwachung = kurzzeitige Abschaltung bzw. Drosselung von Energieverbrauchern 4. Inbetriebnahme von eigenen Energieumwandlungsanlagen (Netzparallelbetrieb)

Tabelle 4 - 8: Maßnahmen zur Vermeidung von Lastspitzen

Ist eine Erhöhung der elektrischen Anschlußleistung des Maschinen- und Anlagenparks z.B. im Zuge einer Betriebserweiterung geplant, sollte zunächst geprüft werden, ob und inwieweit durch ein gezieltes Lastmanagement der Mehrbedarf kompensiert werden kann. Üblicherweise ist das Spitzenlastmanagement deutlich kostengünstiger als die Aufstockung der Anschlußleistung.

Spitzenlastoptimierung

Das Lastprofil des Unternehmens spielt im liberalisierten Energiemarkt eine entscheidende Rolle. Neben der Optimierung der Spitzenlast und der Vergleichmäßigung der Grundlast eröffnet die genaue Kenntnis des Lastprofils die Möglichkeit zu Tarifverhandlungen, Bündelung von Verbrauchern und evtl. einen Anbieterwechsel. Nur wer seinen Bedarf genau kennt, ist in der Lage, den optimalen Liefervertrag beim richtigen Partner auszuhandeln.

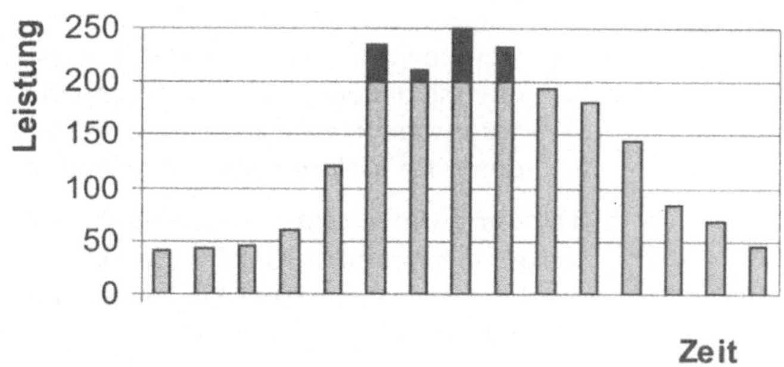

Abbildung 4 - 33: Lastverlauf, ohne Optimierung

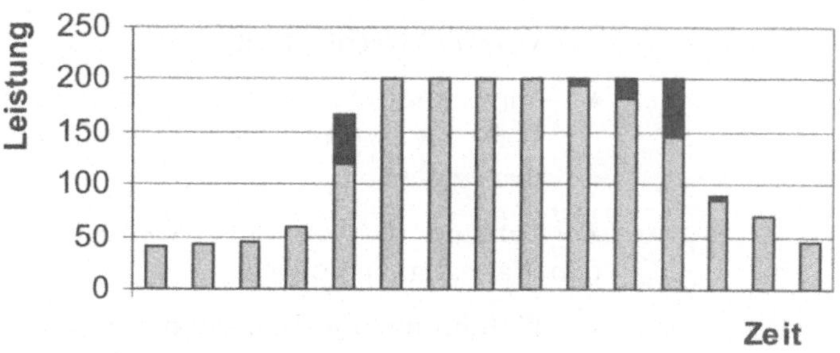

Abbildung 4 - 34: Lastverlauf, mit Optimierung

Vereinzelt auftretende Lastspitzen beeinflussen erheblich die Energiebezugskosten. Um diese dauerhaft zu senken, ist es notwendig die Spitzenlast zu überwachen und ein Überschreiten des gesetzten Grenzwertes zu verhindern. Dies geschieht in der Weise, dass bestimmte Verbraucher in ihrer Leistung reduziert, abgeschaltet oder erst gar nicht eingeschaltet werden. Hierzu werden die Verbraucher in zwei Gruppen eingeteilt:

- Die erste Gruppe besteht aus Verbrauchern, deren Energiebezug weder unterbrochen, verzögert oder verschoben werden kann, ohne hohe Kosten oder die Störung des betrieblichen Ablaufs hervorzurufen. Zu diesen Verbrauchern zählen z.B. die EDV oder wichtige Produktionsmaschinen.

- Zur zweiten Gruppe zählen Verbraucher, die nicht dauerhaft Energie benötigen oder deren Energiebezug zeitlich verlagert werden kann. Zu dieser Gruppe gehören z.B. Verbraucher, die mit einem Speicher ausgestattet sind (Druckluft- oder Warmwasserversorgung, Heizungsanlage) oder Verbraucher, deren Drosselung zu keinen Komfortverlusten führt.

Die zur zweiten Gruppe zählenden Verbraucher sollten in einer Liste aufgenommen werden, in der die Betriebsbedingungen niedergelegt sind. Dabei sind folgenden Einrichtungsdaten von Bedeutung:

- Nennleistung,
- Minimale und maximale Einschaltzeit,
- Minimale und maximale Ausschaltzeit,
- Zulässige Schalthäufigkeit,
- Vor- und Nachlaufzeit,
- Mindest- oder Maximalbedingungen
  (z.B. Zwangseinschaltung bei Unterschreitung eines Mindestwertes)

Zur Senkung der Leistungsspitzen sind grundsätzlich die folgenden Maßnahmen möglich:

- Einführung organisatorischer Maßnahmen wie z.B. die Einhaltung einer bestimmten Reihenfolge zum Anfahren von elektrischen Großverbrauchern.
  Anmerkung:
  Der Erfolg der Maßnahme ist nicht zu garantieren, da schon eine gelegentliche Mißachtung, den Nutzen vollständig vernichten kann.
- Steuerung der elektrischen Verbraucher
  Durch eine elektrische Verriegelung kann z.B. erreicht werden, dass der Parallelbetrieb von Großverbrauchern grundsätzlich ausgeschlossen ist oder bestimmte Anfahrabfolgen eingehalten werden müssen. Nachteil dieser starren Regelung ist, dass die tatsächliche Leistungsaufnahme des Betriebes nicht berücksichtigt wird und die Verriegelung auch dann greift, wenn keine Überschreitung der Spitzenlast droht.
- Regelung der elektrischen Verbraucher
  Der Unterschied zwischen der Steuerung und der Regelung (Lastmanagement) besteht darin, dass die Regelung mit ei-

nem Meßglied ausgestattet ist, das die aktuelle Leistungsaufnahme mißt und an den Steuerrechner weiterleitet. Der Rechner ermittelt dann den zu erwartenden Viertelstundenwert - synchron zur EVU-Meßperiode - im voraus und schaltet, je nach Bedarf und der zuvor festgelegten Betriebsbedingungen, einen oder mehrere Verbraucher ab bzw. reduziert deren Leistung. Sinkt daraufhin die prognostizierte Viertelstundenleistung wieder unter den voreingestellten Grenzwert, so werden die Verbraucher wieder zugeschaltet.

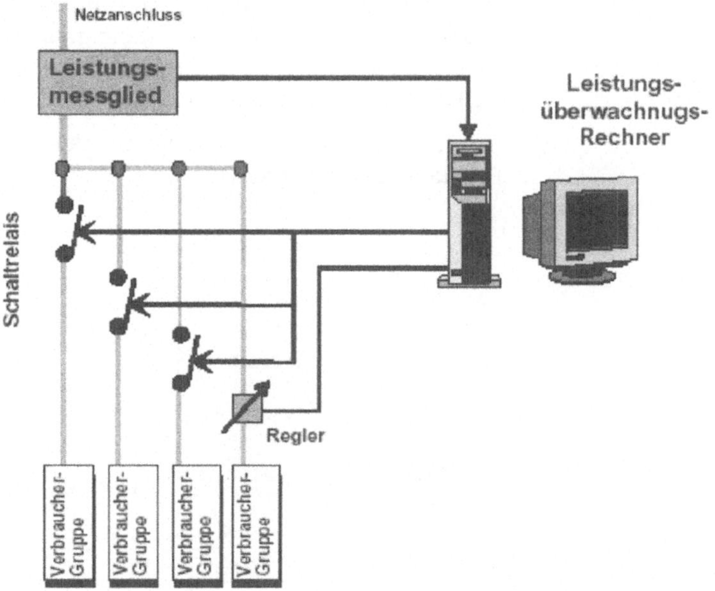

Abbildung 4 - 35: Schaltbild einer Lastmanagement-Regelung [Hackstein, D.]

Das Lastmanagementsystem besteht aus einem Rechner- und einer Steuereinheit. Alle ausgewählten Verbraucher werden an das System angeschlossen und abhängig vom Lastzustand, den Einrichtungsdaten und den Prioritäten zu- bzw. abgeschaltet.

Für kleine Betriebe ist der Aufwand für ein Lastmanagement mit Regelung zu groß und zu teuer, da hier ja auch nur einige wenige kW Leistungsspitze eingespart werden können. Eine mögliche Lösung ist der Einbau eines Spitzenlastwächters, der bei Überschreiten einer Lastgrenze ein Blinklicht oder eine Hupe einschaltet. Bei diesem Signal können Anlagen kurzzeitig von Hand abgeschaltet werden. Dieses System funktioniert allerdings nur mit entsprechend motivierten und ausgebildeten Mitarbeitern, da zeitweise eigenverantwortlich Arbeitsabläufe zielgerichtet verändert werden müssen, ohne den Betriebsablauf nachteilig zu beeinflussen.

4.5.2 Druckluftversorgung

Wie in vielen anderen Industriezweigen, gehören Druckluftanlagen auch in den Betrieben der Holzbe- und -verarbeitung zur Infrastruktur. Hauptanwendungen finden sich im Transport- und Spannbereich, verschiedenen Reinigungsaufgaben und Druckluftwerkzeugen. Mit zunehmender Automatisierung sind auch vielfältige Steuerungsaufgaben hinzugekommen.

In der folgenden Abbildung ist der typische Aufbau einer Druckluftanlage dargestellt.

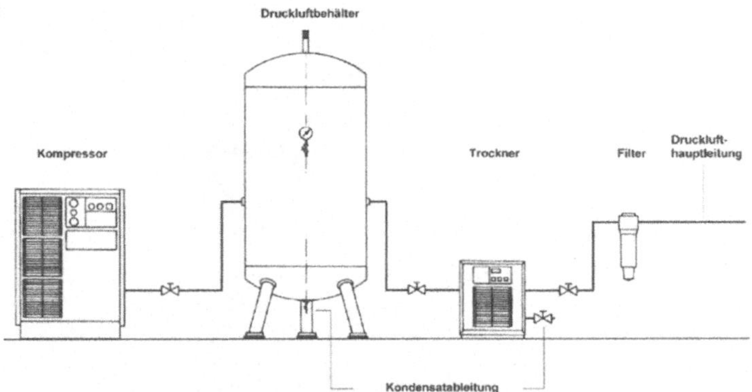

Abbildung 4 - 36: Komponenten einer Druckluftanlage

Aufgrund der sehr aufwendigen Erzeugung handelt es sich bei der Druckluft um einen sehr teuren Energieträger. Der Gesamtwirkungsgrad einer realen Druckluftanlage liegt deutlich unter 10%. Die Hauptgründe hierfür sind in den folgenden Ursachen zu finden:

- geringe Wirkungsgrade bei der Drucklufterzeugung,
- Druckverluste zwischen den Erzeugern und Verbrauchern,
- Leckagen im Druckluftnetz,

- schlecht ausgelegte und gewartete Druckluftnetze,
- überdimensionierte Kompressoren und
- unzureichende Nutzung der Abwärme.

Druckluft erzeugung

Für den Anwender haben die Kompressoren die größte Bedeutung. Es sind die teuersten Bestandteile des Druckluftnetzes und "verbrauchen" die zugeführte elektrische Energie. Der Kompressor arbeitet aber unabhängig davon, ob er Leckagen versorgt, einen viel zu hohen Systemdruck erzeugt. Daher kommt es darauf an, den Kompressor in einem optimal ausgelegten und gewarteten Umfeld zu betreiben, um ihn effizient nutzen zu können.

In der Holzbe- und -verarbeitung werden in der Regel Kolben- und Schraubenkompressoren eingesetzt, die ihre Vorteile in unterschiedlichen Anwendungen haben:

Kolbenkompressoren

Kolbenkompressoren sind besonders geeignet:

- bei kurzen Einschaltdauern und kleinen Liefermengen,
- bei schwankendem Druckluftverbrauch,
- bei hohen Enddrücken und, im Verbund mit anderen Kompressoren, zur Abdeckung der Spitzenlast.

Schraubenkompressoren

Schraubenkompressoren sind besonders geeignet:

- bei großen Liefermengen, wenn ein kontinuierlicher Druckluftverbrauch vorliegt und lange Einschaltdauern absehbar sind,
- bei gleichmäßiger Verdichtung (pulsationsfrei), für empfindliche Druckluftverbraucher und
- ideal zur Abdeckung der Grundlast, in einem Verbund mit weiteren Kompressoren.

Andere Kompressorentypen, wie z.B. Rotations-, Scroll- oder Turbokompressoern finden in der Holzbe- und -verarbeitung kaum Anwendung.

Leistung, Kapazität

Die Auslegung und Auswahl des Kompressors hängt von den angeschlossenen Druckluftverbrauchern (Druckluftbedarf und -niveau), der mittleren Einschaltdauer, dem Gleichzeitigkeitsfaktor und diversen Sicherheitszuschlägen ab. Im angegebene Schrifttum sind ausführliche Anleitungen zur Dimensionierungen angegeben.

Anmerkung:

Bei dem Bau oder der Revision einer größeren Anlage wird über die Energieeffizienz und die Betriebskosten der Drucklufterzeugung innerhalb der nächsten Betriebsjahre entschieden. Zur Gewährleistung eines energetisch optimalen Betriebes sollte deshalb ein unabhängiger Fachbetrieb oder ein spezialisiertes Ingenieurbüro mit der Planung beauftragt werden.

(Eine ineffiziente und dadurch teuere Anlage - mit "Reserven" - kann jeder installieren!)

Überprüfung der Kompressorleistung

Kompressoren haben bewegliche Teile, die verschleißen. Abhängig vom Verschleiß, nimmt die Förderleistung ab. In größeren Anlagen kann es vorkommen, dass einzelne Kompressoren keine Lieferanteile bringen. Zur regelmäßigen Überprüfung (auch bei Einzelanlagen) sollte es gehören, die Luftfördermenge regelmäßig zu überprüfen. Alle anderen Verbraucher und Versorger werden dazu vom Druckluftbehälter getrennt. Anschließend wird die Zeit gemessen, die benötigt wird, um den Druck um ein bar zu erhöhen. Die Messung erfolgt etwa auf dem Niveau des Netzdrucks. Die Fördermenge errechnet sich dann wie folgt:

$$\dot{V}_L = \frac{V_D * \Delta p}{t_F}$$

$\dot{V}_L$ = Luftfördermenge [l/min]

V_D = Speichervolumen des Druckbehälters [l/bar]

Δp = Druckdifferenz [bar]

t_F = Fülldauer [min]

Die Messung sollte regelmäßig bei gleichen Randbedingungen durchgeführt und dokumentiert werden. Verringert sich die Fördermenge um mehr als 15 %, so ist dringend eine Überholung oder Ersatz des Kompressors zu empfehlen.

Zur Beurteilung des Kompressor-Wirkungsgrades wird das Verhältnis der Kompressorenleistung [kW] zur Luftfördermenge [m^3/min] gebildet. Mit diesem Wert und mit dem erzeugten Überdruck [bar] kann dann an Hand des Leistung-Druck-Diagramms (siehe Abbildung 4 - 37) die Anlageneffizienz beurteilt werden.

Beispiel:

Ein Kompressor mit einer Leistung von 18 kW verdichtet 3 m^3/min Luft auf 8 bar Überdruck. Der ermittelte Wert:

$$\frac{\text{Kompressorleistung}}{\text{Luftfördermenge}} = \frac{18\ [\text{kW}]}{3\ [\frac{\text{m}^3}{\text{min}}]} = 6\ [\frac{\text{kW} * \text{min}}{\text{m}^3}]$$

befindet sich (siehe Abbildung 4 - 37) im "guten Bereich".

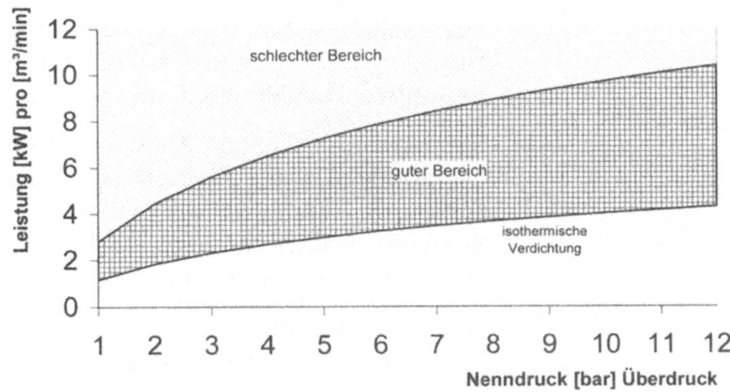

Abbildung 4 - 37: Leistung-Druck-Diagramm

Druckluft-aufbereitung

Die Umgebungsluft enthält Verunreinigungen, die sich während der Kompression um ein Vielfaches aufkonzentrieren und das Leitungsnetz wie auch die Druckluftverbraucher beeinträchtigen können. Zur Aufbereitung der Druckluft sind deshalb verschiedene Systeme notwendig.

Filter

Strömungstechnisch bedingt, kommt es bei der Filterung der Luft zu einem Druckabfall. Bei neuen Filterelementen beträgt dieser, je nach Filterart, zwischen 0,02 und 0,2 bar. Durch Ablagerungen von Staub- und Schmutzpartikeln steigt der Druckabfall. Der Grenzwert für den maximal zu vertretenden Druckabfall beträgt ca. 0,6 bar. Oberhalb dieses Wertes ist eine Reinigung oder ein Austausch des Filterelements erforderlich.

Druckluft-trocknung

Nach der Kompression hat die Druckluft eine rel. Feuchte von 100%. Damit der Wasserdampf nicht unkontrolliert kondensiert, muß die Luft entfeuchtet oder das anfallende Kondensat gezielt abgeleitet werden.

Leitungsnetz ohne speziellen Drucklufttrockner

Die einfachste und effizienteste Möglichkeit ist der Verzicht auf einen speziellen Drucklufttrockner. Hierzu ist der Druckluftspeicher in einem kühlen Bereich der Fertigung aufzustellen. An der großen Oberfläche des Speichers kondensiert der Wasserdampf und sammelt sich am Behälterboden.

Ein geringerer Teil des Wasserdampfes wird dann im Druckluftnetz kondensieren. Damit dies nicht zu Schäden führt, sind folgende Installationsrichtlinien zu beachten:

- Temperaturgefälle
  Der kälteste Punkt sollte der Aufstellungsbereich des Druckluftspeichers sein. Im Verlauf der Strömung sollte keine weitere Abkühlung erfolgen.
- Rohrleitungsgefälle und Kondensatableiter
  Die Rohrleitungen sollten mit einem Gefälle von ca. 2 $^{o}/_{oo}$ in Strömungsrichtung verlegt werden. Das nachträglich kondensierte Wasser, sammelt sich dann an den niedrigsten Stellen, an denen Kondensatableiter installiert werden.
- Senkrechte Hauptleitung
  Das kondensierte Wasser kann dann in den Druckluftbehälter zurückfließen.
- Anschlußleitungen
  Die Anschlußleitungen zum Endverbraucher sollten immer nach oben, in Strömungsrichtung abzweigen.
- Armaturen
  Wartungseinheiten mit Filter, Wasserabscheider und Druckminderer sollten immer installiert werden.

Diese Art der Kondensatableitung ist jedoch nur in kleinen Druckluftnetzen und bei geringen Qualitätsanforderungen an die Druckluft praktikabel.

Bei höheren Anforderungen an die Druckluftqualität kommen spezielle Drucklufttrockner zum Einsatz.

Leitungsnetz mit Drucklufttrockner

Entsprechend der Arbeitsprinzipien wird in folgende Grundverfahren unterschieden:

- Kondensation
  Trocknung durch Unterschreitung des Taupunktes (Überverdichtung und Kältetrocknung).

- Sorption
  Trocknung durch Feuchtigkeitsentzug (Membrantrocknung).
- Diffusion
  Trocknung durch Molekültransfer
  (Absorption und Adsorption).

Aufgrund der relativ großen Luftmengen und der relativ geringen Qualitätsanforderung kommt häufig die Kältetrocknung zum Einsatz. Bei diesem Verfahren kommt ein Kältetrockner zum Einsatz, der die Luft bis zu einem Taupunkt von ca. + 3 ^{0}C entfeuchtet. Bei Freileitungen ist im Winter diese Art der Entfeuchtung kritisch.

Bei noch höheren Anforderungen an die Drucklufttrocknung, die jedoch in der Holzbe- und -verarbeitung selten notwendig sind, werden Absorptionstrockner eingesetzt, die extrem trockene Druckluftqualitäten mit Taupunkten von -20 bis -70 ^{0}C erzeugen. Bei diesen Verfahren, die nur bei sehr großen Volumenströmen sinnvoll sind, wird die Druckluft durch einen Behälter geleitet, in dem sich ein Trocknungsmittel befindet, das den Wasserdampf bindet. Dem Trocknungsmittel muß später - in einem Regenerierungsvorgang - der Wasserdampf entzogen werden. Zu einem System gehören mindestens zwei Behälter, die zur Regeneration vom Netz getrennt werden können.

Während Kältetrockner ca. 3 % der Kompressionsenergie für die Trocknung erfordern, wenden Absorptionstrockner 10 bis über 25% der Kompressorenergie für die Trocknung auf.

Anordnung des Trockners

Der Trockner wird entweder vor oder hinter dem Druckluftbehälter angeordnet. Für beide Varianten gibt es Vor- und Nachteile. In der Praxis kann die Anordnung des Trockners hinter dem Druckluftbehälter empfohlen werden kann.

Steht der Druckluftspeicher in einem kühlen Bereich der Fertigung und setzt schon an der großen Oberfläche des Speichers die Kondensation ein, so kann der Trockner kleiner dimensioniert werden. Einziger Nachteil ist, dass bei sehr hohen Druckluftentnahmen der Trockner überlastet werden kann.

Druckluftbehälter

Druckluftbehälter haben die Aufgabe Druckluft zu speichern, die Pulsation zu dämpfen und Kondensat abzuscheiden. Um diese Aufgabe zu erfüllen, muß eine optimale Dimensionierung erfolgen. Bei zu kleinem Behältervolumen V_B muß der Kompressor häufig ein- und ausgeschaltet werden, wodurch der Motor belastet wird. Bei einem großen Behälter und gleichmäßigem Verbrauch schaltet dagegen der Motor seltener und wird entsprechend geschont.

Zur ersten Abschätzung des benötigten Behältervolumens, bzw. zur Überprüfung der Installation im eigenen Betrieb, können folgende Faustformeln genutzt werden:

Kolbenkompressor: $V_B = \frac{\dot{V}_L * 15}{z * \Delta p}$

Schraubenkompressor: $V_B = \frac{\dot{V}_L * 5}{z * \Delta p}$

V_B = Volumen des Druckbehälters [m³]

$\dot{V}_L$ = Liefermenge des Kompressors [m³/min]

15 bzw. 5 = Konstanter Faktor [-]

z = Zulässige Motorschaltspiele [1/h]

Δp = Druckdifferenz EIN / AUS [bar]

Motorleistung [kW]	zul. Motorschaltspiele z in [1/h]
4 - 7,5	30
11 - 22	25
30 - 55	20
65 - 90	15
110 - 160	10
200 - 250	5

Tabelle 4 - 9: Zulässige Motorschaltspiele in Abhängigkeit von der Motorenleistung

Die genauen Berechnungsgrundlagen, sowie Musterauslegungen, für Kolben- und Schraubenkompressoren, sind im angegebenen Schrifttum ausführlich dargestellt.

Druckluftverteilung

Größere Druckluftnetze sind in zweckmäßige Abschnitte zu unterteilen, die durch Absperrschieber voneinander getrennt werden können. Die nicht benötigten Netzabschnitte werden nicht mit Druckluft versorgt. Außerdem werden Inspektions-, Wartungs- und Umbauarbeiten hierdurch vereinfacht.

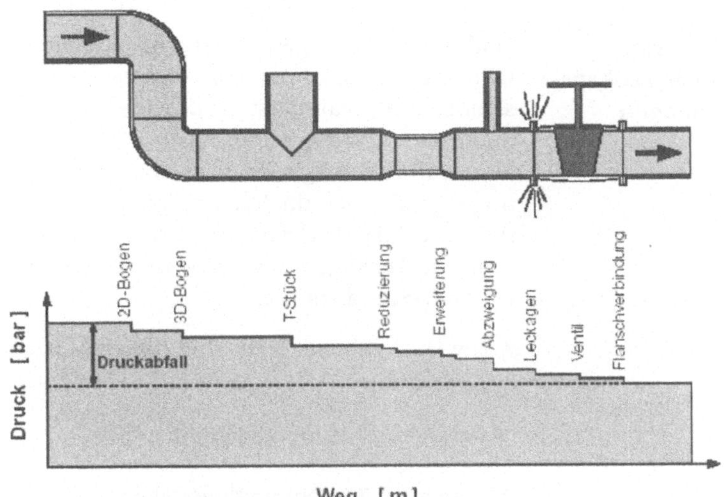

Abbildung 4 - 38: Druckabfall in einer Rohrleitung
[Quelle: Druckluftkompendium]

Die Höhe des Druckabfalls wird durch verschiedene Komponenten und Gegebenheiten des Rohrleitungsnetzes beeinflußt:

- Rohrlänge und Innendurchmesser
  Größere Rohrlängen und kleine Innendurchmesser erhöhen den Druckabfall.
- Abzweige und Rohrkrümmer
  Anstelle von Eck- und T-Stücken sollten lange Bögen und Hosenstücke vorgesehen werden, die einen geringeren Druckabfall verursachen.
- Verengungen und Erweiterungen
  Querschnittsänderungen beeinflussen die Strömungsvorgänge und erhöhen den Druckabfall. (Ideal: Laminare Strömung)
- Ventile, Armaturen und Anschlüsse
  Anzahl der Bauelemente auf das notwendige Minimum reduzieren. Einbaurichtlinien beachten.
- Filter und Trockner
  Filter und Trockner sind regelmäßig zu überprüfen und müssen bei Bedarf gereinigt, regeneriert oder ausgetauscht werden.

- Leckagestellen
  Abdichten, soweit wirtschaftlich vertretbar.

Tolerierbare Leckagemengen

Leider sind Leckagen in Druckluftsystemen nahezu unvermeidlich. Zur Reduzierung müssen regelmäßige Wartungs- und Instandhaltungsmaßnahmen durchgeführt werden, die natürlich ebenfalls Kosten verursachen. Bei den Bestrebungen, das Druckluftnetz möglichst weit abzudichten, übersteigen die Wartungs- und Instandhaltungsmaßnahmen irgendwann die Kosten, die durch die Leckagen verursacht werden. Ziel muß es daher sein, die Leckagen auf ein vernünftiges, wirtschaftlich vertretbares Maß zu reduzieren.

Aus wirtschaftlicher Sicht sind folgende Leckagemengen ($\dot{V}_K$) zu tolerieren:

$\dot{V}_K$ max. = 5 % bei kleineren Netzen.

$\dot{V}_K$ max. = 7 % bei mittleren Netzen.

$\dot{V}_K$ max. = 10 % bei größeren Netzen.

Beispiel:

Bei einem Netzdruck von 8 $bar_ü$ entweichen ca. 75 l/min aus einem Leck von 1 mm Durchmesser. Dieser Volumenstrom erfordert eine Antriebsleistung von ca. 0,6 kW. Bei einem Arbeitspreis von 0,10 EURO/kWh ergeben sich bei ca. 4.000 Betriebsstunden Kosten von ca. 240,- EURO pro Jahr. Tabelle 4 - 10 zeigt Leckagen und deren Jahreskosten für Löcher bis 5 mm, bei denen die Energiekosten schon auf 5.280 EURO pro Jahr ansteigen.

Undichtigkeit Loch-Ø [mm]	ausströmende Luftmenge bei 8 $bar_{ü}$ [l/min]	Verluste	
		Energie [kW]	Geld [EURO/a]
1	75	0,6	240,-
1,5	150	1,3	520,-
2	260	2,0	800,-
3	600	4,4	1.760,-
4	1.100	8,8	3.500,-
5	1.700	13,2	5.280,-

Tabelle 4 - 10: Leckagekosten

Leckagestellen Wie sich anhand des Beispiels ablesen läßt, ist ein gewisser Wartungsaufwand nicht nur effizienzsteigernd, sondern auch wirtschaftlich.

Größere Undichtigkeiten im Druckluftnetz machen sich durch Geräusche bemerkbar und sind somit, z.B. nach Betriebsschluß, einfach zu entdecken. Kleinere Leckagestellen, z.B. an Verbindungsstellen, Abzweigungen, Ventilen usw. können mit speziellen Dichtheitsprüfmitteln oder durch Abpinseln mit Seifenlauge entdeckt werden. Darüber hinaus sind Ultraschallanalysen möglich, mit denen weitere Undichtigkeiten entdeckt werden können. Bei der Überprüfung dürfen beispielsweise auch die Auslöseventile von Druckluftpistolen nicht vergessen werden.

Zur Quantifizierung der Leckagen kann eine einfache Methode angewandt werden. Hierzu werden alle Druckluftverbraucher abgeschaltet und die Zuleitung zum Druckluftbehälter gesperrt. Im Druckluftbehälter, wie auch im gesamten Netz, sinkt dann innerhalb einer Zeitspanne t der Druck vom Anfangsdruck P_A auf den Enddruck P_E.

Die Leckagemenge ist dann nach folgender Formel zu bestimmen:

$$\dot{V}_K = V_B * \frac{(P_A - P_E)}{t}$$

$\dot{V}_K$ = Leckagemenge [l/min]

V_B = Druckbehältervolumen [l]

P_A = Anfangsdruck im Druckluftbehälter [$bar_ü$]

P_E = Enddruck im Druckbehälter [$bar_ü$]

Diese Methode ist dann geeignet, wenn das Volumen des Rohrleitungsnetzes weniger als 10 % des Druckluftbehältervolumens ausmacht. Genauere Messungen, bei denen die Leckagebestimmung über die Einschaltdauer und Liefermengen des Kompressors erfolgen, werden von Fachbetrieben und Ingenieurbüros angeboten.

Beispiel:

In einem Druckluftbehälter mit 1.500 l Fassungsvermögen sinkt der Druck innerhalb von 2 Minuten, von 8 $bar_ü$ auf 7 $bar_ü$. Die Leckagemenge beträgt:

$$\dot{V}_K = 1.500 * \frac{(8-7)}{2} = 750 \quad [\text{ l/min }]$$

Anmerkung:

Bei einem Arbeitspreis von 0,10 EURO / kWh und ca. 4.000 Betriebsstunden im Jahr ergeben sich "Leckagekosten" von ca. 2.200,- EURO pro Jahr.

Regelung einzelner Kompressoren

In den seltensten Fällen ist die benötigte Druckluftmenge gleich der produzierten Druckluftmenge, die im optimalen Betriebspunkt des Kompressors geliefert wird. Aus diesem Grunde wird eine Regelung benötigt, die vor allem das Ziel des effizienten Energieeinsatzes verfolgen sollte.

Die meisten Kompressoren werden durch Drehstrom - Asynchronmotoren angetrieben, die eine maximal zulässige Schalthäufigkeit aufweisen. Dies bedingt, bei nicht gut abgestimmten Verhältnis zum Druckspeicher, dass die Motoren auch dann im Leerlauf betrieben werden müssen, wenn keine Förderleistung notwendig ist. Während des Leerlaufs wendet der Antriebsmotor über 20% seiner Nennleistung auf.

Über einen Frequenzumrichter kann die Liefermenge eines elektrisch angetriebenen Kompressor stufenlos im Bereich von ca. 30 - 100% geregelt werden. Da jedoch weder der Kompressor, der Antriebsmotor noch der Frequenzumrichter ohne Verluste arbeiten und keine konstanten Wirkungsgrade haben, ist der Frequenzumrichter nicht immer optimal. Der Einsatz muß sehr genau geprüft werden, damit nicht gerade der Einsatz dieses grundsätzlich guten Systems zu Energieverschwendung und damit höheren Kosten führt.

Die effizienteste Regelung erfolgt über eine Aufsplittung in Grundlast- und Spitzenlastanteile. Die einzelnen Kompressoren weisen dabei idealerweise eine Leistungsstufung auf, die eine lückenlose Versorgung des Druckluftnetzes zu allen Betriebszeiten gewährleistet. Eine übergeordnete Steuerung schaltet nun, abhängig vom benötigten Luftbedarf, die einzelnen Kompressoren nach Bedarf zu und ab.

Wärmerückgewinnung

In den Kompressoren wird der größte Teil der aufgenommenen elektrischen Energie in Wärme umgewandelt. Das Temperaturniveau der Wärme ist größtenteils hoch genug für eine Nutzung.

Steigendes Umweltbewußtsein und der Zwang zur Kostenreduktion führen dazu, dass in vielen Betrieben die bislang ungenutzte Abwärme der Drucklufterzeugung genutzt wird.

Die einfachste Art der Wärmenutzung wäre die Installation des Kompressors im Bereich der Fertigung. Allerdings sollte dann dafür gesorgt werden, dass der Kompressor kalte Außenluft ansaugt. Das Ansaugen warmer Raumluft verschlechtert wegen der geringeren Dichte der Luft den Liefergrad des Kompressors und damit den Wirkungsgrad teilweise erheblich.

Besser ist es, die erwärmte Luft aus dem Kompressorraum über ein Leitungssystem in die Fertigung zu transportieren. Über entsprechende Lüftungsklappen kann die Zufuhr der erwärmten Luft und damit die Temperatur in der Fertigung geregelt werden.

Bei Schraubenkompressoren mit Öleinspritzkühlung gestaltet sich die Wärmerückgewinnung besonders einfach. Während des Verdichtungsvorganges nimmt das Öl ca. 85 % der Wärme auf, und erwärmt sich von ca. 55 °C auf 90 °C. Über einen Wärmetauscher kann dann dem Öl die aufgenommene Wärme entzogen werden. Bei Erwärmung von Heizungswasser finden Plattenwärmetauscher Anwendung. Die Erwärmung von Brauchwasser findet aus Sicherheitsgründen über Rohrbündelwärmetauscher statt, in denen über eine Sperrflüssigkeit die Wärme übertragen wird.

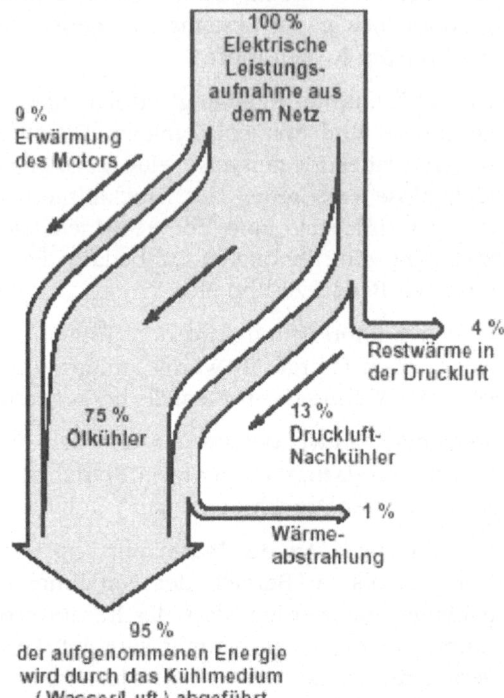

Abbildung 4 - 39: Wärmeverteilung in einem Schraubenkompressor mit Öleinspritzkühlung [Quelle: Druckluftkompendium]

Beispiel:

Bei der Berechnung der Heizkostenersparnis wird die konventionelle Wärmeerzeugung mit einer Ölheizung angenommen:

- Spezifischer Heizwert Hu für Heizöl:
  38,0 MJ pro Liter
- Heizölpreis: 0,30 € pro Liter
- Heizungsnutzungsgrad: 80 %
- Betriebsstunden pro Jahr: 4.000 h/a

Kompressor-Leistung [kW]	Nutzbare Wärmemenge [MJ/h]	eingesparte Heizölmenge [l/h]	Kosten-ersparnis [EURO/a]
15	43	1,4	1.680,-
50	144	4,7	5.640,-
100	288	9,4	11.270,-
250	720	23,5	28.180,-

Tabelle 4 - 11: Wärmerückgewinnung aus einem Kompressor

Grundsätzlich sollte in allen Betrieben mit Druckluftversorgung geprüft werden, wo die "kostenfreie" Abwärme genutzt werden kann.

Druckluft - Contracting

Für Betriebe mit großem Druckluftbedarf sollte z.B. vor einer Neuinstallation oder einer größeren Revision überprüft werden, ob die Druckluft nicht als "fertiges Produkt" zugekauft werden kann. In den letzten Jahren haben sich einige Anbieter etabliert, die über drucklufttechnisches Know-how und über ausreichende praktische Erfahrungen verfügen. Sie bieten Planung, Finanzierung und Bau sowie ggf. den Betrieb der Druckluftanlage an. Dafür bezahlt der Betrieb den Druckluftbezug - in der Regel - über einen Grund- und einen Mengenpreis (siehe Kapitel 6).

Die daraus resultierenden Kosten sind üblicherweise niedriger als die Kosten für eine schlecht ausgelegte und gewartete Eigenanlage.

Für den Nutzer hat dieses Modell den Vorteil der Kostentransparenz sowie der Entlastung der zuvor mit der Drucklufttechnik betrauten Mitarbeiter. Notwendige Ersatzinvestitionen könnten ins Kerngeschäft geleitet werden.

Aus Sicht der Energieeffizienz ist es sinnvoll, dass die Stromkosten für die Drucklufterzeugung separat erfaßt und vom Contractor getragen werden! So hat dieser eine besonders hohe Motivation, die Anlage in einem bestmöglichen Zustand zu erhalten.

4.5.2.1 Tipps zur Verbesserung der Druckluftversorgung

Nicht investive Maßnahmen

- Die Verdichterleistung ist abhängig vom Ausgangs- und Enddruck. Ein verschmutzter Ansaugfilter erhöht den Druckabfall und mindert damit den Wirkungsgrad. Die Filter sind daher regelmäßig zu überprüfen und gegebenenfalls auszutauschen.

- Anpassung des Netzdrucks auf die betrieblichen Anforderungen. Eine Reduzierung um 1 bar hat Energieeinsparungen von ca. 6 % zur Folge.
- Bei Mehrkompressoranlagen ist es effizienter, einen (einige) Kompressor(en) mit voller Leistung laufen zu lassen, als zwei (mehrere) mit reduzierter Leistung.
- Druckluftanlagen sollen nur dann betrieben werden, wenn auch Verbraucher im Einsatz sind. Bei regelmäßigen Betriebszeiten kann eine einfache Schaltuhr eingesetzt werden.
- Außerhalb der Betriebszeit sollte auch der Kältetrockner ausgeschaltet sein. Über eine Zeitschaltuhr sollte er dann ca. 15 Minuten vor dem Kompressor in Gang gesetzt werden, so dass nur entfeuchtete Luft ins Druckluftnetz gelangt.
- Undichte Verbindungselemente, Schieber, Ventile, Schläuche und Kupplungen nachziehen, neu abdichten oder ersetzen.
- Undichte Rohrleitungen müssen ersetzt oder verschweißt werden.
- Es sollten nur die Teile des Netzes betrieben werden, die zur Zeit benötigt werden. Die anderen Netzbereiche sollten durch Schieber abgetrennt werden.
- Oftmals werden Druckluftapparate so lange betrieben, bis sie nicht mehr funktionieren. Wird die Leistung schwächer, wird der Druck erhöht. Durch regelmäßige Wartung und Funktionsüberprüfung könnte der frühzeitige Austausch oder eine Reparatur initiiert werden. Hierdurch würde nicht nur Energie gespart, sondern auch die Verfügbarkeit erhöht.

Investive Maßnahmen

Drucklufterzeugung

- Je kühler die Ansaugluft ist, desto besser ist der Wirkungsgrad. Es ist darum für eine ausreichende Frischluftzufuhr evtl. über eine separate Zuleitung zu sorgen.
- Der Kompressor sollte möglichst in der Nähe der Hauptverbraucher positioniert werden.
- Sollte z.B. in der Nachtschicht nur ein Verbraucher Druckluft benötigen, ist es effizienter und wirtschaftlicher, für diesen Verbraucher einen eigenen Kompressor an der Verbrauchs-

stelle zu betreiben, als das ganze Netz unter Druck zu halten.

- Der Druckluftbehälter muß passend zum Kompressor dimensioniert werden. Zu kleine Behälter führen zu hohen Lastspielen und zu große Behälter zu schlechter Auslastung.

Druckluftaufbereitung

- Die Druckluftqualität muß zum jeweiligen Bedarfsfall passen. Es ist weder effizient noch wirtschaftlich, die Druckluft für einen einfachen Anwendungsfall (z.B. Reinigungsaufgaben) hochwertig aufzubereiten.
- Der Druckluftbehälter sollte an einem kühlen Ort aufgestellt werden, damit möglichst viel Kondensat abgeschieden wird, das dann nicht mehr in das Druckluftnetz bzw. den Trockner gelangen kann.
- Bei höheren Anforderungen an die Restfeuchte der Druckluft, sollte ein Kältetrockner eingesetzt werden.
- Bei höheren Anforderungen und sehr großen Druckluftmengen sollten Absorptionstrockner eingesetzt werden.

Druckluftverteilung

- Alte Rohrleitungen sind häufig durch Ablagerungen im Innendurchmesser reduziert, was zu ständig überhöhtem Druckabfall führt. Diese Rohrleitungen müssen gereinigt, ersetzt oder durch eine Parallelleitung ergänzt werden.
- Querschnittsverengungen, z.B. an Rohranschlüssen, führen ebenfalls zu erhöhten Druckabfall.
- Die Druckluftleitungen sollten möglichst gerade verlaufen.
- Anstelle von Eck- und T-Stücken sollten lange Bögen und Hosenstücke eingesetzt werden.
- Zu kleine Leitungen verursachen hohe Verluste.

Druckluftverbraucher

- Sollten nur einzelne Verbraucher höhere Drücke erfordern, so ist ein Ersatz der Druckluftzylinder zu prüfen.
  Beispiel:
  Ein Druckluftzylinder erfordert 8 bar, während alle anderen Verbraucher nur 4 bar benötigen. Durch Austausch des einen Zylinders könnte der Betriebsdruck auf 4 bar gesenkt werden. Die Energieeinsparung beträgt ca. 24 %.
- Je nach Verbraucherstruktur ist es wirtschaftlicher und effizienter, zwei Netze mit z.B. 4 und 8 bar zu betreiben, als nur eines mit 8 bar.

- Wenn möglich sollten Alternativen zur Druckluftanwendung eingesetzt werden. Elektrisch betriebene Werkzeuge haben ca. 90 % geringere Betriebskosten als Druckluftwerkzeuge.
- Oft laufen Druckluftverbraucher kontinuierlich durch oder länger als erforderlich. Durch Lichtschranken o.ä. kann der Drucklufteinsatz überwacht und gesteuert werden.
- Eine Druckluftversorgung mit einem ausreichenden dimensionierten Druckluftbehälter ist ideal geeignet, in ein Lastmanagement (Spitzenlastoptimierung) integriert zu werden.

4.5.3 Wärmebereitstellung und Verteilung

Bei der Wärmeversorgung in der Holzbranche muß zwischen Raumwärme und Prozesswärme unterschieden werden. Bei der Deckung beider Bedarfsarten mit der gleichen Versorgungsanlage, schlecht konfigurierten Anlagenkomponenten oder ungünstigem Betrieb der Versorgungsanlagen können hohe Energieverluste entstehen.

Raumwärme Zur Raumheizung reichen Medientemperaturen bis 90 °C aus. Der Bedarf ist witterungsabhängig. Die volle Heizleistung wird nur wenige Tage im Winter benötigt, im Sommer liegt normalerweise kein Heizbedarf vor.

Prozesswärme Der Bedarf an Prozesswärme ist von der Produktion und nur in sehr geringem Umfang von der Witterung abhängig. Die Wärme wird ganzjährig mit konstanter und in der Regel hoher Temperatur benötigt. Zum Betrieb von Pressen sind beispielsweise ca. 160 °C erforderlich, beim Trocknen mehr als 250 °C. Teilweise wird auch der Wärmeträger direkt als Stoffstrom eingesetzt, zum Beispiel beim Dämpfen.

4.5.3.1 Heizmedien

Als Heizmedien werden in der Holzbranche Dampf, Thermoöl und Heizwasser eingesetzt. Dampf und Thermoöl dienen der Versorgung mit hohen Temperaturen. Heizwasser wird sowohl im Hochtemperaturbereich als auch zur Wärmeversorgung mit Temperaturen unter 90 °C genutzt.

Dampf Dampf wird in Form von Sattdampf mit Temperaturen bis 160 °C eingesetzt. Dies entspricht einem Betriebsdruck von ca. 6,5 bar. Am Kessel müssen ca. 8 bar bereitgestellt werden, um die Druckverluste im Leitungssystem auszugleichen.

Es werden sehr hohe Wärmemengen bei kleinen Rohrdurchmessern übertragen, da die hohe Verdampfungsenthalpie von 2.500 kJ/kg genutzt wird. Am Verbraucher werden konstante Temperaturen bereitgestellt. Die Wärmetauscher am Verbraucher sind sehr kompakt.

Die hohen Temperaturen führen zu hohen Verlusten an allen Anlagenkomponenten. In den Dampfleitungen bleibt die Temperatur konstant, die Verluste werden durch Kondensation eines Anteiles des Dampfes gedeckt. Das Kondensat muß aus den Dampfleitungen über Abscheider entfernt werden.

Am Verbraucher gibt der Dampf seine Energie durch Kondensation ab. Das Kondensat vom Verbraucher und aus den Dampfleitungen wird in der Regel über ein offenes Rohrleitungssytem wieder dem Dampferzeuger zugeführt. Es liegt zunächst auf dem Temperaturniveau und dem Druck des Sattdampfes vor. Bei der Expansion auf den Umgebungsdruck findet eine Nachverdampfung verbunden mit einer Abkühlung auf ca. 100 °C statt. Die bei der Nachverdampfung freiwerdende Energie und der freiwerdende Dampf gehen in der Regel verloren. Das Nachspeisewasser muß mit hohem Aufwand aufbereitet werden.

Insgesamt führt die Dampfversorgung zu hohen Energieverlusten und Betriebskosten. Sie sollte nur in solchen Fällen eingesetzt werden, in denen der Dampf als Stoffstrom benötigt wird, beispielsweise zum Dämpfen oder zum Betrieb von Dampfbefeuchtern. Zur Raumwärmeversorgung ist Dampf schlecht geeignet, da die Beheizung mit Dampf ein schlechtes Regelverhalten aufweist und die Verteilungsverluste zu hoch sind.

Beispiel

In einem Betrieb werden mittels Dampf einige Werkhallen und eine Trocknungsstufe einer Spritzmaschine beheizt. Weitere Trocknungsstufen werden über Thermoöl mit Wärme versorgt. Der heizölbefeuerte Dampfkessel liefert 3,2 t/h Sattdampf. Als Heizgeräte werden ungeregelte dampfbeheizte Heizgebläse (Thermonen) eingesetzt. Der Nutzungsgrad der Dampfanlage beträgt ca. 0,68.

Die Beheizung wird auf Warmwasserberieb umgestellt. Als Heizgeräte dienen geregelte Thermonen. Die Trocknungsstufe wird an den Thermoölkreislauf angeschlossen. Der Dampfkessel wird durch einen Warmwasserkessel mit einem Nutzungsgrad von ca. 0,91 ersetzt.

Die Investitionen für Kessel, Leitungsnetz, Heizung und Maschinenumrüstung betragen ca. 270 TEur. Die Brennstoffeinsparung liegt bei ca. 2.390 MWh/a. Die Kapitalrückflusszeit der Maßnahme beträgt bei einem Heizölpreis von ca. 0,30 Eur/l ca. 3,8 Jahre.

Thermoöl

Thermoöl kann bis zu Temperaturen von ca. 300 °C eingesetzt werden. Die Anlagen arbeiten ohne Überdruck. Die Wärmekapazität beträgt je nach Sorte nur 1/4 bis 1/2 des Wertes von Wasser. Dementsprechend ist der notwendige Massenstrom bei gleicher Übertragungsleistung sehr viel höher als bei Dampf und höher als bei Wasser als Übertragungsmedium. Pumpen und Rohrleitungen müssen entsprechend größer dimenioniert werden. Die Viskosität steigt mit sinkender Temperatur, bei Temperaturen unter 0 °C verfestigt sich das Thermoöl. Dies bedeutet, dass das Absenken der Betriebstemperaturen zu erhöhter Pumpenleistung führt und Freileitungen im Winter nicht abgeschaltet werden können.

Aufgrund der drucklosen Betriebsweise können Thermoölanlagen ohne hohe Sicherheitsanforderungen einfach und preisgünstig erstellt und betrieben werden. Es gibt keine Probleme mit Korrosion und Kesselstein. Die Energieverluste der Anlagenteile sind infolge der hohen Betriebstemperaturen hoch, jedoch geringer als bei Dampfsystemen, da die Kondensatverluste entfallen.

Bei Wassereintritt ins Thermoöl, zum Beispiel bei Schäden an Wärmetauschern, besteht Explosionsgefahr. Thermoöle sind wegen ihrer chemischen Zusammensetzung teilweise gesundheitsschädlich. Aufgrund der Alterung im Betrieb muß das Thermoöl regelmäßig erneuert werden. Der hohe Ölpreis führt zu hohen Betriebskosten, die jedoch niedriger sind als bei einer Dampfanlage.

Heizwasser

Das Heizmedium mit der größten Verbreitung ist Wasser. Bei Medientemperaturen unter 100 °C sind beste Regelungseigenschaften der Verbraucher und der wirtschaftlichste Betrieb im Vergleich zu Dampf oder Thermoöl möglich. Wegen der niedrigen Temperaturen sind die Energieverluste bei technisch einwandfreien Anlagen am geringsten.

Bei hohen Temperaturen ist ein sehr hoher Druck notwendig, um die Verdampfung zu unterbinden. Über 100 °C ist die Dampfkesselverordnung zu beachten, was zu erhöhten Kosten führt. Die Energieverluste sind bei hohen Medientemperaturen etwas geringer als bei Thermoölanlagen, da bei gleicher Wärmetransportleistung geringere Rohrdurchmesser benötigt werden und dementsprechend die wärmeabgebenden Oberflächen kleiner sind.

4.5.3.2 Kesselanlagen

Die Bereitstellung von Wärme in Holzkesseln ist in der Holzbranche besonders interessant und wird deshalb im Kapitel 4.6 intensiver behandelt. Andere Festbrennstoffe werden in der Holzbranche so gut wie nicht verwendet. Die sonst üblichen Brennstoffe sind Heizöl und Erdgas.

Dampfkessel

Zu den Dampfkesseln gehören nach den technischen Vorschriften alle Wasserkessel, deren Betriebstemperaturen oberhalb von 100 °C liegen, also auch die Heißwasserkessel. Es werden hohe Anforderungen an die Sicherheitseinrichtungen gestellt, zum Betrieb sind Kesselwärter vorgeschrieben. Der Betrieb von Dampfkesseln verursacht erhebliche Kosten, insbesondere auch durch die vorgesehene Beaufsichtigung.

Bei automatischer Befeuerung und Einbau von zusätzlichen Sicherheitseinrichtungen sind Betriebserleichterungen in der Form möglich, dass der Kesselwärter nicht während der ganzen Betriebszeit am Kessel anwesend sein muß. Die Möglichkeiten reichen von der eingeschränkten Beaufsichtigung nach TRD 602 über den zeitweiligen Betrieb mit eingeschränktem Druck (1,0 bar, 120 °C) nach TRD 603 bis zum beobachterlosen Betrieb über 24 beziehungsweise 72 Stunden (BOB 24, BOB 72).

Die Kesselbauarten reichen von Flammrohrkesseln über mehrzügige Rauchrohrkessel bis zu Wasserrohrkesseln. Die einzügigen Flammrohrkessel haben sehr hohe Abgastemperaturen und schlechte Wirkungsgrade von maximal 60 %. Dreizügige Kessel erreichen bis zu 90 % Wirkungsgrad.

Wasserrohrkessel sollten wegen ihres geringen Wasserinhaltes möglichst konstant betrieben werden. Beim Betrieb mit Gas oder Öl verursachen die Wärmeverluste beim Spülvorgang vor dem Brennerstart merkbare Druckabsenkungen. Zur Kompensation der Druckabsenkungen wird dann der Betriebsdruck häufig um bis zu 2 bar angehoben, wodurch die Betriebsverluste weiter erhöht werden.

Bei Dampfkesseln ist die Nutzung der Abgaswärme in der Kesselanlage selbst möglich, da der Anfall der Abgaswärme und deren Nutzungsmöglichkeiten zeitgleich auftreten. Eine verbreitete Art der Abgaswärmenutzung ist der Einsatz von Economizern. In diesen im Abgasstrom liegenden Wärmetauschern wird das auf

Kesseldruck gepumpte Kesselspeisewasser bis möglichst nahe an die Verdampfungstemperatur vorgewärmt.

Eine weitere Nutzung der Abgaswärme kann durch Vorwärmung der Verbrennungsluft erreicht werden. Bei Gasfeuerung ist durch optimale Kombination und Auslegung der Abgaswärmetauscher theoretisch sogar Brennwertnutzung möglich.

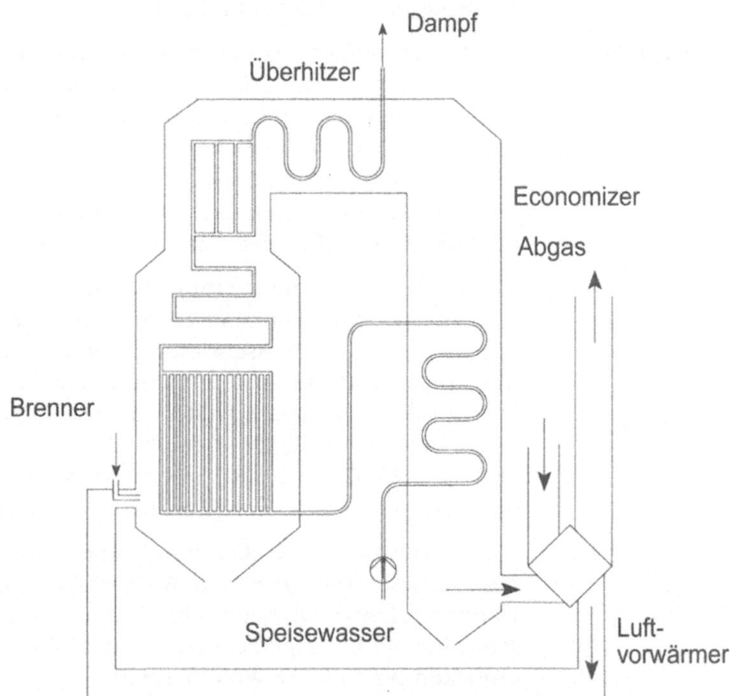

Abbildung 4 - 40: Wasserrohrkessel (Zwangsdurchlauf) mit Economizer und Luftvorwärmer

Thermoöl-kessel

Thermoöl wird in Spezialkesseln ähnlich wie Wasser erwärmt. Die Befeuerung ist mit allen Brennstoffen möglich. Der Wärmeträger ist bis ca. 350 °C drucklos und läßt sich mittels Pumpen in geschlossenen Kreisläufen fördern. Es sind keine aufwändigen Sicherheitseinrichtungen erforderlich. Ein spezieller Kesselwärter wird nicht benötigt, die Kessel arbeiten im Betrieb ohne Aufsicht.

Aufgrund der hohen Heizmedientemperaturen sind die Abgastemperaturen und dementsprechend die Abgasverluste sehr hoch. Durch den Einsatz von Abgaswärmetauschern können die Verluste deutlich reduziert werden.

Im Gegensatz zu Dampfkesseln ist die Verwendung von Economizern wegen der zu hohen Rücklauftemperaturen des Thermoöls nicht sinnvoll. Prozessintern kann die Verbrennungsluft mittels Abgaswärmetauscher vorgewärmt werden, womit jedoch nur ein geringer Anteil der Abgaswärme genutzt werden kann.

Der Rest der Abgaswärme kann für prozessfremde Abnehmer genutzt werden. Dafür müssen Abnehmer gefunden werden, die von der Nutzungszeit und der Bedarfsmenge möglichst gut mit der Abgaswärme des Thermoölkessels harmonieren.

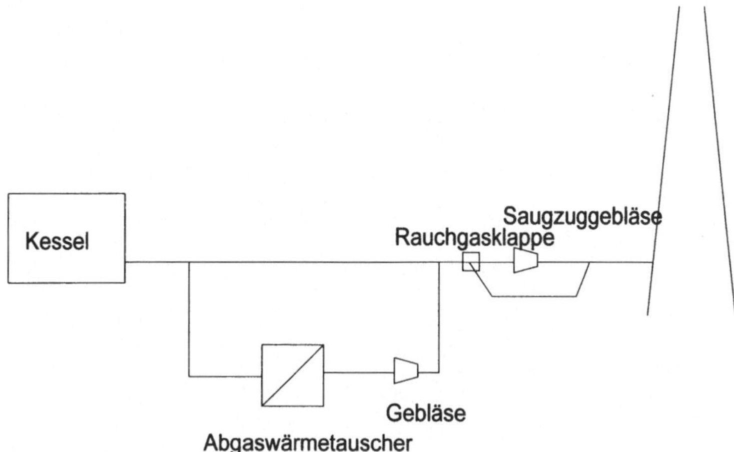

Abbildung 4 - 41: Schaltbild eines Abgaswärmetauschers an einem Thermoölkessel

Warmwasserkessel

Zur Beheizung von Betriebsräumen werden üblicherweise Warmwasserkessel eingesetzt. Die Betriebstemperaturen liegen bei maximal 90 °C. Alte Kessel mit konstanter Kesseltemperatur und Abgastemperaturen von ca. 250 °C haben Jahresnutzungsgrade um die 80 %.

Moderne Kessel können mit sehr niedrigen und gleitenden Kesseltemperaturen betrieben werden. Die Abgastemperaturen betragen nur noch ca. 180 °C. Es werden Jahresnutzungsgrade von ca. 92 % erreicht.

Wenn die Rücklauftemperaturen unter ca. 55 °C liegen, ist beim Brennstoff Gas, bei weniger als ca. 45 °C bei leichtem Heizöl

Brennwertnutzung sinnvoll. Die erzielbaren Jahresnutzungsgrade reichen dann bis 106 %. Es reicht aus, wenn ein genügend großer Teilstrom mit der niedrigen Rücklauftemperatur am Rücklaufsammler separiert werden kann. Bei Regelung der Vorlauftemperatur nach der Außentemperatur ist mit großer Wahrscheinlichkeit Brennwertnutzung während ca. 2/3 der Heizzeit möglich, auch wenn die Wärmeabnehmer nicht speziell zur Brennwertnutzung konzipiert sind.

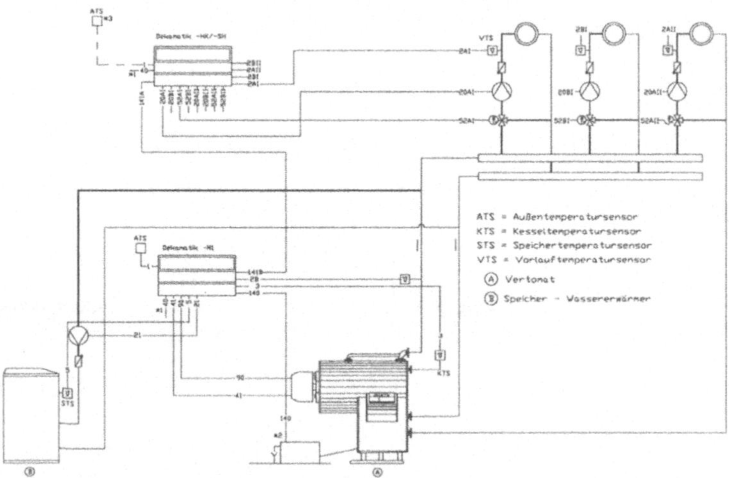

Abbildung 4 - 42: Brennwertkessel mit mehreren Heizkreisen, einem Niedertemperaturheizkreis und Speicher-Wassererwärmer (Quelle Viessmann)

Brennerauslegung

Die Brenner sollten sehr sorgfältig auf die Kessel zugeschnitten werden und auf keinen Fall überdimensioniert sein. Der Kesselnutzungsgrad kann durch modulierende Brenner entscheidend verbessert werden. Der Brenner sollte im Teillastbetrieb auf einen möglichst kleinen Anteil der Kesselnennleistung herunterregeln können. Der energiesparendste Betrieb eines Heizkessels wird dann erreicht, wenn der Brenner gar nicht abschaltet und somit am Kessel keine Bereitschaftsverluste auftreten.

Ein zu großer oder falsch geregelter Brenner kann den Kesselnutzungsgrad durchaus auf Werte unter 70 % drücken. Der Brenner wird dann häufig aus- und wieder eingeschaltet. In den Betriebspausen treten am Kessel Bereitschaftsverluste auf. Vor dem Neustart eines Gas- oder Ölbrenners wird der Kessel mit kalter Luft bis zu 2 Minuten gespült, um unverbrannte Restgase sicher zu entfernen und so Verpuffungen oder Explosionen zu unterbinden. Dabei läuft der Kessel quasi "rückwärts" und entzieht dem Heizmedium Wärme und bläst sie über den Kamin ab. Je häufiger der Kessel taktet, desto größer werden die Spülverluste.

O_2-Regelung

Ein wichtiger Parameter bei Feuerungsanlagen ist der Verbrennungsluftüberschuß. Luft, die nicht zur Verbrennung gebraucht wird, wird durch die Flammen auf Verbrennungstemperatur erhitzt und im Kessel nur auf die Abgastemperatur abgekühlt. Je größer der Luftüberschuß ist, desto größer wird der Abgasverlust. Aus energetischen Gründen sollte also die Feuerung möglichst auf stöchiometrische Verbrennung (d.h. ohne Verbrennungsluftüberschuß) eingestellt werden. Bei modernen Gas- oder Ölbrennern ist diese durch O_2-Regelung sogar kontinuierlich auch im Teillastbetrieb möglich.

Mehrkesselanlagen

Mehrkesselanlagen sind häufig mit gleich großen Kesseln bestückt. Damit soll die Wartung vereinfacht und eine möglichst gleiche Kessellaufzeit erreicht werden. Aus energetischen Gesichtspunkten ist jedoch bei Anlagen mit 2 Kesseln eine Kesselaufteilung von 1/3 - 2/3 besser geeignet. Bei Einsatz einer intelligenten Regelung kann bei dieser Aufteilung die Jahresbedarfskurve der Heizungsanlage besser nachgefahren werden. Es werden je nach Belastung nur der kleine Kessel, nur der große oder beide Kessel betrieben.

Kessel, die nicht benötigt werden, sollten grundsätzlich abgeschaltet und kalt abgeschiebert werden. Besonders viel Energie wird verschwendet, wenn nicht benötigte Kessel warm in Bereitschaft gehalten werden und dabei die Brenner nicht abgeschaltet sind. Die Bereitschaftsverluste und die Spülverluste durch Takten können den Nutzungsgrad der Kesselanlage auf Werte weit unter 60 % reduzieren.

Gute Heizungsanlagen senken die Raumtemperaturen nachts und an den Tagen, an denen nicht gearbeitet wird, ab. Damit werden Transmissions- und Lüftungswärmeverluste gesenkt. Zum Anheizen vor Betriebsbeginn wird bei diesem Verfahren eine erhöhte Heizleistung benötigt. Es sollte vermieden werden, dass nur für den Anheizvorgang ein zusätzlicher Kessel eingeschaltet wird, der dann über den restlichen Tag seinen gespeicherten Wärmeinhalt an die Umwelt verliert. Zur Vermeidung dieser Verluste wird der Anheizvorgang früher begonnen und langsamer ausgeführt. Die für kurze Zeit auftretenden gegenüber der Absenkung leicht erhöhten Wärmeverluste der Räume sind geringer als die Energieverluste durch den nur zum Anheizen genutzten zusätzlichen Kessel. Bei Vorhandensein von mehreren unabhängigen Verbrauchern werden diese nacheinander in den Betriebszustand gebracht. Bei Prozesswärmeverbrauchern ist über die Verlegung von Betriebszeiten eventuell eine Entzerrung möglich.

Gute programmierbare Kesselregelungen sind in der Lage, den Führungskessel entsprechend dem Bedarf zu wechseln und die Kessel abzuschiebern. Diese Schaltungen können aber bei bestehenden alten Anlagen auch von Hand durchgeführt werden und ermöglichen dann ohne Investitionen zum Teil beträchtliche Energieeinsparungen.

4.5.3.3 Rohrleitungen und Verteilungen

Die Wärmeverteilungsnetze erreichen in einigen Betrieben der Holzbranche die Ausdehnung von Nahwärmenetzen. Im Gegensatz zu Nahwärmenetzen werden die Leitungen jedoch sehr selten unterirdisch verlegt. Im allgemeinen verlaufen die Leitungen in Werkhallen unter der Decke und zwischen den Gebäuden häufig als Freileitungen. Dabei sind die Leitungen in der Regel mittelmäßig bis schlecht isoliert.

Bei Wohngebäuden wird oft angenommen, dass die Wärmeverluste der Verteilleitungen keine Verluste seien, da sie zur Erwärmung der Räume beitragen. Dabei wird übersehen, dass mangelnde Isolierung der Leitungen in Gebäuden zu unkontrollierter Erwärmung bis hin zu Überheizung und damit auf jeden Fall zu Verlusten führt. Bei den normalerweise eingeschossigen Werkhallen mit Verteilleitungen unter der Decke tragen die Leitungsverluste noch nicht einmal zur Beheizung der Aufenthaltszone bei. Sie sorgen lediglich für ein Warmluftpolster unter der Decke mit Temperaturen oberhalb der notwendigen Raumtemperatur. Dieses Warmluftpolster verursacht erhöhte Transmissionswärmeverluste durch die Decke. Dieser Effekt wird umso stärker, je höher die Medientemperaturen in den Leitungen sind.

Die Verteilverluste können auf zwei Wegen reduziert werden:

- Absenkung der Medientemperaturen und
- ausreichende Isolierung der Leitungen.

Absenkung der Medientemperatur

In der Abbildung 4 - 43 sind die spezifischen Wärmeverluste einer vorschriftsmäßig gedämmten Wärmeverteilleitung für verschiedene Heizwassertemperaturen dargestellt. Bei einer Heizung, die auf die Vorlauftemperatur 90 °C und die Rücklauftemperatur 70 °C ausgelegt ist, hat im Auslegungszustand jeder Meter Vorlaufleitung einen Wärmeverlust von 21 Watt. Wenn die Vorlauftemperatur in der Übergangszeit auf 60 °C abgesenkt wird, beträgt der Wärmeverlust mit 12 W/m nur noch ca. 57 % des Auslegungszustandes.

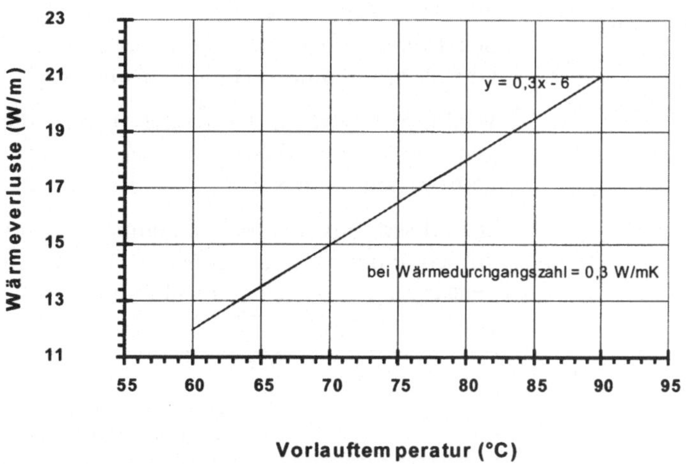

Abbildung 4 - 43: Wärmeverluste von Rohrleitungen in Abhängigkeit von der Medientemperatur bei vorchriftsmäßiger Mindestdämmung

Die Medientemperaturen zur Raumwärmeversorgung können in der Übergangszeit deutlich unter die Auslegungsgrößen abgesenkt werden, da die Heizkörper oder Lüftungsgeräte nur geringe Heizleistungen abgeben müssen. Die Heizungssteuerung regelt dazu die Vorlauftemperatur in Abhängigkeit von der Außentemperatur. Neben der Reduzierung der Verteilverluste wird dabei die Qualität der Regelung der Heizkörper verbessert, da die Regelorgane der Heizkörper bei hohen Vorlauftemperaturen und kleinen notwendigen Heizleistungen die erforderlichen kleinen Durchflußmengen nicht mehr exakt regeln können. Außerhalb der Heizzeit sollten die Leitungen ganz abgeschaltet werden.

Leitungsdämmung

Je höher die Medientemperaturen sind, desto wirtschaftlicher wird eine verstärkte Dämmung der Rohrleitungen. In der Tabelle

4 - 12 sind die Daten einer Rohrleitung mit dem Normdurchmesser DN 20 bei einer Medientemperatur von 160 °C dargestellt. Dies ist in der Holzbranche häufig der Fall, wenn durch diese Leitung auch Prozesswärme übertragen wird. Der spezifische Wärmeverlust der Leitung mit einer Dämmschicht von 20 mm beträgt ca. 32 W/m. Bei einer Betriebszeit von 4.500 h/a und einem Wärmepreis von 0,05 Eur/kWh verursacht jeder Meter Leitung Kosten in Höhe von 7,19 Eur/a für die Wärmeverluste. Die Temperatur der Umgebungsluft wird dabei mit 15 °C angenommen. Bei Freileitungen sind die Verluste um ein Vielfaches höher. Hier ist die Dämmung in einfacher Stärke (Dämmschichtdicke = Rohrdurchmesser) nicht ausreichend.

Verdoppelt man die Dicke der Dämmschicht auf 40 mm, betragen die Wärmeverluste nur noch ca 22 W/m. Die Wärmverluste verursachen dann Kosten von ca. 5 Eur/a je Meter Rohrleitung.

Die Absenkung der Medientemperatur auf beispielsweise 60 °C erreicht einen weitaus größeren Einspareffekt. Ohne Dämmungsverstärkung sinkt die Verlustleistung auf 9,9 W/m, mit Erhöhung der Dämmstärke auf 6,9 W/m.

		Original-zustand	doppelte Dämmstärke	abgesenkte Temperatur	doppelte Dämmstärke + abgesenkte Temperatur
lambda	W/mK	0,035	0,035	0,035	0,035
alpha_a	W/m²K	12,50	12,50	12,50	12,50
Nennweite	DN	20	20	20	20
da	m	0,03	0,03	0,03	0,03
s_Dämmung	**m**	**0,020**	**0,040**	**0,020**	**0,040**
dA	m	0,067	0,107	0,067	0,107
kR	W/mK	0,220	0,153	0,220	0,153
t_Raum	°C	15	15	15	15
t_Rohr	°C	160	160	60	60
qR	**W/m**	**31,9**	**22,2**	**9,9**	**6,9**
Länge	m	1,0	1,0	1,0	1,0
QR	W	31,9	22,2	9,9	6,9
Dauer	h/a	4500	4500	4500	4500
Verluste	**kWh/a**	**144**	**100**	**45**	**31**
P_Brst	€/kWh	0,05	0,05	0,05	0,05
Kosten	**€/a**	**7,19**	**4,99**	**2,23**	**1,55**

Tabelle 4 - 12: Wärmeverluste von Rohrleitungen in Innenräumen in Abhängigkeit von Medientemperatur und Dämmschichtdicke

Die in der Tabelle 4 - 12 ausgewiesenen Energie- und Kosteneinsparungen sind nur theoretische Werte, da eine Absenkung der Medientemperaturen nur in der Übergangszeit möglich ist, und auch dann nur zu Zeiten, in denen keine Prozesswärme mit dem hohen Temperaturniveau übertragen werden muß. Aber sie verdeutlichen, dass über einen großen Anteil des Jahres erhebliches Potential zur Einsparung von Energie bei sehr geringen Investitionen vorhanden ist.

Prozessenergie wird in der Regel bei konstanten Temperaturen während des ganzen Jahres bereitgestellt. Dies führt aus energetischer Sicht zu der Forderung:

- Versorgungsstränge für Prozesswärme und Heizwärme trennen.

Ideal wäre sogar ein eigener optimal angepaßter Wärmeerzeuger für die Prozesswärme. Diese Regel wird in vielen Betrieben nicht beachtet. Häufig werden sämtliche Rohrleitungen des Betriebes ganzjährig mit den Temperaturen der Prozesswärme beaufschlagt und so sogar im Sommer die Hallendecken und die Umwelt beheizt.

Eine Trennung der Stränge ist allerdings nicht sinnvoll, wenn zur Versorgung mit Prozesswärme ein neuer paralleler Heizstrang mit vergleichbarer Länge des bestehenden Stranges verlegt werden müßte. Während der Heizzeit würde so ein zusätzlicher Strang Verluste verursachen. In diesem Fall ist es energiesparender, den bestehenden Heizstrang im Sommer hinter dem Prozesswärmeverbraucher abzusperren.

Um die Trennung und die Temperaturabsenkungen durchführen zu können, muß der Heizkreisverteiler mit einer ausreichenden Anzahl von Heizsträngen und mit Mischern und Pumpen für jeden Heizkreis ausgestattet sein. Bei Ortsbegehungen werden in Einzelfällen Anlagen vorgefunden, in denen eine große Pumpe einen Verteiler mit diversen ungeregelten Heizsträngen versorgt. In diesen Fällen kann ohne Investitionen Energie eingespart werden, wenn die Stränge, an denen keine Prozesswärmeverbraucher angeschlossen sind, im Sommer von Hand abgeschiebert werden. Zur weiteren Minimierung der Verteilverluste sollten diese Heizstränge aber mit Mischern, Pumpen und einer Regelung nach der Außentemperatur nachgerüstet werden.

Beispiel

In einem Betrieb werden Prozess- und Heizwärmeverbraucher über ein gemeinsames Leitungsnetz versorgt. Während der Betriebszeiten einer Presse wird eine Vorlauftemperatur von 160 °C benötigt. Das Leitungsnetz ist in 3 Heizstränge gegliedert, die jedoch nicht geregelt sind. Die Pumpe befindet sich vor dem Verteiler. Als Brennstoff werden Holzabfälle und Heizöl eingesetzt.

Durch einen neuen Verteiler mit einzeln geregelten Heizsträngen kann der Nutzungsgrad der Gesamtanlage um mindestens 5 Prozentpunkte verbessert werden. Die eigenen Mischer und Pumpen der Heizkreise ermöglichen, dass nur der Kreis mit der Presse bei deren Betrieb auf 160 °C aufgeheizt wird. In der Übergangszeit ist eine generelle Absenkung der Heizmedientemperaturen möglich.

Bei Investitionen von ca. 45 TEur können ca. 635 MWh/a an Brennstoff eingespart werden. Wegen des teilweise kostenlosen Brennstoffes (Holzabfälle) liegt die Kapitalrückflusszeit bei ca. 8 Jahren. Bei spezifischen Wärmekosten von 0,05 EURO/kWh amortisiert sich die Investition in weniger als 2 Jahren.

4.5.3.4 Heizungspumpen

Heizungsumwälzpumpen weisen im Vergleich zu anderen elektrischen Verbrauchern eines Produktionsbetriebes eine relativ kleine Leistungsaufnahme auf. Da sie aber im Dauerbetrieb auf hohe jährliche Laufzeiten kommen, ist in der Regel ein lohnenswertes Einsparpotential für elektrische Energie vorhanden.

Der Energieverbrauch der üblicherweise eingesetzten Kreiselpumpen kann durch die Proportionalitätsgesetze beschrieben werden:

- Der Förderstrom ist proportional der Drehzahl.
- Die Förderhöhe (Druckdifferenz) ist proportional dem Quadrat der Drehzahl.
- Der Stromverbrauch ist proportional der dritten Potenz der Drehzahl.

Diese Gesetze gelten für den stationären Zustand der von der Pumpe versorgten Anlage. Das bedeutet, es finden keine Änderungen der Ventilstellungen in den Heizkreisen statt. Im Bild 4 - 44 sind die Auslegungskennlinien für einen Heizstrang und die zugehörige Pumpe dargestellt. Würde man die Pumpendrehzahl unter Beibehaltung der Ventilstellungen ändern, würde die Anlagenkennlinie nachgefahren.

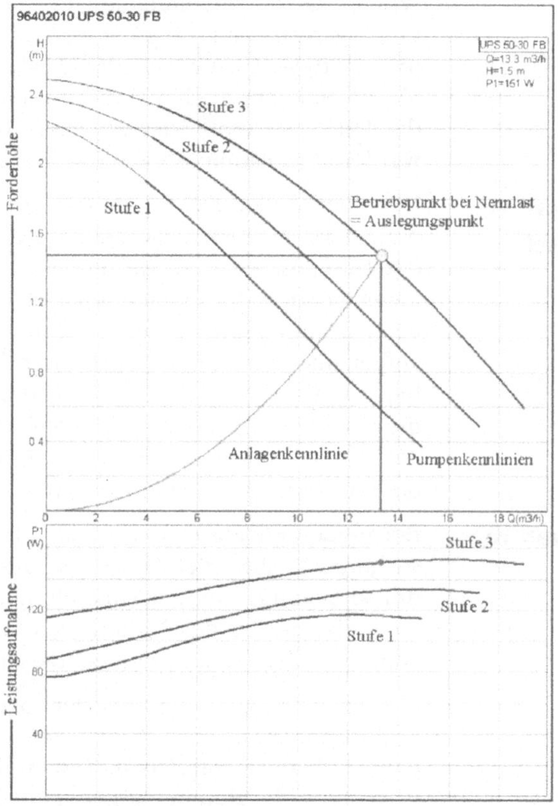

Abbildung 4 - 44: Pumpenkennlinien einer dreistufigen Pumpe und Anlagenkennlinie im Auslegungszustand [Quelle: Grundfos]

Bis auf wenige Tage im Jahr werden Heizungsanlagen im Teillastbereich gefahren. Bei vom Auslegungszustand abweichender Wärmeabnahme drosseln die Thermostatventile der Heizung den Massenstrom durch den Heizkörper. Die Druckverluste steigen dabei an und der Heizstrang bekommt eine neue Kennlinie, die sich links von der Auslegungskennlinie befindet und steiler als diese ist. Der neue Betriebspunkt einer ungeregelten Pumpe stellt sich am Schnittpunkt von Anlagen- und Pumpenkennlinie ein.

In der Abbildung 4 - 45 sind qualitative Anlagenkennlinien für ca. 75% und ca. 50% Massenstrom eingezeichnet. Bei einer Drosselung des Heizmediums auf ca. 50 % steigt die Druckdifferenz unnötigerweise um ca. 45 % an. Die Leistungsaufnahme sinkt nur um ca. 10 %. Es wird für den Teillastfall zuviel Heizmedium gefördert und ein zu hoher Druck aufgebaut. Im Extremfall kann der Druck so groß werden, dass Thermostatventile aufgedrückt werden und Räume ungeregelt überheizt werden.

Drehzahlverstellung

Mit einer Änderung der Pumpendrehzahl kann der Energieverbrauch im Teillastfall gesenkt werden. Dazu wird in der Regel der Differenzdruck an der Pumpe gemessen und als Regelparameter genutzt. Im einfachsten Fall werden die einzelnen Stufen einer mehrstufigen Pumpe automatisch umgeschaltet und der aufgebaute Förderdruck nach oben begrenzt. Im Beispiel in Abbildung 4 - 45 wird bei der Drosselung auf die 50%-Kennlinie in die erste Stufe geschaltet, dadurch wird der Fördervolumenstrom auf ca. 47 % reduziert und so ca. 33% Antriebsenergie gegenüber dem Auslegungspunkt eingespart.

Drehzahlregelung

Bei modernen Pumpen wird die Drehzahl der Pumpe stufenlos so geregelt, dass der Differenzdruck konstant bleibt (Konstantdruckregelung). Bei der Drosselung auf die 50 -Kennlinie erfolgt eine Absenkung des Volumenstromes auf 44 %, die Leistungsaufnahme der Pumpe sinkt bei dieser Regelung auf ca. 35 %.

Noch mehr Energie wird mit der sogenannten Proportionaldruckregelung erreicht. Der Regler versucht die Idealkurve der Anlagenkennlinie zu erreichen. Die Anlagenkennlinie wird bei der Installation der Pumpe aufgenommen und eingestellt. Der Regler errechnet aus der Pumpendrehzahl und dem Differenzdruck den geförderten Volumenstrom. Beim Schließen von Ventilen wird der Differenzdruck nicht konstant gehalten, sondern weiter abgesenkt, bis ein Betriebspunkt nahe der errechneten Anlagenkennlinie erreicht ist. Der Volumenstrom sinkt auf ca. 33 %, die Leistungsaufnahme der Pumpe auf ca. 15 %. Das bedeutet gegenüber der ungeregelten Pumpe eine Energieeinsparung um ca. 80 % für diesen Teillastfall.

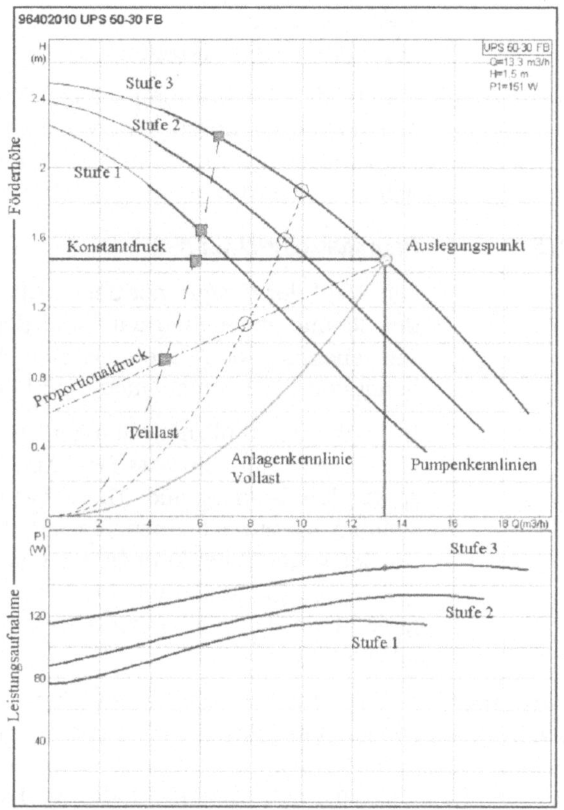

Abbildung 4 - 45: Vergleich verschiedener Pumpenregelungen

Auch geregelte Pumpen sollten sorgfältig dimensioniert werden, die Regelfähigkeit sollte nicht zum Ausgleich einer falschen Pumpengröße genutzt werden. Bedingt durch die Steuerelektronik ist der maximale Wirkungsgrad einer geregelten Pumpe üblicherweise etwas geringer als der einer ungeregelten Pumpe. Zudem nimmt der Wirkungsgrad im Teillastbereich ab. Im extremen Teillastbereich kann die Motorwärmeabfuhr speziell bei Pumpen zum Problem werden, deren Elektromotor nicht vom Heizmedium gekühlt wird (Trockenläufer, Sockelpumpen).

Beispiel

In einem Betrieb wird ein Thermoölkreislauf mit 2 Pumpen mit einer elektrischen Antriebsleistung von jeweils 45 kW betrieben.

Die ungeregelten Pumpen sind wechselweise von Sonntag bis Freitag in Dauerbetrieb. Nachts wird die Wärme nur von wenigen Verbrauchern abgenommen.

Durch die Nachrüstung einer Drehzahlregelung können ca. 115 MWh/a elektrische Energie eingespart werden. Die Investition in Höhe von ca. 15 TEur amortisiert sich für diesen Betrieb in weniger als 2 Jahren.

4.5.3.5 Raumheizeinrichtungen

Die Wahl der Geräte, mit denen die Wärme an die zu beheizenden Räume abgegeben wird und deren Betriebsweise beeinflussen ebenfalls den Energieverbrauch. Der optimale Gerätetyp hängt von der Raumgeometrie und der Raumnutzung ab.

In wohnungsähnlichen Räumen wie Büros kommen normale Heizkörper zum Einsatz. Eine Mindestanforderung für energiesparenden Betrieb sind Thermostatventile. Die Temperatureinstellung sollte nach oben hin auf die normale Raumtemperatur (in der Regel Stufe 3) begrenzt sein. Beim Öffnen von Fenstern sollten die direkt darunterliegenden Thermostatventile ganz zugedreht werden, da sie sonst wegen der herunterfallenden Kaltluft voll öffnen.

Strahlungsheizungen

In Produktions- und Lagerhallen bieten Deckenstrahlungsheizungen eine gute Möglichkeit, die Räume zu temperieren. Die Wärme wird hauptsächlich durch Strahlung übertragen. Dabei werden primär der Fußboden und die Einrichtungsgegenstände erwärmt, die Luft erwärmt sich sekundär über diese Gegenstände. Die Raumtemperatur kann wegen des hohen Strahlungsanteils und der dadurch höheren Empfindungstemperatur etwas abgesenkt werden.

Deckenstrahlungsheizungen können allerdings erst bei Raumhöhen über ca. 4 m eingesetzt werden, um eine zu hohe Wärmeeinstrahlung im Kopfbereich zu vermeiden. In beengten Raumverhältnissen können Strahlungsheizungen problematisch sein, beispielsweise bei engen Gängen in Hochregallagern. Hier ist große Sorgfalt bei der Auswahl der Strahlungsheizkörper in Bezug auf die Abstrahlwinkel erforderlich.

Luftheizungen

Bei großen Außenluftwechseln sind Deckenstrahlungsheizungen nicht in der Lage, die kalten Zuluftmengen schnell genug zu erwärmen. Deshalb werden große Hallen mit hohen Außenluftwechseln üblicherweise mit Lüftungsgeräten beheizt. Hier muß die Warmluft optimal im Raum und an den Arbeitsplätzen verteilt werden. Die Ausblasetemperaturen dürfen nicht zu hoch sein, weil die Warmluftströmung sonst zur Decke abknickt und dort ein Warmluftpolster bildet. Dadurch wird die Transmission durch die Decke erhöht, während es im Aufenthaltsbereich zu kalt ist. Wird zum Ausgleich die Temperatur erhöht, kann sich die Temperaturspreizung zwischen Aufenthaltsbereich und Warmluftpolster noch weiter vergrößern, da der Auftrieb des Warmluftstromes noch größer wird.

Wärmerückgewinnung bei Lüftungsgeräten

Lüftungsgeräte können meist einfach mit Wärmerückgewinnungsanlagen ausgerüstet werden. Am effektivsten sind Kreuzstromwärmetauscher zwischen Zu- und Abluft einzusetzen. Dazu dürfen die Luftströme jedoch nicht räumlich voneinander getrennt sein. Es können mehr als 60 % an Wärmeenergie eingespart werden. Bei getrennter Abluftführung kann ein Kreislaufverbundsystem mit Wärmetauschern im Zu- und Abluftstrom verwendet werden.

Fußbodenheizungen

Fußbodenheizung bringen die Heizwärme auf sehr niedrigem Temperaturniveau in die Räume. Sie sind ideal für den Einsatz von Brennwertkesseln geeignet. Durch die niedrigen Oberflächentemperaturen entstehen kaum Temperaturschichtungen im Raum. Bei hohen Außenluftwechseln muß die Zuluft vorgewärmt werden. Fußbodenheizungen lassen sich nicht nachrüsten, sie sollten bei Neubauten jedoch in Betracht gezogen werden.

4.5.3.7 Tipps zur Energieeinsparung

Nicht investive Maßnahmen

- Nicht benötigte Kessel abschalten und kalt abschiebern.
- Nicht benötigte Heizkreise absperren.
- Heizkurven so niedrig wie möglich einstellen. Schaltzeiten überprüfen.
- Feuerungsanlagen richtig einstellen.
- Bei Mehrkesselanlagen Parallelbetrieb vermeiden, eventuell Heizbeginn morgens vorverlegen, um Leistungsspitze zu entschärfen.
- Beim Lüften Thermostatventile ganz zudrehen.
- Pumpenauslegung überprüfen, eventuell kleinere Stufe einstellen.

- Außenluftwechsel so gering wie möglich einstellen.
- Innenraumtemperaturen so weit wie möglich absenken.

Investive Maßnahmen

- Wärmedämmung der Verteilleitungen überprüfen und verbessern.
- Wärmerückgewinnungsanlagen einbauen.
- Optimierende Regelungen einsetzen.

Maßnahmen bei Anlagenersatz

- Prozesswärmeabnehmer mit konstanter hoher Vorlauftemperatur mit eigenem Heizkreis, besser noch mit eigenem Wärmeerzeuger versorgen.
- Bei Ersatzmaßnahmen Einsatz von Holzkesseln überprüfen. Wenn nicht möglich, Heizkreise entflechten und Einsatz von Brennwerttechnik überprüfen.
- Bei Ersatzmaßnahmen drehzahlgeregelte Pumpen einbauen.
- Dampfeinsatz so weit wie möglich reduzieren.

4.5.4 Blindstromkompensation

Elektromotoren werden vom EVU nicht nur mit Wirkstrom, sondern auch mit Blindstrom versorgt, der für die Magnetisierung (Motorwicklungen, Transformatoren etc.) benötigt wird. Der Blindstrom schwingt mit der Netzfrequenz zwischen dem Motor und dem EVU hin und her. Wie der Wirkstrom führt er zu Übertragungsverlusten, die ab einem bestimmten, zulässigen Wert in Rechnung gestellt werden.

Als Maß für den Blindstrom dient der Winkel , der das Verzögern bzw. Voreilen der Spannung U gegenüber dem Strom I beschreibt.

In beiden Fällen, beim Vorlauf (induktiv) und beim Nachlauf (kapazitiv), liegt eine Mehrbelastung des Stromnetzes durch höhere Ströme vor.

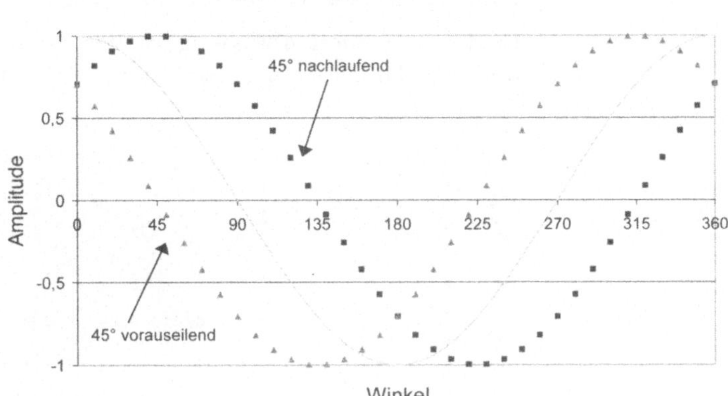

Abbildung 4 - 46: Spannungs- / Stromverlauf

Beispiel:

Für eine erforderliche Wirkleistung P ist der Strom I notwendig, der im Bereich des Wechselstroms folgendermaßen bestimmt wird:

$$I = \frac{P}{U * \cos(\varphi)}$$

Da die Spannung (U) als konstant angesehen werden kann, wird die erforderliche Stromstärke und damit die Netzbelastung wesentlich durch den Winkel beeinflußt.

Zahlenbeispiel:

Die maximale Übertragungsleistung eines Kabels beträgt 100 kVA. Wird der cos(φ) von 0,65 auf 0,98 verbessert, steigt die übertragbare Wirkleistung P von 65 auf 98 kW.

Blindstrom-Kompensation

Zur Absenkung der Blindleistung werden Kompensationskondensatoren eingesetzt.

Bei einzelnen Verbrauchern mit langen Einschaltzeiten wird die Kompensation direkt am Verbraucher installiert, so daß schon die Versorgungsleitung geringer belastet wird. Bei komplexeren Verbrauchergruppen mit unterschiedlichen Betriebszeiten ist eine Gruppen- oder Zentralkompensation sinnvoller.

Die Auswahl der geeigneten Kompensationsanlage sollte durch ein spezialisiertes Ingenieurbüro erfolgen.

In der folgenden Abbildung ist der Zusammenhang des Wirk- und Blindanteils sowie die Wirkung der Kompensationsanlage dargestellt.

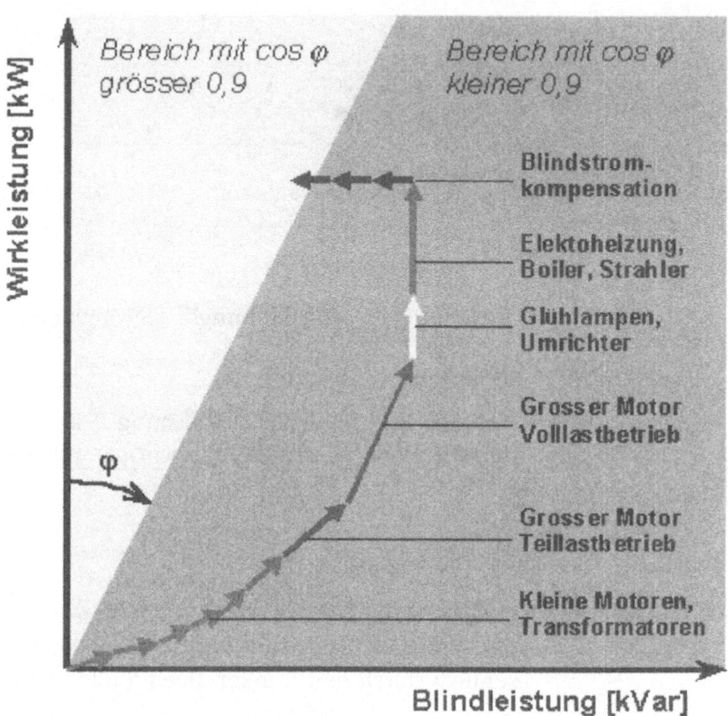

Abbildung 4 - 47: Zusammensetzung des Blind- und Wirkleistungsanteils [Quelle: www.energie.ch]

Tipps zur Blindstromreduktion

Die durch den Betrieb von Elektromotoren verursachte Blindleistung, läßt sich durch folgende Maßnahmen reduzieren:

- Vermeidung von Leerlauf,
- Anpassung der Motor-Nennleistung an die Arbeitslast,
- Ersatz überdimensionierter Motoren und
- Einsatz von Kompensationskondensatoren (Einzel- , Gruppen- und Zentralkompensatoren).

4.5.5 Beleuchtung

Der Anteil des Stromverbrauches für die Beleuchtung beträgt in der Holzbranche ca. 5 bis 14 % des Gesamtstromverbrauchs. Trotz des relativ geringen Anteils sind in vielen Fällen Einsparmöglichkeiten oder zumindest Verbesserungen der Beleuchtungsqualität erreichbar.

Einsparungen können durch Benutzerverhalten und durch verbesserte Lichttechnik erzielt werden. Die Benutzer können

- die Beleuchtung beim Verlassen des Raumes abschalten,
- nur notwendige Lampen einschalten,
- die Beleuchtung nach Erreichen ausreichenden Tageslichteinfalls rechtzeitig wieder ausschalten.

Mit der Beleuchtungstechnik kann Energie eingespart werden durch

- Reduzierung der Beleuchtungsstärke auf das notwendige Maß,
- stromsparende Lampen,
- optimal an die Situation angepasste Leuchten,
- Einsatz von Anwesenheitsmeldern,
- Einsatz von Lichtsteuerungen,
- verbesserte Tageslichtnutzung, eventuell mit Lichtlenkung durch Spiegel oder Reflektoren,
- helle Raum- und Einrichtungsflächen,
- Architektur, welche die Sonne ausnutzt.

Eine Lampe erzeugt aus elektrischer Energie einen Lichtstrom, der in der Einheit Lumen gemessen wird. Die Lichtausbeute der Lampe ist der auf die elektrische Leistung von 1 Watt bezogene Lichtstrom in Lumen pro Watt [lm/W]. Eine Glühlampe beispielsweise weist eine Lichtausbeute von nur 4 bis 16 lm/W auf.

Der Lichtstrom, der auf die Fläche von 1 m^2 fällt, wird als Beleuchtungsstärke bezeichnet. Ein Lux entspricht dem Lichtstrom von 1 lm, der eine Fläche von 1 m^2 gleichmäßig ausleuchtet. Die Beleuchtungsstärke ist abhängig von der abgegebenen Lichtmenge der Lampe, den Eigenschaften der Leuchte und den Eigenschaften des Raumes (Raumhöhe, Reflexionseigenschaften).

Bei Ortsbegehungen ist immer wieder als Tendenz festzustellen, dass Räume, die beispielsweise als Büro genutzt werden, zu stark ausgeleuchtet sind, während Werkhallen häufig nicht ausreichend beleuchtet werden. Die zu schwache Beleuchtung von Werkhallen beruht zum Teil darauf, dass die Leuchten zu stark verschmutzt sind und deshalb ihre Auslegungswerte nicht erreichen.

Eigentlich alle Betriebe der Möbelherstellung sowie viele Hersteller von Fertigbauteilen (z.B. Fenster, Türen, Treppen etc) haben zum Teil sehr große Ausstellungsräume, in denen sie ihre Produkte buchstäblich "ins rechte Licht" rücken. Diese Räume sind teilweise derart mit Lichttechnik ausgerüstet, dass Probleme mit der Wärmeabfuhr auftreten. Hier ist hohes Energiesparpotential vorhanden.

Geforderte Beleuchtungsstärken

Die Anforderungen an die Beleuchtung sind in der DIN 5035 Teil 1 festgelegt. Für in der Holzbranche häufig vorkommende Räume sind die Beleuchtungsstärke und die Anforderungen an die Farbwiedergabe in der Tabelle 4 - 13 dargestellt. Besondere Anforderungen an die Beleuchtung werden sowohl in der Beleuchtungsstärke als auch in der Qualität der Farbwiedergabe in Lackierbereichen gestellt.

Raum, Tätigkeit	Nenn-beleuchtungs-stärke Lux	Farb-wiedergabe-stufe
Büro	300 - 500	1 B - 2 A
Großraumbüro	750 - 1.000	1 B - 2 A
Tech. Zeichnen	750	1 B - 2 A
Werkstatt	200 - 300	3
Farbkontrolle	1.500	1 A
Kesselhaus	100	3
Kantinen	200	1 B - 2 A
Toiletten, Umkleide	100	1 B - 2 A

Tabelle 4 - 13: Anforderungen an die künstliche Beleuchtung

Beleuchtungsstärke anpassen

Die Beleuchtungsstärke kann in Fällen extremer Überschreitung der notwendigen Beleuchtungsstärke durch Entfernen von Lampen aus mehrflammigen Leuchten reduziert werden. In anderen

Fällen können die vorhandenen Lampen durch solche mit geringerer Leistung ersetzt werden. Dabei ist zu beachten, dass die Räume durchaus nicht gleichmäßig beleuchtet werden müssen.

4.5.5.1 Lampentypen

In der Regel bestehen große Einsparmöglichkeiten in der Wahl der optimalen Lampen. Das Hauptauswahlkriterium ist die Lichtausbeute, die angibt, welche Lichtmenge je Watt Leistungsaufnahme erzeugt wird. Für die Wirtschaftlichkeit wichtig ist weiterhin die Lebensdauer der Lampe. Die Farbwiedergabeeigenschaften bestimmen den möglichen Einsatzbereich der unterschiedlichen Lampen.

Die in der Regel unwirtschaftlichste Beleuchtung ergibt sich bei Verwendung von Glühlampen. Die Lebensdauer beträgt nur 1.000 Stunden und die Lichtausbeute liegt je nach Größe und Bauart zwischen 3,7 und 16,2 Lumen je Watt. Wirtschaftlich sind Glühlampen allenfalls bei täglichen Brenndauern unter ca. 20 Minuten.

Die Verwendung von Halogenlampen ist kaum wirtschaftlicher als bei Glühlampen. Sie haben zwar mit bis zu 26 lm/W eine höhere Lichtausbeute und eine längere Lebensdauer, jedoch werden diese Vorteile durch die höheren Anschaffungskosten großenteils kompensiert.

Lampentyp	Lichtausbeute lm/W	Lebensdauer h	Farbwiedergabestufe
Glühlampe	4 - 16	1.000	1 A
Halogen Niedervolt	16 - 26	3.000 - 5.000	1 A
Halogen Hochvolt	bis 22	1.500 - 2.500	1 A
Kompakt-Leuchtstofflampe	bis 88	8.000	1 B - 2 A
Leuchstofflampe Ø 38 mm	bis 77	9.000 - 15.000	2 A - 3
Leuchstofflampe T8, Ø 26 mm	bis 83	9.000 - 15.000	2 A - 3
Leuchstofflampe T5, Ø 16 mm	67 - 104	16.000	1 B
Dreibanden-Leuchstofflampe	bis 96	9.000 - 15.000	1 B
Fünfbanden-Leuchstofflampe	65	9.000 - 15.000	1 A
Hochdruck-Quecksilber	19 - 63	12.000 - 24.000	3
Hochdruck-Natrium	66 - 150	14.000 - 55.000	3 - 4
Hochdruck-Metall-Halogen	68 - 100	3.500 - 20.000	1 B - 2 B
Niederdruck-Natrium	100 - 200	16.000	-

Tabelle 4 - 14: Charakteristische Werte von Lampen

Ersatz von Glühlampen

Glühlampen können in den meisten Fällen problemlos durch Kompakt-Leuchtstofflampen ersetzt werden. Sie haben eine ca. 5-fache Lichtausbeute und die 8-fache Lebensdauer. Die Farbwiedergabeeigenschaften sind nur geringfügig schlechter. In der Regel amortisiert sich der Austausch in 2 bis 4 Jahren.

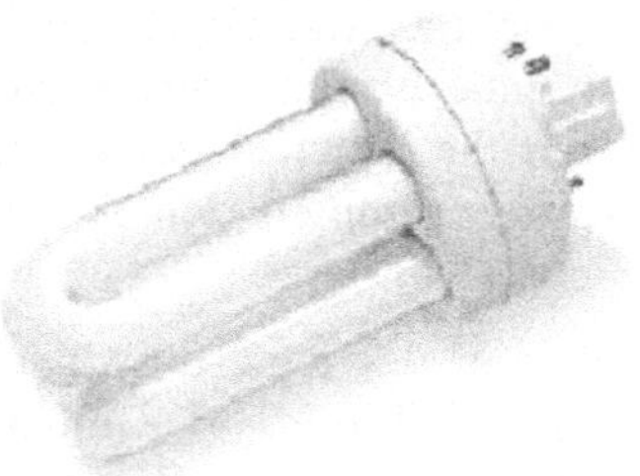

Abbildung 4 - 48: Kompakt-Leuchtstofflampe für Steckfassung [Quelle: GE-Katalog]

Ausstellungsräume

Halogenlampen werden wegen ihrer guten Farbwiedergabe und der lichttechnischen Gestaltungsmöglichkeiten häufig in Ausstellungsräumen eingesetzt. In diesen Bereichen ist es energiesparend, möglichst wenige Akzente durch Halogenspots zu setzen und die Grundbeleuchtung durch die farbmäßig ebenso guten Leuchtstofflampen "De Luxe" (Fünfbanden-Leuchtstofflampe) mit dreifacher Lichtausbeute zu realisieren.

Leuchtstofflampen

Leuchtstofflampen bieten eine Lichtausbeute zwischen 67 und 104 lm/W. Die Lebensdauer beträgt bis zu 16.000 Stunden, was die Wartungskosten gegenüber Glühlampen deutlich senkt. Innerhalb einer Lampentypreihe ist die Lichtausbeute typischerweise um so höher, je länger die Röhre ist.

Die Lichtausbeute der Fünfbanden-Leuchtstofflampe ist mit ca. 65 lm/W die geringste der Leuchtstofflampen. Sie ist jedoch eine Spezialentwicklung mit Optimierung der Farbwiedergabeeigenschaften und um den Faktor 3 bis 5 sparsamer als vergleichbare Glühlampen oder Halogenlampen. Ihr Einsatzgebiet in der Holzbranche ist die Lackierabteilung und der Ausstellungsraum.

Die Leuchtstofflampen mit einem Röhrendurchmesser von 38 mm sind immer noch weit verbreitet, obwohl sie die schlechteste Lichtausbeute der allgemein einsetzbaren Leuchtstofflampen aufweisen. Sie können problemlos gegen den Typ T8 oder besser Dreibanden-Leuchtstofflampen ausgetauscht werden. Der Typ T5 mit 16 mm Durchmesser erfordert jedoch neue Leuchten und arbeitet nur mit elektronischen Vorschaltgeräten.

Eine 38 mm-Röhre hat beispielsweise einen Lichtstrom von 5.000 Lumen bei einer Leistungsaufnahme von 65 Watt. Eine gleich lange Dreibanden-Lampe erreicht bei einer Leistungsaufnahme von nur 58 Watt einen Lichtstrom von 5.400 Lumen. Es wird ein um 8 % höherer Lichtstrom bei einer gleichzeitigen Energieeinsparung von 11 % erreicht.

Hochdruck-Entladungslampen

Bei der Beleuchtung von hohen Werkhallen ist der Einsatz von tief abgehängten Leuchtstofflampen eventuell problematisch. In diesen Fällen werden häufig Hochdruck-Entladungslampen eingesetzt. Hochdruck-Quecksilberdampflampen sind teilweise noch im Einsatz, obwohl Hochdruck-Natriumdampflampen und besonders Hochdruck-Metall-Halogen-Lampen energetisch bis zu dreifach effizienter sind.

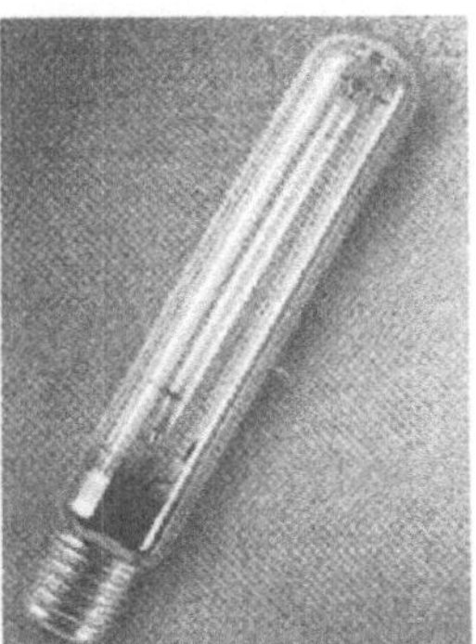

Abbildung 4 - 49: Hochdruck-Natriumdampf-Lampe
[Quelle: Osram-Katalog]

Die höchste Lichtausbeute dieser drei Typen liefert die Hochdruck-Natriumdampf-Lampe mit bis zu 146 lm/W. In Innenräumen sollte die Ausführung "Comfort" mit der Farbwiedergabestufe 3 eingesetzt werden. Bessere Farbwiedergabe wird mit der Hochdruck-Metall-Halogen-Lampe erreicht. Dieser Lampentyp bietet ungefähr die Eigenschaften der Dreibanden-Leuchtstofflampen und ist in Leistungsgrößen bis ca. 1.000 W erhältlich. Bei Umstellung einer bestehendern Beleuchtung mit Quecksilberdampflampen müssen die kompletten Leuchten ausgetauscht werden, da Quecksilberdampflampen im Gegensatz zu den anderen Lampentypen kein Zündgerät brauchen.

Die Verwendung von Lampen mit einer Farbwiedergabestufe schlechter als 3 ist in Innenräumen nicht zulässig. Als Ausnahme können Hochdruck-Natriumdampflampen unter bestimmten Voraussetzungen eingesetzt werden.

Beleuchtung von Außenanlagen

In diese Kategorie fällt vor allem die Niederdruck-Natriumdampf-Lampe. Sie besitzt mit bis zu 198 lm/W die höchste Lichtausbeute aller Lampenarten, erzeugt aber ein monochromatisches gelbes Licht. Allerdings durchdringt dieses Licht besonders gut Nebel oder Dunst, so daß diese Lampe hervorragend für die Beleuchtung von Außenflächen wie Ladeplätzen, Parkplätzen und Fahrwegen geeignet ist.

Häufig ist der Austausch anderer Lampen durch Niederdruck-Natriumdampf-Lampen möglich. Dabei muß überprüft werden, ob Vorschaltgerät und Zündvorrichtung weiterverwendet werden können.

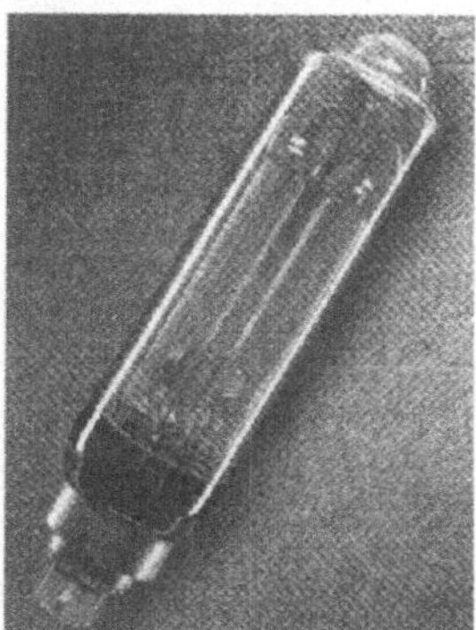

Abbildung 4 - 50: Niederdruck-Natriumdampf-Lampe
[Quelle: Osram-Katalog]

Beispiel

In einem Betrieb werden zur Außenbeleuchtung Quecksilberdampflampen mit einer Leistungsaufnahme von 125 W eingesetzt. Für den Austausch gibt es Niederdruck-Natriumdampf-Lampen mit einer Leistungsaufnahme von 98 W, die mit dem gleichen Vorschaltgerät und ohne Zündgerät betrieben werden können. Durch den Austausch kann bei der Außenbeleuchtung eine Energieeinsparung von 22 % erzielt werden bei gleichzeitiger anhebung der Beleuchtungsstärke um ca. 17 %. Die Kapitalrückflusszeit dieser Maßnahme beträgt ca. 1,5 Jahre.

Bei der Verwendung von 70 W-Lampen wäre auch eine Energieeinsparung von ca. 44 % möglich gewesen, allerdings verbunden mit einer Reduzierung der Beleuchtungsstärke um ca. 11 %.

4.5.5.2 Vorschaltgeräte

Leuchtstofflampen und Entladungslampen benötigen ein Vorschaltgerät. Ohne solche Geräte steigt der Betriebsstrom der Lampen nach der Zündung kurzschlußartig an.

Konventionelle Vorschaltgeräte (KVG) für Leuchtstofflampen begrenzen den Strom durch eine induktiv wirkende Drossel. Sie erzeugen dabei eine Verlustleistung von ca. 13 W. Verlustarme Vorschaltgeräte (VVG) verwenden bessere Spulen und Spulenkerne und kommen mit einer Verlustleistung von ca. 8 W aus. Beide Gerätearten erzeugen zusätzlich durch die induktive Last eine Phasenverschiebung von Strom und Spannung und erfordern bei größerer Anzahl von Leuchten eine Kompensationsanlage zur Reduzierung der Blindleistung.

Elektronische Vorschaltgeräte (EVG) arbeiten ohne Spulen und brauchen deshalb keine Blindstromkompensation. Die Verlustleistung des EVG beträgt nur ca. 4,5 W. Die nachgeschaltete Lampe wird nicht mit der Netzfrequenz betrieben, sondern mit 25 kHz bis 40 kHz. Bei diesen Frequenzen steigt die Lichtausbeute der Leuchtstofflampen um ca. 10 % an. Die Lampe startet ohne Zündgerät flackerfrei und erzeugt wegen der hohen Frequenz keinen Stroboskopeffekt. Die Lebensdauer der Lampe erhöht sich um ca. 3.000 Stunden.

In der Regel werden die Vorschaltgeräte so betrieben, dass der Lichtstrom der Lampe konstant gehalten wird und dafür die Leistungsaufnahme abgesenkt wird. Eine Leuchtstofflampe mit 58 W benötigt mit dem konventionellen Vorschaltgerät eine Gesamtleistung von 71 W. Zusammen mit einem elektronischen Vorschaltgerät hat die gleiche Lampe bei gleicher Lichtleistung nur noch eine Leistungsaufnahme von 54,5 W, es werden ca. 23 % Energie gespart.

Eine neuere Entwicklung ist das elektronische Vorschaltgerät mit sogenannter Cut-Off-Technik. Bei der Cut-Off-Technik wird im Betrieb die Heizspule in der Leuchtstofflampe abgeschaltet. Durch die geringere Erwärmung der Lampen an den Enden wird die Lebensdauer der Lampen noch einmal bis zu ca. 3.000 Stunden erhöht. Die Verlustleistung des elektronischen Vorschaltgerätes mit Cut-Off-Technik beträgt nur noch ca. 3 W. Gegenüber der 58 W-Lampe mit KVG werden bei einer Gesamt-Leistungsaufnahme von 53 W ca. 25 % Energie eingespart.

Abbildung 4 - 51: Elektronisches Vorschaltgerät mit Cut-Off-Technik [Quelle: Osram-Katalog]

Geräteart	Leistungsaufnahme Vorschaltgerät W	Lampe 58 W W	Gesamt W
Konventionelles Vorschaltgerät	13	58	**71**
Verlustarmes Vorschaltgerät	8	58	**66**
Elektronisches Vorschaltgerät	4,5	50	**54,5**
El. Vorschaltgerät mit Cut-Off	3	50	**53**

Tabelle 4 - 15: Einfluß des Vorschaltgerätes auf die Leistungsaufnahme einer Leuchte

Alle Leuchtstofflampen lassen sich problemlos mit den elektronischen Vorschaltgeräten betreiben. Theoretisch ist der Austausch von Vorschaltgeräten in vorhandenen Leuchten möglich, jedoch dürfte dies kaum kostengünstiger als der Neukauf einer kompletten neuen Leuchte sein, mit der eventuell weitere Verbesserungen der Beleuchtung zu erreichen sind.

4.5.5.3 Leuchten

Großen Einfluß auf die Qualität und den Energieeinsatz der Beleuchtung üben die Leuchten aus. Sie bestimmen, wie das in den Lampen erzeugte Licht im Raum verteilt wird und damit, welcher Anteil des Lichtes am Arbeitsplatz zur Verfügung steht. Eine ergonomische und ökologische Aufteilung in Hintergrundbeleuchtung und Arbeitsplatzbeleuchtung ist nur mit an die Raumsituation angepaßten Leuchtentypen möglich. Im Allgemeinen bieten Spiegelrasterleuchten die beste Arbeitsplatzbeleuchtung.

Bei der Auswahl der Leuchten sollte beachtet werden, dass normalerweise lange Leuchtstofflampen eine höhere Lichtausbeute liefern als kurze. Dementsprechend sollte langen einflammigen Leuchten gegenüber kurzen mehrflammigen Leuchten der Vorzug gegeben werden. Lichtabsorbierende Verglasungen der Leuchten sollten nach Möglichkeit vermieden werden.

Abbildung 4 - 52: Spiegelrasterleuchte

Aufsteckreflektoren zur Nachrüstung

In vielen Werkhallen werden Leuchtstofflampen ohne oder mit unzureichenden Reflektoren betrieben. Als Folge erreicht nur ein geringer Anteil des Lichtes den Arbeitsplatz, häufig wird die geforderte Beleuchtungsstärke nicht erreicht. Für solche Fälle sind aufsteckbare Reflektoren erhältlich, die direkt auf die Leuchstofflampen geklipst werden.

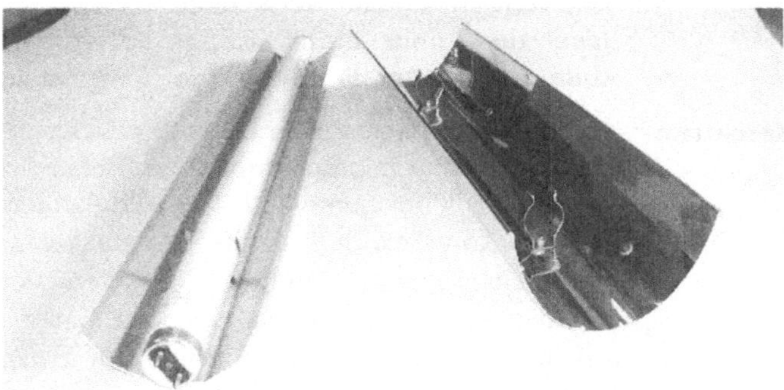

Abbildung 4 - 53: Aufsteckreflektoren zur Nachrüstung alter Leuchten

Beispiel

In einem Betrieb wurde die erforderliche Beleuchtungsstärke mit Leuchtstofflampen mit 38 mm Durchmesser ohne Reflektoren erreicht. Durch Tausch der Lampen gegen Dreibanden-Lampen und Einsatz von Aufsteckreflektoren konnte jede zweite Leuchte abgeschaltet werden, ohne die Beleuchtungsstärke an den Arbeitsplätzen zu reduzieren. Die Kapitalrückflusszeit dieser Maßnahme beträgt 2,5 Jahre.

4.5.5.4 Lichtsteuerung

Durch Lichtsteuerung kann beim Betrieb von Beleuchtungsanlagen Energie eingespart werden. Die einfachste Art der Lichtsteuerung besteht darin, bei tiefen Räumen Lichtbänder parallel zu den Fenstern anzuordnen, wobei die einzelnen Reihen getrennt schaltbar sind. Bei Nachlassen der natürlichen Beleuchtung können zuerst die am weitesten von den Fenstern entfernten Leuchten in der dann dunkelsten Zone eingeschaltet werden.

Anwesenheitssensoren

Anwesenheitssensoren schalten die Beleuchtung automatisch ein, sobald Personen sich im Erfassungsbereich befinden. Entfernen sich die Personen wieder aus dem Bereich, wird die Beleuchtung wieder abgeschaltet. Diese Technik eignet sich besonders für Durchgangsbereiche, in denen das Ausschalten der Beleuchtung häufig unterbleibt, "weil man ja gleich wieder zurückkommt". Diese Technik ist nicht für Entladungslampen (Außenbeleuchtung) geeignet, da diese eine viel zu lange Startzeit benötigen. Auch Kompakt-Leuchtstofflampen erreichen erst nach 2 Minuten ihre volle Lichtstärke und sind daher für kurzzeitige Schaltungen weniger gut geeignet. Bei Leuchtstofflampen sollten elektronische Vorschaltgeräte verwendet werden, da sonst die Lebensdauer der Lampe durch häufige Schaltvorgänge verkürzt wird. Außerdem Starten die Lampen so schneller und flackerfrei.

Lichtsensoren

Automatische Systeme arbeiten mit Lichtsensoren. Über außenliegende Lichtsensoren kann eine Beleuchtungsanlage im einfachsten Fall bei genügend Tageslicht automatisch abgeschaltet werden. Komplexere Systeme für tiefe Räume arbeiten mit mehreren Lichtsensoren an den Leuchten der unterschiedlichen Lichtbänder. In Verbindung mit dimmbaren elektronischen Vorschaltgeräten regeln sie die Beleuchtungsstärke nach der Raumtiefe (Lichtzonen) auf gleichmäßige Arbeitsplatzbeleuchtung und können so durch die Teillastbeleuchtung weitere Energie einsparen.

Beispiel

In einem Betrieb werden Leuchtstofflampen ohne Reflektoren in Produktionshallen mit Tageslichteinfall betrieben. Die künstliche Beleuchtung und das Tageslicht werden nicht optimal genutzt. Eine große Verbesserung ist durch die Nachrüstung von Aufsteckreflektoren, Dreibandenlampen und einer tageslichtabhängige Abschaltautomatik der künstlichen Beleuchtung möglich. Die erreichbare Einsparung beträgt 43 MWh/a. Die Kapitalrückflusszeit liegt bei 4,3 Jahren.

4.5.5.5 Tipps zur Energieeinsparung

Nicht investive Maßnahmen

- Mitarbeiter sensibilisieren:
  Beleuchtung nur bei wirklichem Bedarf einschalten
  Beleuchtung so bald wie möglich wieder ausschalten.
- Beleuchtungsanlage besonders in Produktionsräumen regelmäßig reinigen.
- Beleuchtungsstärke der Arbeitsplätze überprüfen, Beleuchtung gegebenenfalls reduzieren.

Investive Maßnahmen

- Für helle Umgebung sorgen.
- Lampen durch stromsparende Modelle ersetzen.
- Fehlende Reflektoren nachrüsten.
- Alte Vorschaltgeräte durch elektronische Vorschaltgeräte ersetzen.
- An geeigneten Stellen Anwesenheitsmelder einsetzen.

Maßnahmen bei Anlagenersatz

- Alte Leuchten durch optimal an die Verhältnisse angepaßte Leuchten mit neuester Technik ersetzen.
- Tageslichtnutzung ermöglichen. Tageslichtnutzung bei Um- und Neubauten gleich mit einplanen.
- Die Einsatzmöglichkeiten von intelligenter Lichtsteuerung überprüfen.

4.5.6 Wärmerückgewinnungssysteme

Der Begriff Wärmerückgewinnung ist durch die Nutzung der Wärmeinhalte von Abwasser und Abluft entstanden. Die heutige Nutzung des Begriffes umfaßt viel mehr und ist deshalb nicht mehr exakt. Der Begriff bezeichnet aktuell die Verschiebung von Energieinhalten zwischen Stoffströmen zwecks Einsparung von Energie.

Die Energie kann dabei direkt in Form von Wärme oder Kälte oder indirekt in Form von Feuchte genutzt werden. Die Wärmeübertragung ist dabei nicht nur von einem Stoffstrom auf einen anderen möglich, sondern die Wärme kann auch innerhalb eines Stoffstromes verschoben werden. So kann innerhalb einer Bearbeitungskette ein und derselbe Stoffstrom zuerst erwärmt und anschließend wieder abgekühlt werden. In diesem Fall wird der Stoffstrom durch den zu kühlenden Strom vorgewärmt und so ein Teil der Energie im Kreislauf gefahren.

In der Klimatechnik kann neben der Wärme auch "Kälte" zurückgewonnen werden, indem der warme Außenluftstrom durch den kühleren Abluftstrom eines gekühlten Raumes vorgekühlt wird. Mit geeigneten Rückgewinnern kann auch Luftfeuchte vom Abluft- in den Außenluftstrom übertragen werden und so Befeuchtungsenergie gespart werden beziehungsweise die Zuluftqualität ohne Energieaufwand verbessert werden.

Um eine quantitative Aussage über die Wärmerückgewinnung zu ermöglichen, wurde der Begriff Rückwärmezahl Φ_t als Definition des Wirkungsgrades eingeführt. Unter der Bedingung gleicher Massenströme und Wärmekapazitäten gilt:

$$\Phi_t = \frac{t_{22} - t_{21}}{t_{11} - t_{21}}$$

t_{11} = Temperatur des Spendermediums vor WRG
t_{21} = Temperatur des Zielmediums vor WRG
t_{22} = Temperatur des Zielmediums nach WRG

Latente Wärme wird in Form einer Änderung des Aggregatzustandes eines Stoffes gespeichert. Bei ihrer Nutzung reichen die Temperaturdifferenzen zu Definition des Wirkungsgrades nicht aus, da hier auch Energie ohne Temperaturänderung des Spendermediums übertragen wird. Der Übertragungsgrad der Enthalpie Φ_h beschreibt einen Wirkungsgrad, der alle energetischen Bestandteile berücksichtigt.

$$\Phi_h = \frac{h_{22} - h_{21}}{h_{11} - h_{21}}$$

h_{11} = Enthalpie des Spendermediums vor WRG
h_{21} = Enthalpie des Zielmediums vor WRG
h_{22} = Enthalpie des Zielmediums nach WRG

Die grundlegend zu lösende Aufgabe bei der Wärmerückgewinnung ist der zeitliche Anfall von Energieangebot und Energiebedarf. Fällt beides nicht zur gleichen Zeit an, ist ein Wärmespeicher notwendig. Die Investitionen können die Wärmerückgewinnung unwirtschaftlich machen, zudem ist die Nutzung von latenter Wärme aus Luftfeuchte damit kaum möglich. Aus diesem Grund sind die Chancen zur Nutzung einer internen Wärmerückgewinnung innerhalb eines Prozesses am höchsten. In der Regel treten kaum zeitliche Abweichungen auf und es sind keine größeren Entfernungen zu überbrücken.

Im Folgenden werden hier die grundlegenden Techniken zur Wärmerückgewinnung dargestellt. Die praktische Nutzung wird in den einzelnen Kapiteln wie beispielsweise Trocknungsanlagen, Lackieranlagen und Wärmebereitstellung erläutert.

4.5.6.1 Rekuperatoren

Rekuperatoren sind Wärmeübertrager, in denen die Energie über Trennflächen zwischen zwei Stoffströmen übertragen wird. Es gibt jeweils eine definierte warme Seite und eine kalte Seite, die Übertragung findet nur in eine Richtung statt. Die Energie wird ohne Speicherung direkt vom Anbieter zum Nutzer der Energie übertragen. In der Regel wird nur sensible Wärme übertragen, die nur auf Temperaturunterschieden beruht.

Latente Wärme beruht auf der Verdampfungsenergie von Flüssigkeiten. Sie ist teilweise nutzbar, wenn warme Abluft unter die Kondensationstemperatur der enthaltenen Feuchte abgekühlt wird oder wenn Dampf kondensiert wird.

Ein gängiges Beispiel für einen Rekuperator ist der Kreuzstromwärmetauscher in einer Lüftungsanlage. Voraussetzung für den Einsatz ist, dass der Zu- und der Abluftstrom nebeneinander geführt werden. Der Abluftstrom gibt im Wärmetauscher einen großen Teil seiner Wärme an den Zuluftstrom ab. Latente Wärme wird nur sehr selten bei hohen Abluftfeuchten übertragen. Da die beteiligten Stoffströme voneinander getrennt sind, bereitet die Wärmerückgewinnung aus schadstoffbelasteter Abluft keine Schwierigkeiten. Eine Übertragung der Schadstoffe ist außer bei Dichtungsdefekten ausgeschlossen.

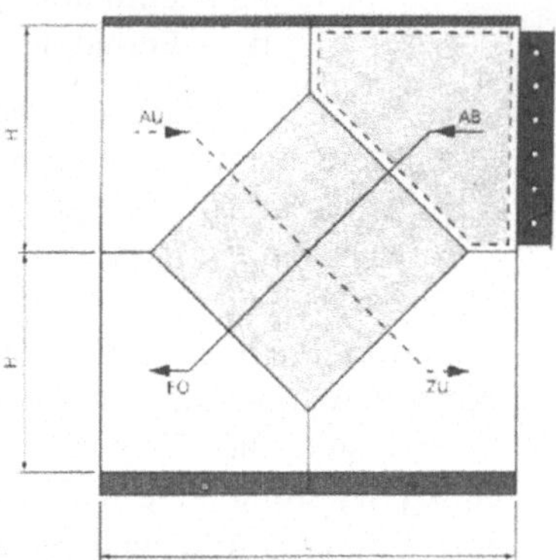

Abbildung 4 - 54: Schaltbild eines Kreuzstromwärmetauschers [Quelle: Robatherm]

Bei diesem Verfahren beträgt die Rückwärmezahl ca. 50 %. Durch die Ausbildung des Wärmetauschers als Kreuz-Gegenstrom-Wärmetauscher oder die Hintereinanderschaltung mehrerer Wärmetauscher kann die Rückwärmezahl bis auf ca. 80 % gesteigert werden.

Ein Beispiel für die rekuperative Nutzung von latenter Wärme ist eine mehrstufige Kolonne zur Rückgewinnung von Lösemitteln. Die in der ersten Stufe gewonnenen dampfförmigen Lösemittel werden zum Beheizen der nächste Kolonnenstufe genutzt, indem die Dämpfe dort wieder kondensiert werden. Es wird zum großen Teil latente Wärme genutzt, der sensible Anteil ist wegen der geringen Temperaturdifferenz zweitrangig.

Abbildung 4 - 55: Kreuzstromwärmetauscher [Quelle: Robatherm]

4.5.6.2 Regeneratoren

Bei einem Regenerator wird die übertragene Energie zwischengespeichert. Es können zwei Systeme unterschieden werden, die Regeneratoren mit Kontaktflächen und die Kreislaufverbundsysteme.

Bei Kontaktflächenregeneratoren gibt es nur eine Oberfläche, die abwechselnd von den beteiligten Medien beaufschlagt wird. Die Speicherung erfolgt im Material des Regenerators selbst. Bei sorptionsfähig beschichteter Oberfläche kann auch direkt Feuchte zurückgewonnen werden. Es können Rückwärmezahlen zwischen 70 und 80 % erreicht werden.

Feststehende Regeneratoren arbeiten diskontinuierlich. Sie werden über einen bestimmten Zeitraum vom warmen Medium durchströmt und nehmen dabei den Wärmeinhalt des Mediums in ihrer Füllung auf. Die Füllung besteht im Allgemeinen aus Metallblechen mit einer wabenförmigen Struktur. Wenn der Regenerator aufgeladen ist, wird er in Gegenrichtung vom aufzuheizenden Medium durchströmt. Um eine kontinuierliche Arbeitsweise der Anlage zu ermöglichen, werden mindestens 2 Regeneratoren in wechselweisem Lade- und Entladezyklus betrieben.

Mit diesem Regeneratortyp können sehr hohe Temperaturen genutzt werden. In der Holzindustrie wird er hauptsächlich in der thermischen Nachverbrennung zur Abgasreinigung eingesetzt.

Speicherplattenregenerator

Eine kleinere Bauform für die Lüftungstechnik ist der Speicherplattenregenerator. Der Speicher besteht aus Plattenpaketen aus Aluminiumblechen, die mittels Noppen auf einem Abstand von 3 bis 5 mm gehalten werden. Mit hygroskopischen Beschichtungen kann Feuchte übertragen werden und latente Wärme genutzt werden. Die Umschaltung der Speicher zwischen Lade- und Entladevorgang erfolgt mittels Jalousieklappen. Beim Umschaltvorgang wird jeweils der Luftinhalt des Gerätes in den anderen Luftstrom übertragen, weshalb die Behandlung schadstoffbelasteter Abluftströme problematisch sein kann.

Rotationsregenerator

Der in der Raumlufttechnik vorherrschende Kontaktflächenregenerator ist der Rotationsregenerator. Er besteht aus einem Zylinder mit meist wabenförmigem Metallkern. Er wird so in die nebeneinander liegenden Fort- und Außenluftströme eingebaut, dass ca. jeweils die Hälfte von den einzelnen Medien im Gegenstrom durchströmt wird. Dabei dreht sich der Zylinder langsam, so dass die einzelnen Waben wechselweise im Fort- und Außenluftstrom liegen und eine kontinuierliche Arbeitsweise erreicht wird.

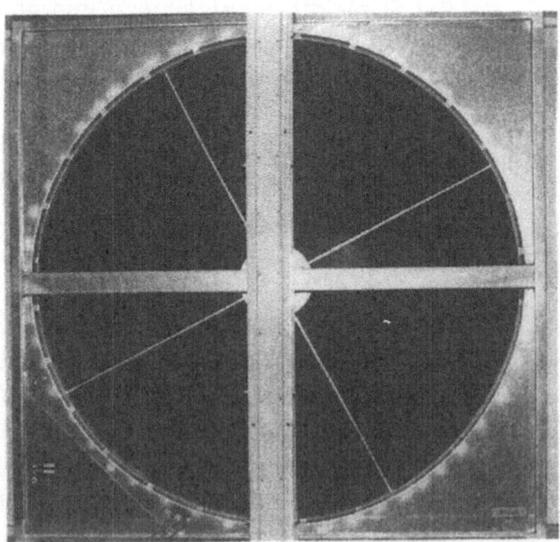

Abbildung 4 - 56: Rotationsregenerator [Quelle: Robatherm]

Sind die Oberflächen hygroskopisch beschichtet, nimmt der Regenerator beim Beladen auch Luftfeuchte auf und gibt sie beim Entladen wieder ab. Aufgrund von Leckströmungen zwischen Zu- und Abluft ist der Einsatz bei schadstoffbelasteter Abluft problematisch. Abhilfe kann mit Spülzonen geschaffen werden, die aber die erreichbare Rückwärmezahl etwas verschlechtern.

Kreislaufverbundsysteme

Kreislaufverbundsysteme übertragen die Wärme rekuperativ von einem Medium auf ein Transportmedium und wiederum rekuperativ vom Transportmedium auf das Zielmedium. Wegen der Zwischenspeicherung im Transportmedium ist der Gesamtvorgang regenerativ. Latente Wärme wird nur bei Unterschreiten des Taupunktes des wärmespendenden Mediums genutzt, die Feuchte selbst kann nicht übertragen werden. Die erreichbaren Rückwärmezahlen liegen bei Verwendung von Kreuzstrom-Wärmetauschern bei 40 - 50 %. Mit Gegenstrom-Schichtwärmetauschern sind auch Rückwärmezahlen von 80 - 90 % möglich.

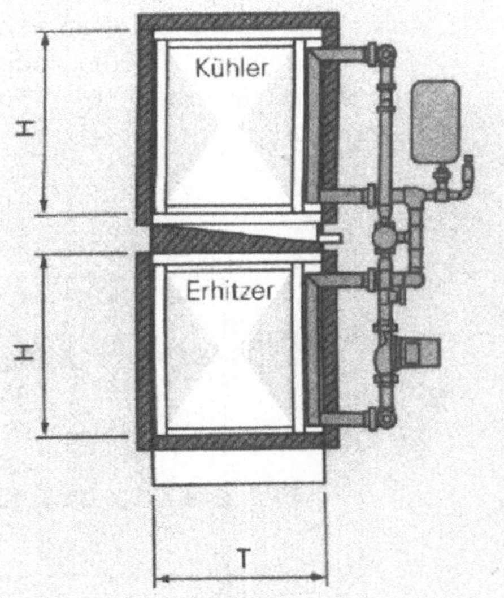

Abbildung 4 - 57: Kreislaufverbundregenerator
[Quelle: Robatherm]

Das Transportmedium ist meistens Wasser oder Sole und wird im Kreislauf zwischen den Wärmetauschern gefahren. Der Vorteil dieses Verfahrens besteht darin, dass die Wärmetauscher mit den Quell- und Zielmedien räumlich voneinander getrennt sein können. Durch den zweimaligen Wärmeübergang und die Transportverluste ist die Rückwärmezahl schlechter als bei direkter Übertragung. Zusätzlich wird noch Transportenergie zum Betrieb der Förderpumpen benötigt. Ein Kreislaufverbundsystem ist jedoch die einzige Möglichkeit, "Abwärme" an einem anderen als dem Enstehungsort zu nutzen.

Wärmerohre

Wärmerohre sind mit einem Wärmetransportmittel in flüssiger und dampfförmiger Phase gefüllt. Das Wärmetransportmittel wird nach dem vorliegenden Temperaturniveau ausgewählt. Das Wärmerohr wird so in die Wärmerückgewinnungsanlage eingebaut, dass sich ein Ende im warmen und das andere Ende im kalten Medium befindet.

Das Wärmetransportmittel verdampft am warmen Ende des Wärmerohres und nimmt so Energie auf. Der Dampf strömt zum kalten Ende und gibt dort die Verdampfungsenthalpie wieder ab. Der Rücktransport des Transportmittels erfolgt entweder durch Neigung des Wärmerohres oder durch die Kapillarkräfte einer Innenverkleidung. Bei geneigten Wärmerohren kann Wärme nur vom unteren zum oberen Ende transportiert werden. Der Wärmetransport innerhalb des Wärmerohres erfolgt bei konstanter Temperatur.

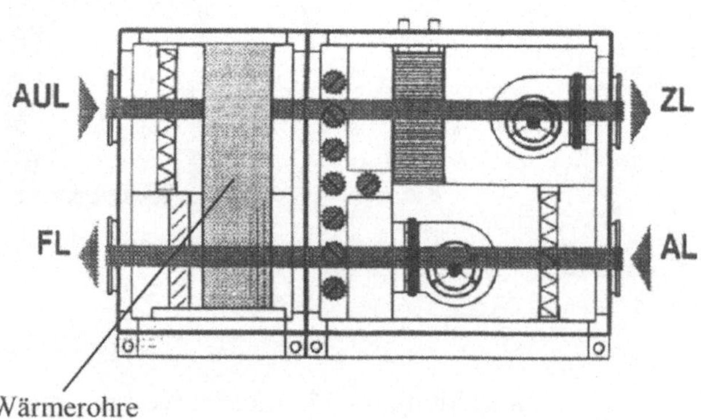

Abbildung 4 - 58: Wärmerückgewinnung mit Wärmerohren
[Quelle: tecair]

4.6 Holzfeuerungsanlagen

Nahezu unabhängig von der betrieblichen Spezialisierung beträgt in den Betrieben der Holzbe- und -verarbeitung der Anteil des Brennstoffverbrauchs am Gesamtenergieverbrauch ca. 50% (siehe Kapitel 2.2, Abbildung 2 - 4). Mit den im Produktionsprozeß anfallenden Resthölzern kann ein großer Teil dieses Brennstoffbedarfs gedeckt werden.

Als nachwachsender Rohstoff wird der Werkstoff und Energieträger Holz ständig neu gebildet. Bei nachhaltiger Bewirtschaftung fällt stetig Holz an, das aufgrund seiner Herkunft aus dem Kohlenstoffkreislauf auch als Energieträger CO_2-neutral genutzt werden kann. Jeder Baum lagert während des Wachstums CO_2 aus der Atmosphäre ein, das später bei der Verbrennung wieder freigesetzt wird.

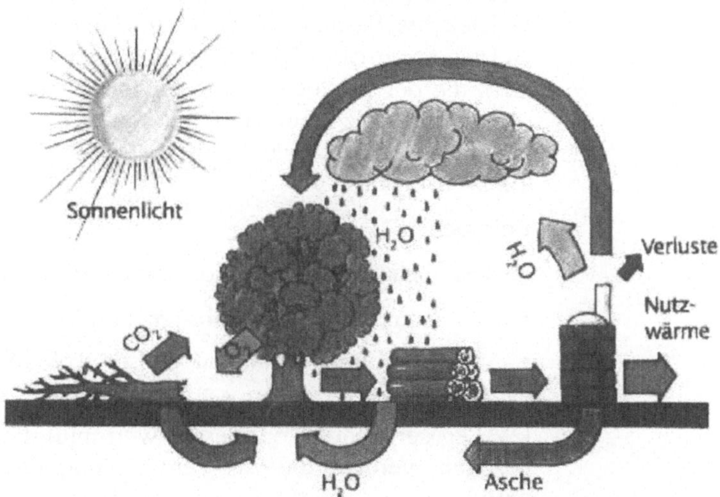

Abbildung 4 - 59: CO_2-Kreislauf bei der Holznutzung [Quelle: FH-Bingen]

Die chemische Zusammensetzung von Holz ist weitgehend unabhängig von der Holzart. Die Hauptelemente sind in der folgenden Tabelle zusammengefaßt:

Bestandteile	[%]
Kohlenstoff	ca. 50
Sauerstoff	ca. 43
Wasserstoff	ca. 6
Stickstoff	> 1
Mineralstoffe (Kalzium, Kalium, Magnesium, Phosphor, Mangan, Eisen, Schwefel, usw.)	> 1

Tabelle 4 - 16: Chemische Zusammensetzung von trockenem Holz [Quelle: Forstabsatzfonds]

Bei der Verbrennung von naturbelassenem Holz ergibt sich ein Ascheanteil von ca. 1 % der Trockenmasse, der aufgrund seiner mineralischen Bestandteile als Dünger genutzt werden kann.

Der Energiegehalt des Holzes wird entscheidend durch die Holzfeuchte bestimmt. Absolut trockenes Holz (atro) hat einen Heizwert von ca. 5,3 kWh/kg. Bei einer Feuchte von ca. 15 bis 18%, die der Restfeuchte von luftgetrocknetem Holz (lutro) entspricht, hat Holz einen Heizwert von ca. 4,3 kWh/kg. Frisch eingeschlagenes Holz (waldfrisch) weist nur einen Heizwert von ca. 2,2 kWh/kg auf.

Beispiel:

Heizwertbestimmung von Holz mit einer Feuchte von 25%.

- Heizwert der Trockensubstanz (atro): 5,3 kWh/kg
- Verdampfungswärme von Wasser: 0,68 kWh/kg

75 % des Holzes wird als atro, mit einem Heizwert von 5,3 kWh/kg gerechnet. Von diesem Wert muß die Wärmemenge abgezogen werden, die zur Verdampfung des Wassers benötigt wird.

$$H_U = 5{,}3 \frac{kWh}{kg} * (1 - \frac{25}{100}) - 0{,}68 \frac{kWh}{kg} * \frac{25}{100} = 3{,}8 \frac{kWh}{kg}$$

Im folgenden Bild ist der Zusammenhang zwischen dem Heizwert und der Feuchte graphisch dargestellt.

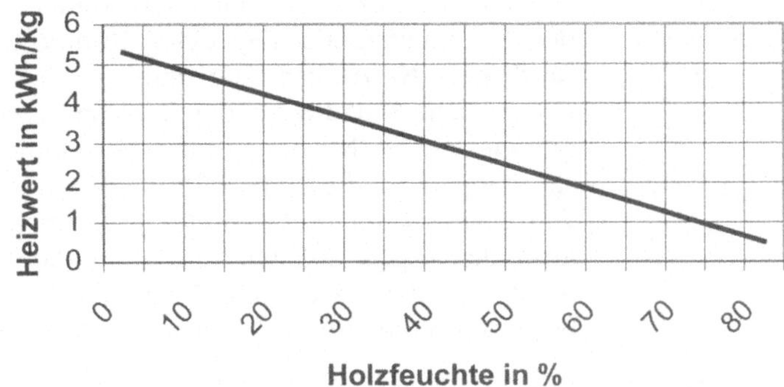

Abbildung 4 - 60: Einfluß der Holzfeuchte auf den Heizwert

Für die verschiedenen Holzbrennstoffe sind die energetisch relevanten Kennwerte in der Tabelle 4 - 17 aufgeführt.

Brennstoffart	Ø Wassergehalt [%]	Ø Schüttdichte [kg/Sm3]	Ø Heizwert [kWh/kg]	Ø Heizöläquivalent [l/Sm^3 Holz]
Hackgut (Buche) lufttrocken	20	280	4,1	115
Hackgut (Fichte) lufttrocken	20	230	4,2	97
Hackgut (Buche) waldfrisch	50	460	2,2	101
Hackgut (Fichte) waldfrisch	50	330	2,3	76
Sägemehl	40	260	2,6	68
Hobelspäne	25	120	3,7	44
Rinde	60	800	1,9	152
Holzpellets	10	650	5,0	325
Stückholz	20	400 kg/Rm	4,1	164 l/Rm

Tabelle 4 - 17: Kennwerte verschiedener Holzbrennstoffe [Quelle: Energieagentur NRW]

In den holzbe- und -verarbeitenden Betrieben fallen große Mengen an Resthölzern, Spänen und Rinden an. Wenn diese nicht der Spanplattenindustrie, einer Kompostierung oder anderen stofflichen Nutzungen zugeführt werden können, sollte eine energetische Nutzung erfolgen. Hierzu bietet sich in erster Linie die thermische Nutzung durch Verbrennung an. Die Holzverstromung bzw. die Kraft-Wärme-Kopplung auf Restholzbasis ist wirtschaftlich nur dort vertretbar, wo überdurchschnittlich große Restholzmengen anfallen und hohe Stromgutschriften erreicht werden können, wie z.B. bei Inanspruchnahme der Vergütungen nach dem Erneuerbare-Energien-Gesetz (EEG).

Verbrennungsprozeß

Der energetische Aufschluß von Holz erfolgt i.d.R. durch Verbrennung. Der Verbrennungsprozeß wird in drei Vorgänge aufgeteilt, die während einer realen Verbrennung parallel ablaufen:

1. Die Trocknung des lutro Holzes im Feuerungsraum erfolgt bei Temperaturen von ca. 100 ^{0}C, wozu in der Anheizphase Fremdwärme erforderlich ist. Dabei setzt die Verdampfung weiterer Inhaltsstoffe und die thermische Zersetzung ein.
2. Dem anfänglichen Trocknungsprozeß folgt ab ca. 225 ^{0}C (Flammpunkt) die eigentliche Verbrennung, die mit der Entzündung der entstandenen Gase beginnt. Diese Verbrennungsphase läßt sich nicht durch Sperren der Luftzufuhr stoppen, da sie durch den im Holz vorhandenen Sauerstoff unterhalten wird. Unter optimalen Bedingungen können Flammentemperaturen von ca. 1.200 ^{0}C erreicht werden.
3. Die dritte und letzte Phase erfolgt nach vollständiger Entgasung. Die zurückgebliebene Holzkohle verglüht langsam und ohne Flamme, bei einer Temperatur von ca. 800 ^{0}C.

4.6.1 Feuerungsarten

Zur thermischen Nutzung stehen eine Reihe von ausgereiften Feuerungssystemen zur Verfügung. Die richtige Systemwahl hängt von der Anlagengröße und der Form des Heizmaterials (Stückgut, Hackschnitzel, Pellets, Späne, Stäube etc.) ab.

Schachtfeuerung

Schachtfeuerungen werden zur Verfeuerung von stückigem Holz, Hackschnitzeln und Holzspänen eingesetzt. Der Leistungsbereich erstreckt sich von ca. 20 bis 250 kW. Den Anlagen liegt das Prinzip des unteren oder seitlichen Abbrandes zugrunde. Die Luftzufuhr erfolgt über Naturzug oder Gebläse; bei modernen Anlagen getrennt nach Primär- und Sekundärluft. Eine Aufbereitung des Brennstoffs ist nicht erforderlich. Eine einfache und robuste

Technik mit geringen Anschaffungskosten ist verfügbar, die insbesonders in kleineren Betrieben mit unterschiedlichem Restholzanfall Anwendung findet. Der geringe Automatisierungsgrad und die geringen Regelungsmöglichkeiten bewirken allerdings oftmals eine unvollständige Verbrennung. Der Einsatz eines Pufferspeichers ist sinnvoll, um temporäre Wärmeüberschüsse zu einem späteren Zeitpunkt nutzen zu können.

Feuerungsart	Brennstoffe	Beschickung	Leistungsbereich	Wassergehalt
Schachtfeuerung	Stückige Holzreste, Scheite, Hackschnitzel	Handbeschickung	20 - 250 kW	5 - 50 %
Vorofenfeuerung	Hackschnitzel	Mechanisch	35 kW bis 3 MW	5 - 35 %
Unterschubfeuerung	Holzhackschnitzel mit Aschegehalt < 1%, Späne und Holzpellets	Mechanisch	20 kW - 2 MW	5 - 50 %
Unterschubfeuerung mit rotierendem Rost	Hackschnitzel mit hohem Wassergehalt, Aschegehalt bis 5%	Mechanisch	2 MW - 5 MW	40 - 65 %
Vorschubrostfeuerung	alle Holzbrennstoffe, Aschegehalt bis 50%	Mechanisch	150 kW - 15 MW	5 - 60 %
Rostfeuerung	Holz, Rinde, großstückige feuchte Brennstoffe mit hohem Aschegehalt	Mechanisch	2,5 - 20 MW	5 - 60 %
Wirbelschichtfeuerung	Holz, Rinde, Brennstoffe mit hohem Wassergehalt	Mechanisch	SWS: 5 - 15 MW ZWS: 15 - 100	5 - 60 %
Einblasfeuerung	Staub, Holzspäne, Partikeldurchmesser unter 5 mm	Pneumatisch	ab 200 kW	meist < 20 %

Tabelle 4 - 18: Einsatzgebiete der verschiedenen Feuerungsarten

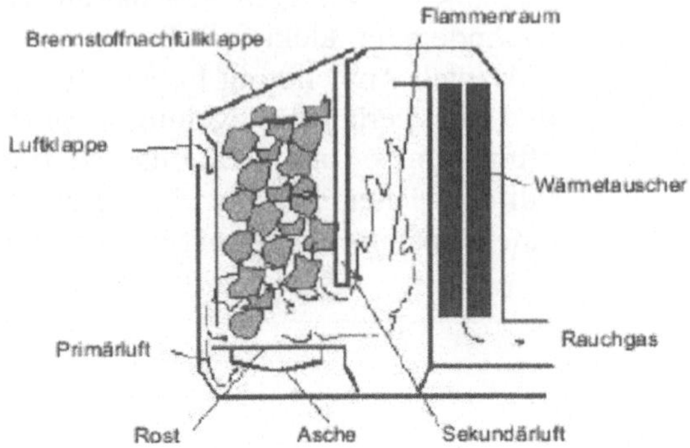

Abbildung 4 - 61: Schachtfeuerung
[Quelle: Leitfaden Bioenergie]

Vorofen-feuerung

Die Vorofenfeuerung besteht aus einer separaten Feuerung, die als Entgasungsraum ausgeführt ist und aus einem Kessel mit Flammraum. Für aschearme Brennstoffe ist der Entgasungsraum mit einem ruhenden Schrägrost versehen, für aschereiche und feuchte Brennstoffe mit einem Vorschubrost. Ein vollautomatischer und kontinuierlicher Betrieb ist möglich.

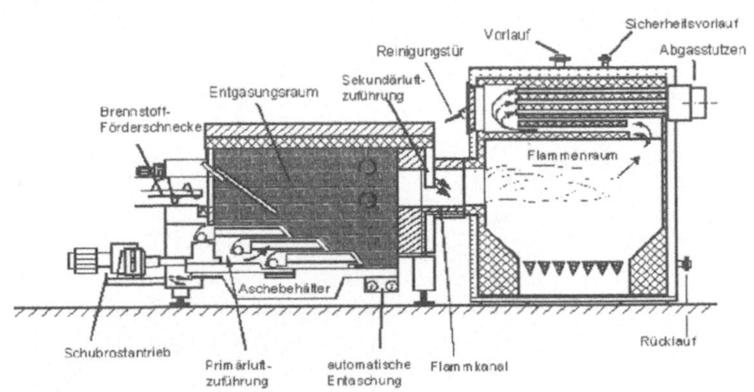

Abbildung 4 - 62: Vorofenfeuerung
[Quelle: Leitfaden Bioenergie]

Unterschub-feuerung

Unterschubfeuerungen sind für Hackschnitzel, Späne und, bis zu einem gewissen Anteil, für staubförmige Holzreste geeignet. Der Leistungsumfang reicht von 20 kW bis zu 2 MW. Der Brennraum und die Brennstoffbevorratung sind entkoppelt und üblicherweise über eine Förderschnecke verbunden, die den Brennstoff von unten in eine Brennraummulde bzw. Retorte führt. Die Unterschubfeuerungen werden automatisch betrieben und sind durch die getrennte Zufuhr von Brennstoff und Verbrennungsluft gut regelbar. Unterschubfeuerungen haben in den holzbe- und verarbeitenden Betrieben bislang die weiteste Verbreitung.

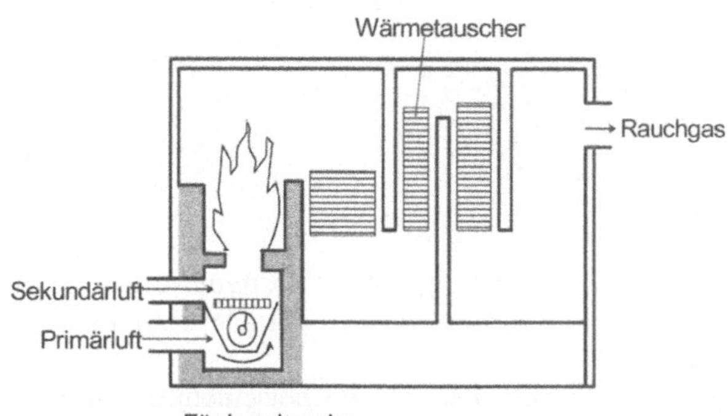

Abbildung 4 - 63: Unterschubfeuerung
[Quelle: Leitfaden Bioenergie]

Schubrostfeuerung

Schubrostfeuerungen werden im Leistungsbereich von ca. 1 bis 20 MW eingesetzt. Die Beschickung der Schubrostfeuerung erfolgt über ein mechanisches Fördersystem vom Brennstofflager bis zur Aufgabekante des Brennraums. Anschließend wird der Brennstoff durch die Rostbewegungen bis zum Rostende transportiert. Die Anforderungen an die Brennstoffqualität sind gering, da der Brennstoff genügend Zeit zur Trocknung, Entgasung und vollständiger Verbrennung findet. Zudem kann die Verweilzeit des Brennstoffs und Verbrennungsluftzufuhr über einen weiten Bereich den Brennstoffeigenschaften angepaßt werden. Aufgrund des großen Feuerungsraums sind die Schubrostfeuerungen schlecht regelbar und für schnellere Lastwechsel ungeeignet.

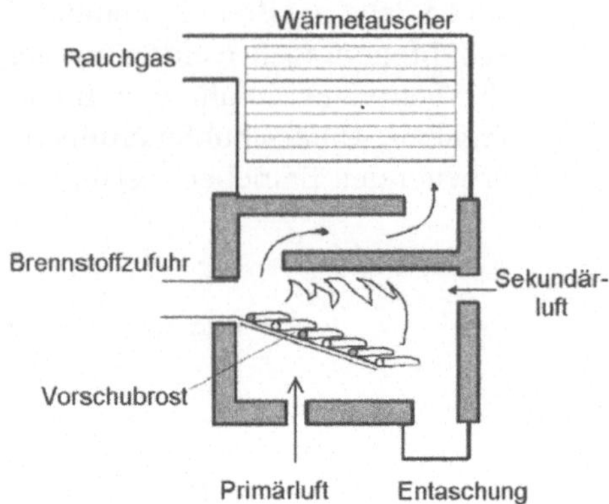

Abbildung 4 - 64: Rostfeuerung
[Quelle: Leitfaden Bioenergie]

Stationäre Wirbelschichtfeuerung (SWS)

Das Bett der Wirbelschichtfeuerung besteht zu 95 - 98 % aus Inertmaterial (z.B. Sand) und zu 2 - 5 % aus brennbarem Material. Im Wirbelbett erfolgt bei niedriger Verbrennungstemperatur (800 bis 900 ^{0}C) ein guter Wärmeübergang. Die Verschlackungs- und Versinterungsprobleme sind gering. Es ist ein breites Brennstoffspektrum hinsichtlich Feuchte, Zusammensetzung und Aufbereitung des Brennstoffs nutzbar. Da die Wirbelschichtverbrennung einen großen apparativen Aufwand benötigt, kann sie wirtschaftlich nur in größeren Einheiten realisiert werden.

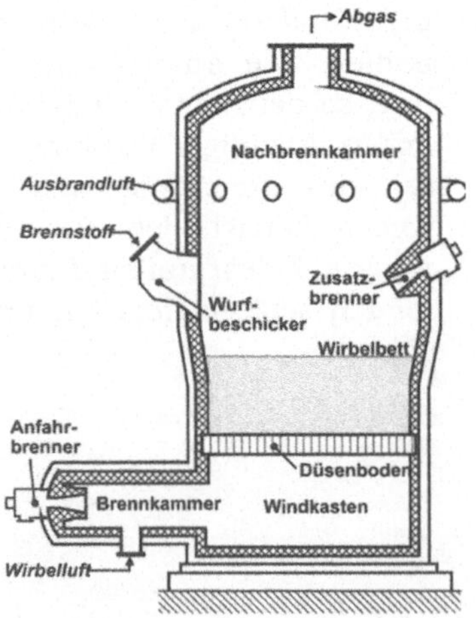

Abbildung 4 - 65: Stationäre Wirbelschichtfeuerung
[Quelle: Leitfaden Bioenergie]

Zirkulierende Wirbelschicht-feuerung (ZWS)

Im Vergleich zur stationären Wirbelschichtfeuerung erfolgt bei der zirkulierenden Wirbelschichtfeuerung eine deutlich höhere Luftzugabe und damit Austragung des Wirbelbettes. Das Rauchgas und Wirbelbettmaterial werden getrennt und ab- bzw. über ein Siphon wieder zugeführt. Der Wärmeübergang und die Verbrennungstemperatur entsprechen denen der stationären Wirbelschichtfeuerung. Anwendung findet das System in der Altholzverbrennung, zunehmend in der Papier- und Zellstoffindustrie (Holzreste, Schlämme). Bei höheren Asche- und Fremdstoffgehalten ist das System besser geeignet als die stationäre Wirbelschichtfeuerung.

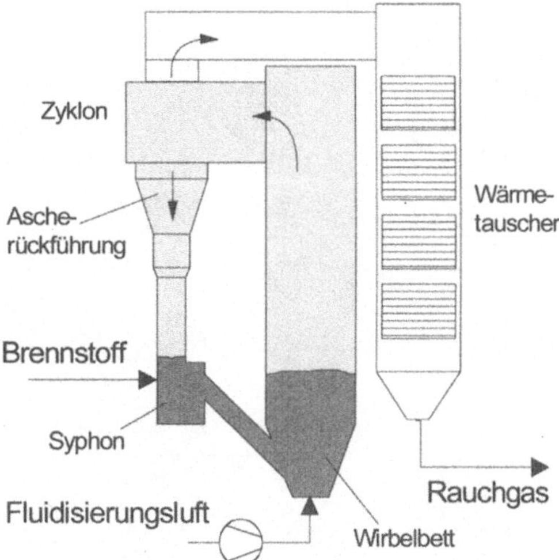

Abbildung 4 - 66: Zirkulierende Wirbelschichtfeuerung [Quelle: Leitfaden Bioenergie]

Einblas-feuerung

Einblasfeuerungen finden dort Anwendung, wo durch den Einsatz von schnelllaufenden Holzbearbeitungsmaschinen der Brennstoff als Holzstaub vorliegt. Die Feuerungsart zeichnet sich durch eine hohe Leistungsdichte, gute Regelbarkeit und einen hohen Feuerungswirkungsgrad aus. Die genaue Abstimmung von Brennstoff und Verbrennungsluft ermöglicht niedrige NO_x - Emissionen.

In der Tabelle 4 - 19 sind die grundsätzlichen Vor- und Nachteile der Feuerungsarten aufgeführt.

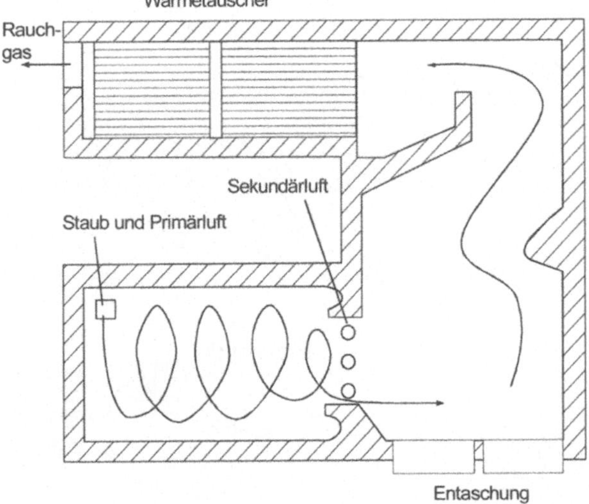

Abbildung 4 - 67: Einblasfeuerung [Quelle: Leitfaden Bioenergie]

Feuerungsart	Vorteile	Nachteile
Unterschubfeuerung	breites Brennstoff-spektrum einfache Technik	Bei Abschaltung Probleme durch Verbleib von Brennstoff im System diskontinuierliche Entaschung
Vorofenfeuerung	niedrige CO- und Gesamt C- Emissionen geringe Rauchgasstaubgehalte	hohe NO_x-Werte
Rostfeuerung	breites Brennstoffspektrum keine Vorzerkleinerung nötig	Schlierenbildung nicht auszuschließen hohe Investitions- und Betriebskosten
Wirbelschichtfeuerung	niedrige NO_x-Werte Additivzugabe ermöglicht schnelle Regelbarkeit gute Ausbrandbedingungen	hohe Investitions- und Betriebskosten erhöhter Ascheanfall erhöhte Ascheentsorgungskosten
Einblasfeuerung	gute und schnelle Regelbarkeit ideale Verbrennung von Stäuben sehr geringe Emissionswerte	empfindlich bei Brennstoffschwankungen hinsichtlich Menge, Zusammensetzung und Feuchte Muffel muß mit Stützbrenner auf Temperatur gebracht werden

Tabelle 4 - 19: Gegenüberstellung der Vor- und Nachteile verschiedener Feuerungsarten [Quelle: VDI 1996]

Genehmigung Abhängig von der Holzart und der erforderlichen Feuerungsleistung ist für Holzfeuerungsanlagen ein Genehmigungsverfahren entsprechend Bundesimmissionsschutzgesetz durchzuführen. Nur Anlagen mit einer Feuerungsleistung < 1 MW, die mit unbehandeltem Holz betrieben werden, sind grundsätzlich nicht genehmigungspflichtig.

Brennstoff	Brennstoffzuordnung nach Anhang zur 4. BImSchV [a]	**Genehmigungsverfahren**		
		nicht genehmigungspflichtig (1. BImSchV)	vereinfachtes Verfahren (§ 19 BImSchG)	förmliches Verfahren (§ 10 BImSchG)
		Feuerungswärmeleistung		
Naturbelassenes Holz	Regelbrennstoff (1.2 a)	< 1 MW	1 - 50 MW	> 50 MW
Holz, gestrichen, lackiert, beschichtet, Sperrholz, Spanplatten, Faserplatten sowie deren Reste ohne halogenorganische Beschichtungen und Holzschutzmittel	Regelbrennstoff (1.2 a aa oder 1.2 a bb)	[b] < 1 MW	1 - 50 MW	> 50 MW
Holz oder -werkstoffe mit halogenorganischen Beschichtungen	Sonderbrennstoff (1.3)		[c] 0,1-1 MW	> 1 MW
Holz oder -werkstoffe mit Holzschutzmitteln	Sonderbrennstoff (1.3)		[c] 0,1-1 MW	> 1 MW
Stroh oder ähnliche pflanzliche Stoffe	Sonderbrennstoff (1.3)	[d] < 0,1 MW	0,1-1 MW	> 1 MW

Abkürzungen:
BImSchG: Bundes-Immissionsschutzgesetz
1. BImSchV: Erste Verordnung zur Durchführung des BImSchG (Verordnung über Kleinfeuerungsanlagen)
4. BImSchV: Vierte Verordnung zur Durchführung des BImSchG (Verordnung über genehmigungsbedürftige Anlagen)

Fußnoten:
[a] Einteilung der Brennstoffe gemäß Anhang zur 4. BImSchV (1.2 a, 1.2 a aa, 1.2 a bb, 1.3)
[b] Einsatz verboten bei einer Nennwärmeleistung < 50 kW, nur zulässig in Betrieben der holzbe- und -verarbeitenden Industrie (50 bis < 1000 kW)
[c] Einsatz verboten bei einer Feuerungswärmeleistung < 100 kW
[d] Einsatz verboten bei einer Nennwärmeleistung < 15 kW

Tabelle 4 - 20: Genehmigungspflicht von Bioenergieanlagen nach dem BImSchG

4.7 Praxisbeispiele

Im Rahmen der Erstellung dieses Leitfadens wurden Betriebe der Holzbranche auf energetische Schwachstellen und umsetzbare Einsparpotentiale untersucht. In den folgenden Unterkapiteln werden beispielhaft die Untersuchungsergebnisse jeweils eines Betriebes der Unternehmensprofile Sägewerk, Leimholzwerk, Furnierherstellung und Möbelherstellung vorgestellt, die typische Schwachstellen aufzeigen.

4.7.1 Säge- und Hobelwerk

Der untersuchte Betrieb stellt Profilholz, Hobelware und Leisten für unterschiedliche Anwendungsbereiche her. Es sind ca. 350 Mitarbeiter beschäftigt, von denen 200 in der Produktion und im Servicebereich sowie 150 in der Verwaltung arbeiten.

Im Jahre 2000 wurden ca. 3.920 MWh elektrische Energie bezogen. Die Verrechnungsleistung lag bei 2.042 kW. Für die Produktions- und Absauganlagen wurden ca. 74% der elektrischen Energie aufgewendet, der Anteil der Beleuchtung von ca. 9% ist relativ hoch.

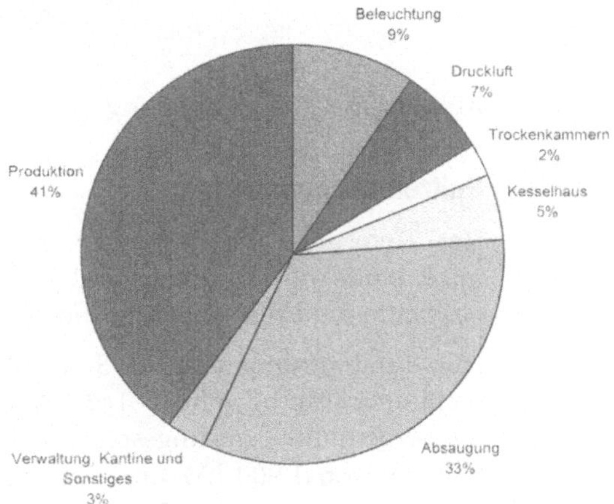

Abbildung 4 - 68: Aufteilung des Stromverbrauches

Der Wärmebedarf des Betriebes wird durch 2 Sattdampfkessel gedeckt, die mit Restholz (Späne aus der Produktion) befeuert werden. Bei unzureichender Restholzmenge können sie auch mit

Heizöl betrieben werden. Die eingesetzte Wärmemenge lag bei ca. 4.530 MWh.

Die Kessel haben eine maximale Leistung von jeweils 4 t/h bzw. 2,9 t/h Sattdampf bei einem Betriebsdruck von 8 bar. Im Sommer sind zwei Trockenkammern die einzigen Wärmeabnehmer. In diesem Zeitraum läuft meist der kleine Kessel in Teillast. Die Anlage läuft ganzjährlich, wobei sich der Kessel automatisch abschaltet, wenn keine Wärmeabnahme erfolgt.

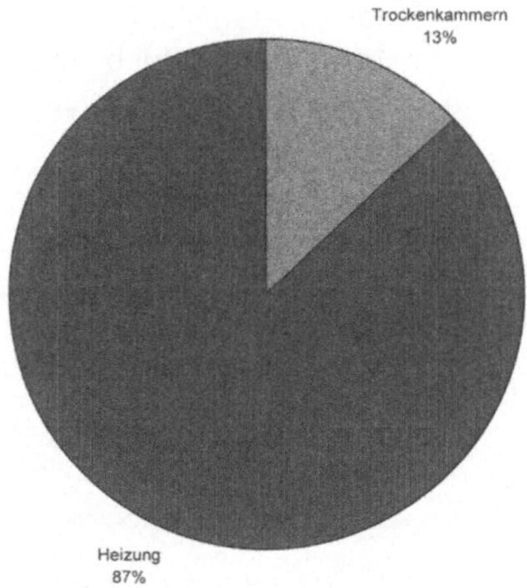

Abbildung 4 - 69: Aufteilung des Wärmeverbrauches

4.7.1.1 Spitzenlastoptimierung

Das Säge- und Hobelwerk betreibt eine alte Anlage zum Lastmanagement. Auf die Anlage sind nicht genügend Verbraucher aufgeschaltet und die Regelungsqualität ist nicht ausreichend.

Durch eine Erneuerung der Spitzenlastoptimierung kann die Verrechnungsleistung um ca. 142 kW reduziert werden. Die derzeitig verrechnete Leistungsspitze beträgt 2.042 kW/a. Bei einem Sollwert von 1.900 kW und dem Leistungspreis von 36,00 €/kW können demnach rund 5.100 Euro jährlich eingespart werden.

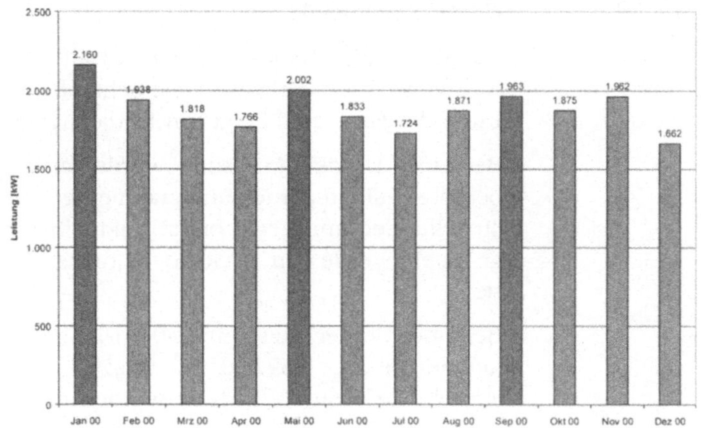

Abbildung 4 - 70: Aufteilung der monatlichen Viertelstunden-Spitzenleistung

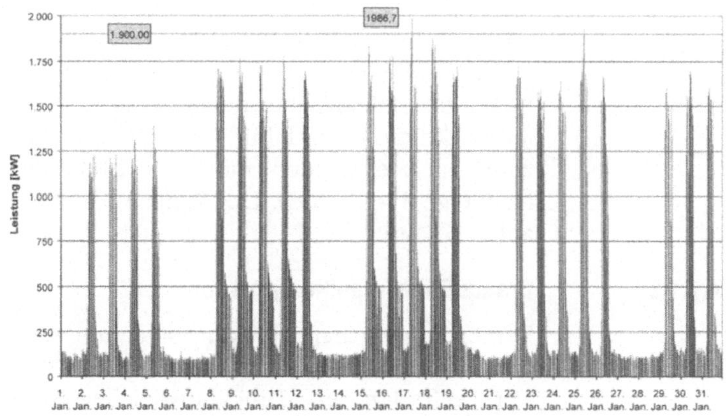

Abbildung 4 - 71: Tagesverlauf der Viertelstunden-Spitzenleistung

Die Investitionen einer neuen Lastoptimierungsanlage betragen ca. 12.500 Euro. Der Anteil von Hard- und Softwarekosten liegt bei ca. 9.000 Euro, für die Installationskosten werden 3.500 Euro angesetzt. Die Kapitalrückflusszeit beträgt weniger als drei Jahre.

4.7.1.2 Druckluftverteilung

Das Druckluftnetz des Betriebes ist alt und über viele Jahre hinweg gewachsen. Es weist viele Schraubverbindungen auf, die im Laufe der Jahre anfällig gegen Undichtigkeit werden.

Bei einer Druckluftmessung wurde festgestellt, dass ohne eine betriebsbedingte Druckluftabnahme der Netzdruck innerhalb von 30 Sekunden um ca. 0,5 bar absinkt. Über mehrere Messperioden gemittelt wurde ein Leckagevolumenstrom von 110 l/s festgestellt.

Bei einer Betriebszeit von 2.400 h/a liegen die jährlichen Druckluftverluste bei 959.000 m^3 (46,7%). Bei einem spezifischen Strombedarf von 136 Wh/m^3 werden ca. 130.400 kWh/a elektrische Energie zur Deckung der Druckluftleckagen aufgewendet, was Stromkosten in Höhe von 7.725 Euro/a verursacht.

Die meisten Undichtigkeiten treten erfahrungsgemäß an den Druckluftanschlüssen der Maschinen und Werkzeuge auf. Durch Kontrolle und Instandsetzung dieser Stellen können die Leckageverluste auf einen für gewachsene Druckluftnetze üblichen Wert von ca. 20% reduziert werden. Es sind Stromeinsparungen in Höhe von 75.600 kWh/a entsprechend 4.450 Euro/a möglich. Investitionen fallen dabei nur in Form von Arbeitszeit zur Druckluftnetzkontrolle und für das Dichtungsmaterial zur Instandsetzung an. Sie wurden mit etwa 2.000 Euro angenommen (5 Manntage á 400 Euro). Die Kapitalrückflusszeit beläuft sich dann auf 0,45 Jahre.

4.7.1.3 Ersatz Spitzenlastkompressor

Zur Erzeugung der Druckluft sind drei Schraubenkompressoren installiert. Die Druckluft wird über einen Trockner direkt ins Netz gefördert, ein Druckluftspeicher ist nicht installiert. Alle Kompressoren arbeiten mit Öleinspritzung und Luftkühlung. Es wird nur die Abwärme des Grundlastkompressors als Bedarfsheizung für die Schlosserei genutzt. Eine übergeordnete Steuerung mit Drucksensor ist nicht vorhanden. Der notwendige Mindestdruck der Anlage beträgt ca. 6,5 bar.

Der Spitzenlastkompressor ist für den Dauerbetrieb überdimensioniert. Bei Einbau eines neuen frequenzgeregelten Kompressors liegt das Einsparpotenzial bei etwa 1.613 kWh elektrischer Energie pro Woche, wobei die Einsparungen durch die Optimierung des Druckluftnetzes nicht berücksichtigt sind. Es wird angenommen, dass die Leckageverluste um ca. 26% reduziert werden, die Spitzenabnahme wird sich um etwa die gleiche Höhe reduzieren. Das Einsparpotenzial wird somit auf ca. 1.226 kWh pro Woche sinken. Das jährliche Einsparpotenzial beträgt mit diesen Annahmen ca. 61.000 kWh (entsprechend 3.600 Euro beim gegebenen Strompreis von 5,755 Cent/kWh).

Bei Investitionen von ca. 25.200 Euro ohne Montage liegt die Kapitalrückflusszeit bei ca. 7 Jahren. Diese Maßnahme ist nur interessant, wenn auf längere Sicht eine Neuinvestition im Druckluftbereich angedacht ist.

4.7.1.4 Beleuchtung der Produktionshallen

Zur Beleuchtung des Betriebes werden vorzugsweise 58 W-Leuchtstofflampen mit konventionellen Vorschaltgeräten eingesetzt. Der Energieverbrauch der Beleuchtung beträgt ca. 371 MWh/a bei einem Leistungsbedarf von ca. 270 kW.

Einige doppelflammige Leuchten sind nicht mit Reflektoren ausgerüstet, dadurch wird die installierte Beleuchtungsleistung nicht optimal genutzt. Ebenso bleibt das vorhandene Tageslicht in einigen Hallen ungenutzt.

Im Leistenwerk, der Keilzinke, im Hobelwerk und im Sägewerk ist eine Optimierung der Beleuchtung durch die Nachrüstung von verspiegelten Reflektoren und Drei-Banden-Lampen sowie einer tageslichtabhängigen Abschaltautomatik sinnvoll. Das Einsparpotenzial liegt in diesen Hallen bei rund 43.000 kWh pro Jahr, entsprechend ca. 1.125 Euro/a. Die Investitionen betragen ca. 10.500 Euro, dadurch ergibt sich eine Kapitalrückflusszeit von ca. 4,3 Jahren.

4.7.1.5 Frequenzregelung Rauchgasventilator

Die Abgase der Kessel werden über Rauchgasventilatoren abgesaugt. Die Unterdruckregelung der Abgasventilatoren mittels Klappensteuerung erfolgt automatisch durch die Kesselsteuerung. Die Ventilatoren fördern dabei häufig gegen fast geschlossene Klappen.

Die Ventilatoren wurden aus Kostengründen ohne Frequenzumrichter installiert. Bei heutigen Anlagen ist eine Regelung über die Drehzahl meist problemlos und kostengünstig möglich. Die Nachrüstung von Frequenzumrichtern zur Regelung der Rauchgasvolumenströme ist ohne großen Aufwand möglich, wenn die Frequenzumrichter an die vorhandene Regelung angeschlossen werden.

Das Einsparpotenzial dieser Maßnahme ist abhängig von der Laufzeit und von der Ausnutzung der Kessel. Aufgrund der hohen Laufzeit ist die Nachrüstung am Grundlastkessel (2,9 t/h Kessel) am sinnvollsten. Die erreichbare Einsparung liegt mit ca. 21 MWh_{el} bei rund 35%.

Für Montage, Planung und Material sowie für die Mess- und Regeltechnik der gesamten Maßnahme entstehen Investitionen von ca. 2.500 Euro. Durch die Einsparungen von ca. 1.250 Euro/a ergibt sich eine Kapitalrückflusszeit von zwei Jahren.

4.7.1.6 Optimierung Absauganlage

Die Staubabsaugung erfolgt mit einer dezentralen, sehr komplexen Anlage. Insgesamt sind 34 verschiedene Absaugstränge genauer installiert.

Die Absauganlage hat folgende Eckdaten:

- Anzahl der Absaugstränge: 34 Stk.
- installierte Gesamtleistung: 1.138,5 kW
- aufgenommene Leistung: ca. 860 kW
- Nennvolumenstrom, gesamt ca. 530.000 m^3/h
- gemessener Gesamtvolumenstrom: ca. 425.000 m^3/h
- erforderlicher Gesamtvolumenstrom: ca. 450.000 m^3/h

Der Vergleich der Eckdaten zeigt, dass die erforderlichen Fördermengen zu ca. 95% erreicht werden. Die genaue Untersuchung ergab allerdings, dass einzelne Absaugstränge bis zu 139% überdimensioniert und andere bis zu 51% unterdimensioniert sind.

Die teilweise überdimensionierten elektrischen Motorleistungen der installierten Ventilatoren sowie überhöhte Soll-Volumenströme bewirken einen schlechten energetischen Wirkungsgrad der untersuchten Absaugstränge.

Durch Anpassen der Motorleistungen an den erforderlichen Absaugvolumenstrom und Optimierung der Absaugvolumenströme von 16 Absauganlagen wird ein Einsparpotential von ca. 15.000 Euro/a entsprechend 254.000 kWh/a erschlossen. Die fünf schlechtesten Absaugstränge allein ermöglichen schon eine theoretische Einsparung von ca. 8.100 Euro/a.

4.7.1.7 Vorwärmung Kesselzusatzwasser

Das Dampfnetz des Betriebes ist kein in sich geschlossenes System. Ein großer Teil des Dampfes geht über die Holztrocknung, zur Befeuchtung, über den Entgaser, die Abschlämmung, die Absalzung oder über Leckageverluste verloren. Täglich werden rund 10 m^3 Kesselzusatzwasser benötigt. Dieses Wasser wird nach der Aufbereitung mit 12°C in den Speisewasserbehälter gepumpt.

Das Abschlämm- und das Absalzwasser werden in einer Abwassergrube von ca. 3 m^3 Inhalt unterhalb der Dampfkessel gesammelt. Von dort gelangt es über einen Überlauf ins Abwasser. Die Wassertemperatur in der Grube liegt bei ca. 75°C. Durch den Einbau einer Rohrwendel (Spirale) , durch die das Kesselzusatzwasser geführt wird, kann das Kesselzusatzwasser von 12 auf 60°C vorgeheizt werden.

Bei 10 m^3 Kesselzusatzwasser täglich und einer Erwärmung um ca. 50 Kelvin ergibt sich dabei eine Wärmeersparnis von 212.000 kWh pro Jahr. Dies bedeutet eine Kostenreduzierung um ca. 3.000 Euro/a, die durch den Verkauf der nicht verbrannten Holzspäne erreicht werden kann. Die Investitionen einer solchen Maßnahme sind relativ gering. Die Materialkosten betragen ca. 500 Euro, die Montage wird mit ca. 600 Euro veranschlagt. Somit kann eine Kapitalrückflusszeit von weniger als einem halben Jahr erreicht werden.

4.7.1.8 Isolierung Wärmeverteilnetz

Die Heizungsrohre des Betriebes sind auf einer Länge von ca. 100 m nicht isoliert. Aus den Rohrlängen und den Durchmessern ergibt sich bei einer Temperaturdifferenz von 80 Kelvin ein Wärmeverlust von 27 kW.

Werden die Rohre mit mindestens 50 mm Wärmedämmung entsprechend DIN (=0,035 W/m K) versehen, so reduzieren sich die Wärmeverluste auf ca. 3 kW. Aus der Differenz der Wärmeabgaben vor und nach der Maßnahme, 6500 Betriebsstunden/a und einer Sicherheit von 10% ergibt sich eine Wärmeeinsparung von 140.000 kWh oder 215 Tonnen Dampf. Die Kosteneinsparung beträgt ca. 2.000 Euro/a.

Bei Investitionen von ca. 2.000 Euro beträgt die Kapitalrückflusszeit ein Jahr.

Maßnahme	Investitionen Euro	Einsparung Energiekosten Euro/a	Einsparung Energie kWh/a	Kapitalrückflußzeit a	CO_2-Minderung t/a
Lastmanagement	12.500	5.110	142 kW	2,45	
Verminderung Leckageverluste Druckluft	2.000	4.480	75.600	0,45	52,09
Frequenzgeregelter Spitzenlastkompressor	25.135	3.615	61.000	6,95	42,03
Optimierung Beleuchtung	10.740	2.550	43.000	4,22	29,63
Frequenzgeregelter Rauchgasventilator	2.500	1.245	21.000	2,01	14,47
Optimierung Absauganlage		15.050	254.000		175,00
Vorwärmung Kesselzusatzwasser	1.100	2.970	212.000	0,37	64,02
Dämmung Wärmeverteilnetz	2.000	1.965	140.400	1,02	42,40

Tabelle 4 - 21: Maßnahmenkatalog für ein Säge- und Hobelwerk

4.7.2 Leimholzwerk

In dem untersuchten Werk werden Holzleimbinder für große Dachkonstruktionen hergestellt. Von den 53 Mitarbeiter sind 43 in der Produktion und 10 in der Verwaltung beschäftigt. Der Betrieb produziert jährlich ca. 10.200 m^3 Leimbinder.

Der Stromverbrauch des Betriebes liegt bei ca. 1.050 MWh/a. Der Anteil der Produktion am Stromverbrauch beträgt nur ca. 39 %.

Die Aufteilung auf die verschiedenen Verbraucher zeigt Abbildung 4 - 72.

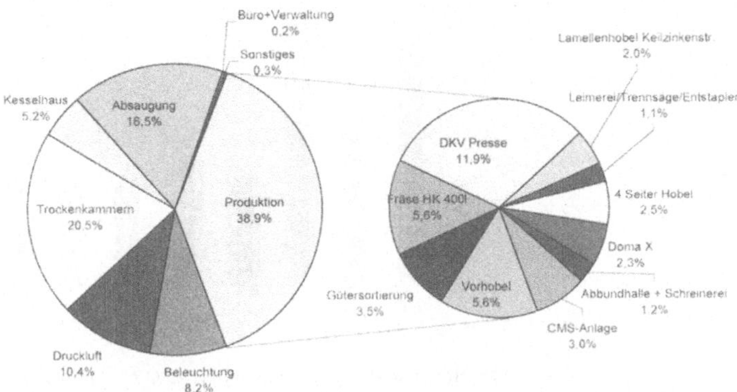

Abbildung 4 - 72: Aufteilung des Stromverbrauches

Die benötigre Heizwärme wird mit einem spänebefeuerten Kessel mit einer Nennleistung von 2 MW bereitgestellt. Der Kessel kann auch mit Heizöl betrieben werden. Die benötigte Wärmemenge des Betriebes beträgt ca. 3.940 MWh/a. Mit ca. 53 % wird der größte Teil zur Beheizung verwendet.

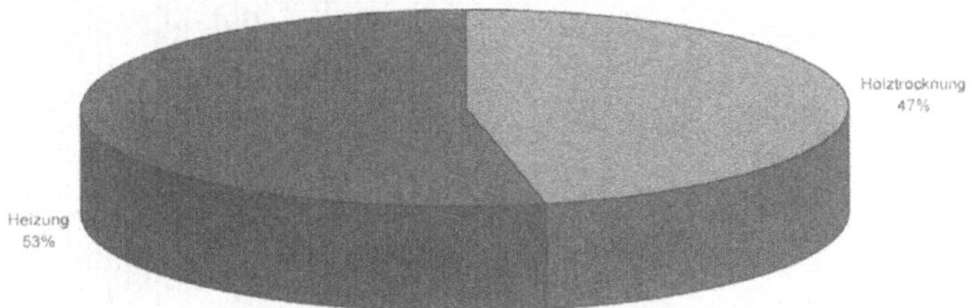

Abbildung 4 - 73: Aufteilung des Wärmeverbrauches

4.7.2.1 Spitzenlastoptimierung

Die verrechnete elektrische Spitzenleistung schwankt im Jahresverlauf sehr stark (Abbildung 4 - 74). Die Ursache liegt im unkontrollierten Zuschalten von Produktionsanlagen und anderen elektrischen Verbrauchern.

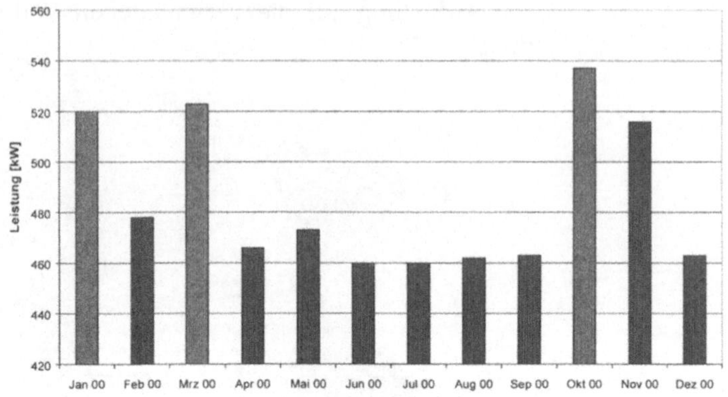

Abbildung 4 - 74: Aufteilung der monatlichen Viertelstunden-Spitzenleistung

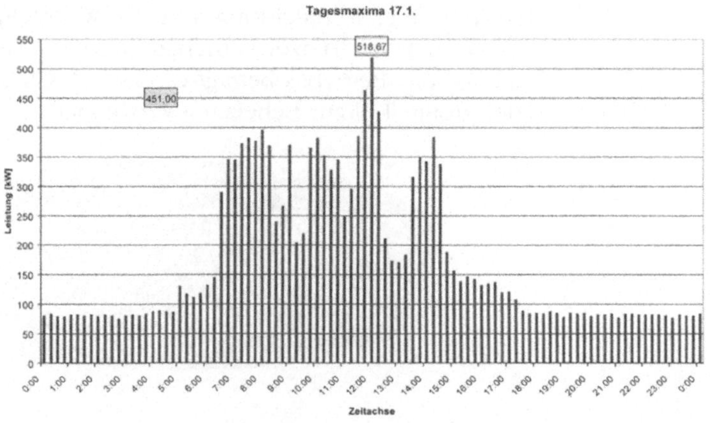

Abbildung 4 - 75: Tagesverlauf der Viertelstunden-Spitzenleistung

Der gemessene Tagesgang der Viertelstunden-Leistung (Abbildung 4 - 75) zeigt eine einzelne hohe Leistungsspitze. Durch den Einsatz eines Lastmanagementsystems kann die verrechnete Spitzenlast um ca. 40 kW reduziert werden. Dies entspricht einer Kosteneinsparung von ca. 3.000 Euro jährlich.

Die Investitionen der Lastoptimierungsanlage betragen ca. 5.000 Euro. Der Anteil der Material- uns Softwarekosten liegt bei ca.

3.000 Euro. Für die Installation werden ca. 2.000 Euro angesetzt. Die Kapitalrückflusszeit beträgt demnach weniger als zwei Jahre.

4.7.2.2 Drucklufterzeugung

Die benötigte Druckluft des Betriebes wird mit 2 Schrauben- und 3 Kolbenkompressoren erzeugt. Das Druckluftnetz weist extrem hohe Leckageverluste auf, deshalb wird die Anlage mit 10 bar betrieben, obwohl nur ca. 6 bar an den Verbrauchern benötigt werden.

Da das Druckluftnetz sehr alt ist, kann eine Verbesserung nur durch die Installation eines neuen Druckluftnetzes erreicht werden. Dadurch könnte der Betriebsdruck auf ca. 8 bar gesenkt werden. Die Schraubenkompressoren hätten so eine geringere Leistungsaufnahme oder durch andere Riemenscheiben höhere Liefermengen und die Kolbenkompressoren würden kürzere Laufzeiten erreichen. Gleichzeitig schalten sich die Schraubenkompressoren früher ab. In moderneren Anlagen ist ein Druckniveau von unter 8 bar üblich.

Die gesamte Maßnahme ist nur im Rahmen einer Ersatzinvestition wirtschaftlich. Die Investitionen wurden auf ca. 17.500 Euro geschätzt. Es werden ca. 44.300 kWh/a elektrische Energie eingespart. Der Betrieb wird dadurch jährlich um ca. 3.050 Euro entlastet.

4.7.2.3 Beleuchtung

Zur Beleuchtung werden hauptsächlich zweiflammige Leuchten ohne Reflektoren mit 58 W Leuchtstofflampen und konventionellen Vorschaltgeräten eingesetzt. In einer Produktionshalle werden Hochdruck-Quecksilberdampf-Lampen betrieben. Die installierte Leistung der Beleuchtung beträgt ca. 50 kW. Die Abbundhalle hat Tageslichteinfall.

Die Beleuchtung kann durch den Einbau von nachrüstbaren verspiegelten Hochleistungs-Reflektoren in Kombination mit Drei-Banden-Leuchtstoffröhren verbessert werden. Das Einsparpotential beträgt ca. 10.000 kWh pro Jahr. Die Investitionen liegen bei ca. 1.800 Euro, dadurch ergibt sich eine Kapitalrückflusszeit von ca. 2,5 Jahren.

In der Abbundhalle sollte eine tageslichtabhängige Abschaltung der Hallenbeleuchtung (Hochdruck-Quecksilberdampf-Lampen) erfolgen. Bei einer dreistufigen Abschaltung der Beleuchtung reduziert sich die Leistungsaufnahme um jeweils 8,7 kW pro Stufe.

Unter Berücksichtigung der Betriebs- und Tageslichtstunden kann mit Einsparungen von rund 11.000 kWh pro Jahr gerechnet werden. Die Investitionen belaufen sich auf ca. 3.250 Euro. Es ergibt sich eine Kapitalrückflusszeit von 4,2 Jahren.

4.7.2.4 Blindstrom

In Leimholzwerk wird eine Kompensationsanlage zur Reduzierung des Blindstromverbrauches betrieben. Die Belüftung des Schaltschrankes der Blindstromkompensation ist zu schwach dimensioniert. Dadurch treten zu hohe Temperaturen im Schaltschrank auf und die Blindstromkompensation arbeitet deshalb unzureichend. Der Blindstromverbrauch liegt bei 43.635 kWh/a im Jahr 2000.

Durch den Einbau einer größeren Schrankbelüftung sowie die monatliche Kontrolle des Blindstromverbrauchs können die Blindstromkosten um ca. 435 Euro/a reduziert werden.

4.7.2.5 Neue Holztrocknungsanlage

Der Betrieb trocknet das Holz in zwei Trockenkammern mit jeweils ca. 80 m^3 Fassungsvermögen. Aufgrund des sehr hohen Alters entsprechen die Trockenkammern nicht mehr dem Stand der Technik.

Der ermittelte Jahresenergieverbräuch der Trockenkammern bei der Trocknung von Fichtenholz mit einer Anfangsfeuchte von 40% und einer Endfeuchte von 10% beträgt:

Wärme:	1.450.000 kWh_{th}/a,	17.800 €/a
Strom:	246.000 kWh_{el}/a,	17.050 €/a

Eine neue Trockenkammer mit frequenzgeregelter Lüftung würde zum Trocknen der gleichen Holzmenge rund 1,4 Mio. kWh Wärme und rund 131.000 kWh Strom benötigen. Der Strombedarf würde um 115.000 kWh/a (ca. 47%) und die Energiekosten um rund 8.500 Euro/a reduziert werden.

Die Investitionen der neuen Trockenkammer betragen ca. 75.000 Euro für die Anlage und 12.500 Euro für die Bodenplatte. Die Kapitalrückflusszeit liegt bei ca. 10,2 Jahren und ist damit für eine Energiesparmaßnahme sehr lang. Die neue Trockenkammer bietet allerdings zusätzliche Produktionsvorteile wie eine bedeutetnd höhere Qualität der Trocknung, geringere Wartungs- und Reparaturkosten sowie besseres Handling der gesamten Trocknung.

4.7.2.6 Restholzverwertung

Das in Stücken anfallende Restholz wird nicht energetisch genutzt, weil kein Zerkleinerer bzw. Hacker zur Verfügung steht.

Im Jahre 2000 betrug der Restholzanfall ca. 622 Tonnen. Ein Entsorger bezahlte für den Festholzabfall 7,5 Euro/t. Mit dem Einsatz eines Zerleinerers könnten daraus Späne produziert werden, die zu einem Preis von 42,5 Euro/t verkauft werden könnten. Die Differenz von 35 Euro/t würde für den Betrieb eine zusätzliche Einnahme von 18.660 Euro/a bedeuten.

Ein Aufbau einer Restholzzerkleinerung sowie der Eintrag ins Silo erfordert ca. 60.000 Euro. Die Kapitalrückflusszeit für diese Maßnahme beträgt ca. dreieinhalb Jahre.

4.7.2.7 Isolierung des Wärmeverteilungsnetzes

Bei den Betriebsbegehungen wurde festgestellt, dass ca. 340 m Heizungsrohre verschiedener Durchmesser nicht gedämmt sind. Die mittlere Temperaturdifferenz zwischen Heizmedium und der Umgebungsluft beträgt ca. 70 Kelvin. Der Wärmeverlust der ungedämmten Leitungen liegt bei ca. 64,4 kW.

Werden die Rohre nach DIN (=0,035 W/m K) gedämmt, betragen die Wärmeverluste nur noch ca. 8 kW. Bei 4.000 Betriebsstunden jährlich und einer Sicherheit von 10% ergibt sich einer Wärmeeinsparung von 200.000 kWh/a oder eine Einsparung von 59 t/a Späne im Werte von 2.500 Euro/a.

Die Kosten für die Dämmung belaufen sich auf ca. 6.600 Euro. Die Kapitalrückflusszeit beträgt weniger als 3 Jahre.

Maßnahme	Investitionen Euro	Wartung Euro/a	Einsparung Energiekosten Euro/a	Einsparung Energie kWh/a	Kapital-rückflußzeit a	CO_2-Minderung t/a	Bemerkungen
Lastmanagement	5.000		2.880	40 kW	1,7		
Optimierung Druckluft	17.500		3.070	44.331	5,7	30,54	
Optimierung Beleuchtung	5.080		1.455	21.000	3,5	14,47	
Reduzierung Blindstromkosten			437	43.635 kvar	< 1		Investition sehr gering
Erneuerung Holztrocknung	87.500		8.580	115.000 el 50.000 th	10,2	94,34	
Restholzverwertung	60.000	3.000	18.660	622 t/a	3,2		
Dämmung Wärmeverteilnetz	6.600		2.500	200.000	2,6		

Tabelle 4 - 22: Maßnahmenkatalog für den Leimholzbetrieb

4.7.3 Furnierwerk

Das untersuchte Furnierwerk stellt keine Platten her und führt keine Beschichtungen aus. Es werden nur Furniere hergestellt, d.h., das Holz wird entrindet, gedämpft und gekocht, geschält und getrocknet. Es werden ca. 40 Mitarbeiter beschäftigt, von denen 35 in der Produktion arbeiten. Die jährliche Produktionsmenge beträgt ca. 2,3 Mio m^2.

Der Stromverbrauch des Furnierwerkes liegt bei ca. 715 MWh_{el}/a. Der Anteil der Produktion daran beträgt ca. 67%. Der zweitgrößte Stromverbraucher ist mit ca. 16% die Schnittholztrocknung.

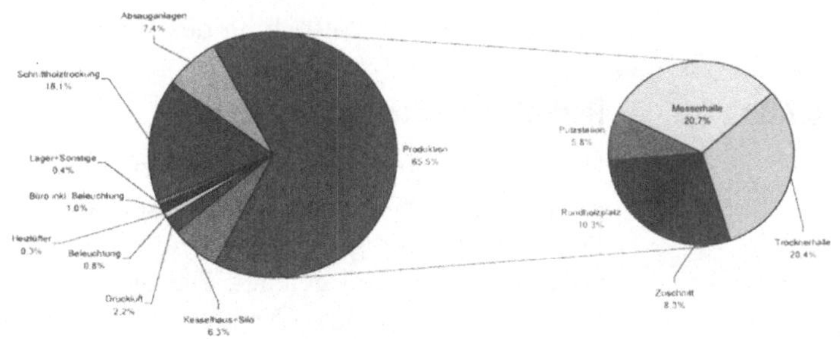

Abbildung 4 - 76: Aufteilung des Stromverbrauches

Die Wärme wird von einem Heißwasserkessel mit einer Leistung von 2,8 MW bereitgestellt. Die Vorlauftemperatur beträgt 160°C, die Rücklauftemperatur liegt ber 140°C. Der Kessel wird hauptsächlich mit Holzspänen aus der Produktion befeuert, zusätzlich kann er mit Heizöl befeuert werden.

Der Verbrauch thermischer Energie liegt bei ca. 3.690 MWh/a. Der große Holztrockner benötigt ca. 2/3 dieser Wärmemenge.

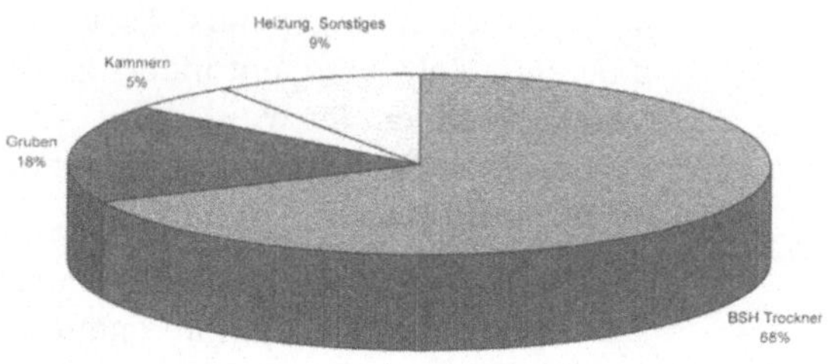

Abbildung 4 - 77: Aufteilung des Wärmeverbrauches

4.7.3.1 Reduzierung des Wärmebedarfes

Nach Beendigung eines Dämpfbades für die jeweilige Holzcharge wird das 85°C warme Abwasser über eine Freigefälleleitung DN 150 in eine gemauerte Drei-Kammer-Sickergrube (Gesamtvolumen ca. 12 m^3) geleitet. Die Sickergrube dient zur mechanischen Reinigung des Abwassers von Schweb- und Sinkstoffen. Über eine weitere Freigefälleleitung gelangt das Abwasser in einen Pumpenschacht. Von hier aus wird es zusammen mit den sanitären Abwässern des Betriebes in die öffentliche Kanalisation gefördert.

Das warme Abwasser kann teilweise wieder in den Dämpfgruben genutzt werden. Dazu müßte die gesamte Abwasserführung mit den Gruben erneuert werden.

Die vorhandene Freigefälleleitung der Gruben wird dabei an einen Betonschacht (DN 1.000) angeschlossen, der mit einem Filterelement inkl. Schmutzauffangwanne ausgeführt ist. Dieser Schacht dient als Auffangschacht für sedimentierbare Stoffe (Sand, Steine etc.) und Schwimmstoffe (Holz, etc.) aus den Dämpfgruben.

Von hier läuft das Abwasser im freien Gefälle in einen Vorlageschacht (DN 3.000) mit einen Auffangvolumen von ca. 20 m^3, der mit einer Tauchmotorpumpe bestückt ist. Füllstand und Temperatur werden messtechnisch erfasst und angezeigt.

Beim Neubefüllen einer Dämpfgrube wird das warme Abwasser mittels der Tauchmotorpumpe wieder in die Dämpfgrube gefördert. Die Anzeige der Temperatur des Abwassers stellt sicher, dass die maximal Anfangstemperatur der Dämpfgruben von 35°C nicht überschritten wird.

Bei einer gemessenen Abwassertemperatur von ca. 60°C in der jetzigen Sickergrube könnten je Charge ca. 12 m^3 Abwasser in die Dämpfgruben zurückgeführt werden. Bei ca. 220 Chargen entspricht dies ca. 2.640 m^3/a. Das im Vorlageschacht verbleibende Abwasser kann nach dem Abkühlen (als Indirekteinleiter darf die Abwassertemperatur 35°C nicht überschreiten) in die Kanalisation geleitet werden.

Für die Maßnahme sind Investitionen von ca. 23.250 Euro erforderlich. Die Energieeinsparung beträgt ca. 177.000 kWh/a, dies entspricht einer Kosteneinsparung von ca. 1.900 Euro/a. Die Kapitalrückflusszeit liegt bei ca. 12 Jahren.

Die Maßnahme wird nur interessant, wenn neben der Energie- auch die Wassereinsparung betrachtet wird. Bei einer Wassereinsparung von 2.640 m^3/a und Frisch- und Abwasserkosten von ca. 2,50 Euro/m^3 (Mittelwert NRW) beträgt die jährliche Kosteneinsparung ca. 6.600 Euro/a (inklusive Energiekosteneinsparung ca. 8.500 Euro/a). Dadurch würde die Kapitalrückflusszeit auf 2,7 Jahre sinken.

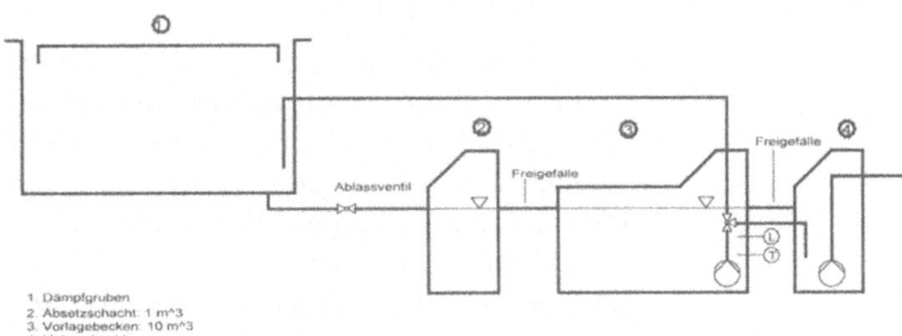

Abbildung 4 - 78: Betriebskonzept der Dämpfgruben

4.7.3.2 Spitzenlastoptimierung

Die Verrechnungsleistung des Betriebes lag im Jahre 2000 bei 407 kW. Obwohl die Abweichung der monatlichen Lastspitzen nicht sehr groß ist, ist durch eine Spitzenlastoptimierung eine

Reduzierung um ca. 47 kW und damit eine Einsparung von jährlich ca. 2.000 Euro möglich.

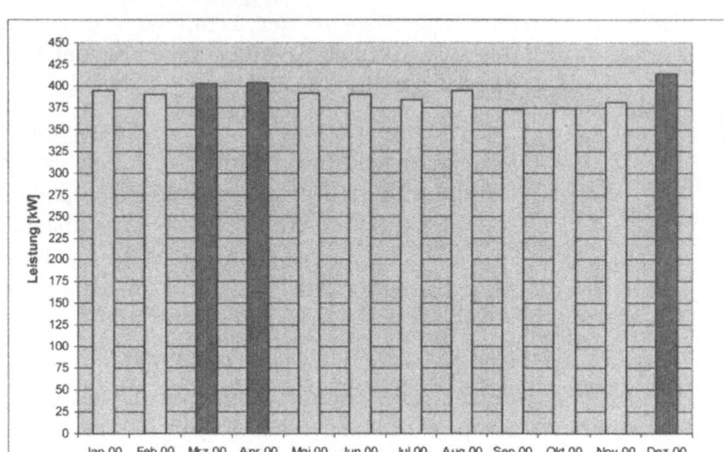

Abbildung 4 - 79: Aufteilung der monatlichen Viertelstunden-Spitzenleistung

Die Investitionen einer Lastoptimierungsanlage betragen 4.850 Euro. Sie setzen sich aus den Hard- und Softwarekosten mit rund 3.300 Euro und den Installationskosten von 1.550 Euro zusammen. Die Kapitalrückflusszeit liegt demnach bei ca. 2,4 Jahren.

4.7.3.3 Drucklufterzeugung

Die Bereitstellung von Druckluft erfolgt mit einem Schraubenkompressor für die Grundlast und einem Kolbenkompressor für die Spitzenlast. Der Anlagendruck liegt bei 10 bar. Die Kompressorstation weist im Jahresmittel sehr hohe Leerlaufverluste auf. Der neue Schraubenkompressor ist für den vorhandenen Druckluftbedarf stark überdimensioniert, so dass der alte Kolbenkompressor nicht mehr in Betrieb geht.

Die Auslastung des Schraubenkompressors kann auf 80% gesteigert werden, indem die Differenz zwischen Ein- und Ausschaltüberdruck auf 1,5 bar erhöht wird. Dadurch ergeben sich längere Laufzeiten unter Last und gleichzeitig kürzere Leerlaufzeiten, so dass sich die Summe der gesamten Betriebsstunden der Kompressoranlage verringert. Diese Maßname ist ohne Investitionen durchführbar.

Durch eine weitere Erhöhung des Druckluftspeichervolumens wird der o.a. Effekt noch verstärkt, da dadurch vorhandene kurzzeitige Spitzenabnahmen abgefangen werden können.

Die bessere Auslastung des Kompressors reduziert den Stromverbrauch um ca. 2.800 kWh/a. Dies entspricht einer Kostenersparnis von etwa 225 Euro/a. Die Investitionen für einen 1.000 l-Druckspeicher belaufen sich auf ca. 1.000 Euro. Die Kapitalrückflusszeit beträgt somit ca 4,5 Jahre.

4.7.3.4 Frequenzumrichter für Trockenkammern

Zur Holztrocknung werden 3 Trockenkammern betrieben. In einer Kammer wird der Lüfter elektronisch mit Frequenzumrichter geregelt, eine Kammer wird von Hand mit zweistufiger Lüfterdrehzahl betrieben und die dritte Kammer ist gänzlich ungeregelt. Die Trockenkammern verbrauchen jährlich ca. 130 MWh elektrische Energie.

Durch die Installation von Frequenzumrichtern können die Luftgeschwindigkeiten in den beiden nicht optimal betriebenen Trockenkammern auf die für den Prozess optimalen Werte angepaßt werden. Durch die Reduzierung der Luftgeschwindigkeiten ergibt sich eine geringere Leistungsaufnahme der Ventilatoren und somit ein geringerer Stromverbrauch. Die Steuerung der Frequenzumrichter kann auf die vorhandene Regelung aufgelegt werden.

Durch die neue Regelung werden die Motordrehzahlen durchschnittlich um ca. 20% reduziert. Dies führt zu einer Reduzierung der Leistungsaufnahme der Ventilatoren um ca. 50%. Durch die langen Laufzeiten von 5.500 bis 6.800 h/a liegt die zu erwartende Stromeinsparung der beiden umzurüstenden Trockenkammern bei ca. 30.000 kWh/a bzw. 8.000 kWh/a, was einer Kostenreduzierung von ca. 3.100 Euro/a entspricht.

Die Investitionen für diese Maßnahme liegen bei insgesamt 4.500 Euro. Darin sind die Frequenzumrichter mit 2.350 Euro und die Montage, notwendige Regeleinrichtungen und Zusatzmaterial mit 2.150 Euro enthalten. Die Kapitalrückflusszeit liegt damit bei 1,5 Jahren.

4.7.3.5 Frequenzumrichter für Rauchgasventilator

Der mit Spänen befeuerte Heizkessel ist mit einem Rauchgasventilator ausgerüstet. Bei Teillastbetrieb des Kessels wird der Rauchgasvolumenstrom mittels einer automatisch geregelten

Klappe gedrosselt. Der ungeregelte Ventilator arbeitet über große Zeiträume des Jahres gegen die Drosselung und verbraucht so erheblich mehr elektrische Energie als notwendig.

Die Leistungsanpassung durch einen Frequenzumrichter reduziert die Leistungsaufnahme des Ventilators auf den notwendigen Wert. Da der Kessel während eines Großteils des Jahres in Teillast betrieben wird, kann angenommen werden, dass über das Jahresmittel gerechnet die Durchschnittsleistung des Ventilators bei etwa 4 kW statt bei 11 kW liegen wird. Dies entspricht einer Leistungsminderung von etwa 60%. Bei angegebenen 2.200 Betriebsstunden pro Jahr entspricht das einer Energieeinsparung von 8.650 kWh. Die Kostenersparnis liegt beim spez. Strompreis von 8,5 Cent/kWh demnach bei ca. 700 Euro/a.

Die Investitionen für die Maßnahme werden auf ca. 2.500 Euro geschätzt, wobei der Frequenzumrichter mit 1.500 Euro und die Installation inkl. des Zusatzmaterials mit 1.000 Euro berücksichtigt wurde. Die Kapitalrückflusszeit liegt damit bei 3,6 Jahren.

Maßnahme	Investitionen Euro	Einsparung Energiekosten Euro/a	Einsparung Energie kWh/a	Kapitalrückflußzeit a	CO_2-Minderung t/a
Optimierung Dämpfgruben	23.250	1.900 (8.500)*	177.000 (2.640 m^3)*	15 (2,73)*	52,20
Lastmanagement	4.850	2.000	47 kW	2,43	
Optimierung Drucklufterzeugung	1.000	225	2.800	4,44	1,90
Frequenzumformer Trockenkammern	3.500	3.350	38.000	1,46	26,20
Frequenzumformer Rauchgasventilator	2.500	700	8.650	3,57	5,90

* Wert bei durchschnittlichem Abwasserpreis

Tabelle 4 - 23: Maßnahmenkatalog für ein Furnierwerk

4.7.4 Möbelwerk

Der untersuchte Betrieb ist ein mittelständisches Unternehmen. Von den ca. 61 Mitarbeitern sind 48 in der Produktion beschäftigt. Von der Anlieferung von Rundholz über Sägewerk, Holztrocknung, Zuschnitt und Fertigung werden alle Produktionsschritte bis zum fertigen Produkt durchführt.

Der Betrieb bezog im Jahre 1999 elektrische Energie in Höhe von ca. 833 MWh. Der mit 42% größte Anteil der elektrischen Energie wird von den Nebenanlagen verbraucht, allein der Anteil der Absauganlagen liegt bei 31%. In der Produktion werden ca. 27% des elektrischen Stromes eingesetzt, wobei der Hauptanteil in die Möbelfertigung geht.

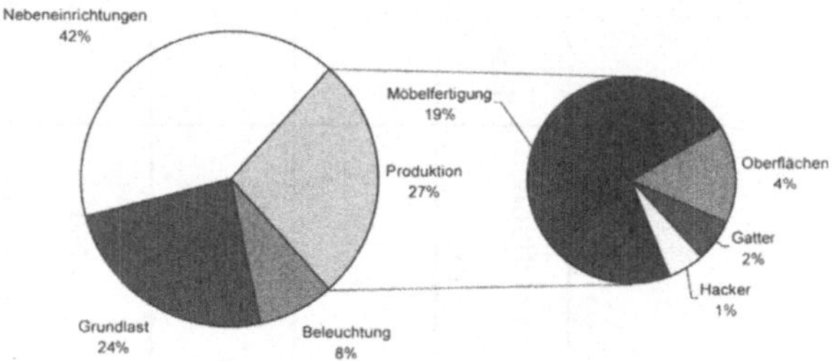

Abbildung 4 - 80: Aufteilung des Stromverbrauches "Produktion"

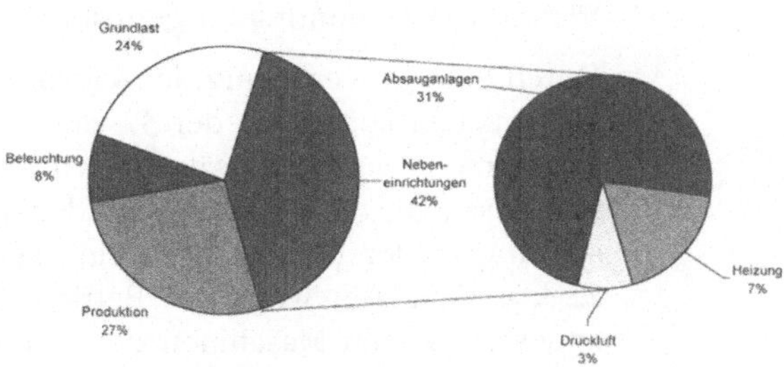

Abbildung 4 - 81: Aufteilung des Stromverbrauches "Nebenanlagen"

Die Wärmebereitstellung erfolgt mit einem 1.675 kW Holzkessel und einem 1.164 kW Ölkessel. Die 1999 verbrauchte thermische Energie betrug ca. 2.260 MWh, von denen ca 88,5% mit Holzspänen gedeckt wurden. Nur 17% der thermischen Energie werden zur Produktion genutzt, der Rest dient der Beheizung.

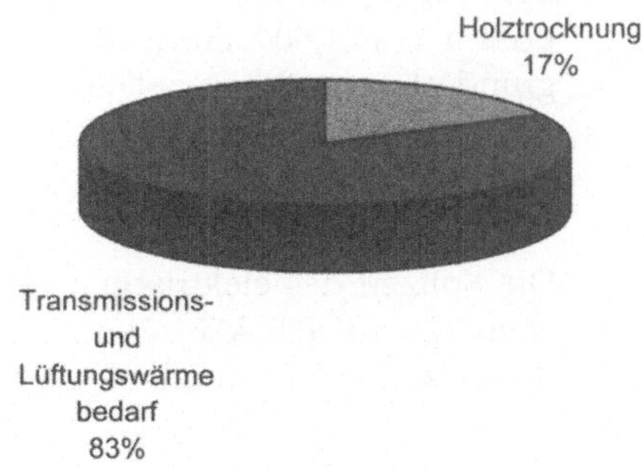

Abbildung 4 - 82: Aufteilung des Wärmeverbrauches

4.7.4.1 Reduzierung der Absaugvolumenströme

Der hohe Wärmebedarf für die Lüftung resultiert zum großen Teil aus der überdimensionierten Absaugung. Allein im Maschinensaal werden drei separate Absaugungen betrieben, von denen zwei mit jeweils einem 37 kW Ventilator und eine mit einem 30 kW Ventilator ausgestattet sind. Eine der Anlagen ist mit einer Wärmerückgewinnung ausgerüstet.

Durch eine Umverteilung der Machinenanschlüsse an andere Absauganlagen kann eine der 37 kW Absauganlagen außer Betrieb genommen werden. Zusätzlich wird die Betriebszeit einer zweiten Absauganlage auf ca. 2 Sunden pro Tag verkürzt. Zur Versorgung in der Restzeit wird eine alte Absauganlage mit einem 22 kW Ventilator wieder in Betrieb genommen, wobei die dort angeschlossenen Maschinen durch T-Stücke parallel von beiden Absauganlagen bedient werden können.

Durch die Reduzierung der Ventilatorleistung und die Wechselschaltung der Absaugungen wird eine Stromeinsparung von ca. 99.000 kWh erreicht. Mit dem aktuellen Strompreis von 7,3 Cent/kWh ergibt sich eine Kostenersparnis von 7.250 Euro/a. Hinzu kommt, dass durch die Reduzierung des Absaugvolumenstroms um 31.000 m^3/h der Lüftungswärmebedarf der Produktionshallen ebenfalls sinkt. In einer normalen Heizperiode von Oktober bis März mit einer durchschnittlichen Differenz (Δt) von 15 K zwischen Innen- und Außentemperatur ergeben sich eine eingesparte Wärmemenge von rd. 200.000 kWh/a und eingesparte Kosten von 4.100 Euro/a. Die gesamte Kosteneinsparung beträgt demnach 11.850 Euro/a. Für die Maßnahme werden Investitions- und Montagekosten von ca. 6.000 Euro angesetzt, wobei dieser Kalkulation 4.500 Euro Montagekosten und Materialkosten von 1.500 Euro inkl. der erforderlichem Hebebühne zugrunde liegen. Somit beläuft sich die Kapitalrückflusszeit auf 0,53 Jahre.

4.7.4.2 Spitzenlastoptimierung

Die Spitzen des elektrischen Leistungsbedarfes des Betriebes reichen bis zu 450 kW. Zum Zeitpunkt der Untersuchung wurde der Leistungspreis monatlich abgerechnet.

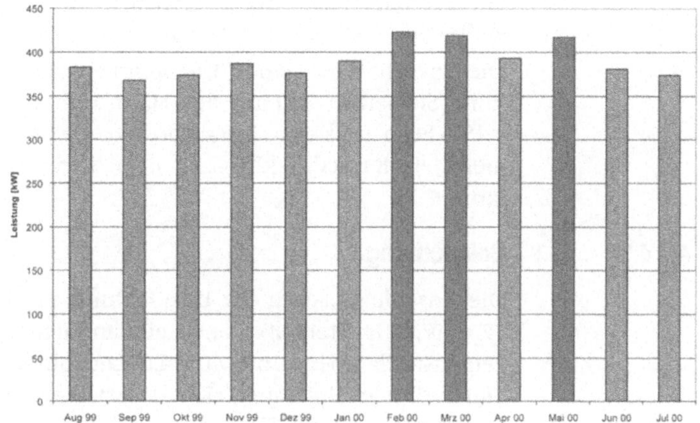

Abbildung 4 - 83: Aufteilung der monatlichen Viertelstunden-Spitzenleistung

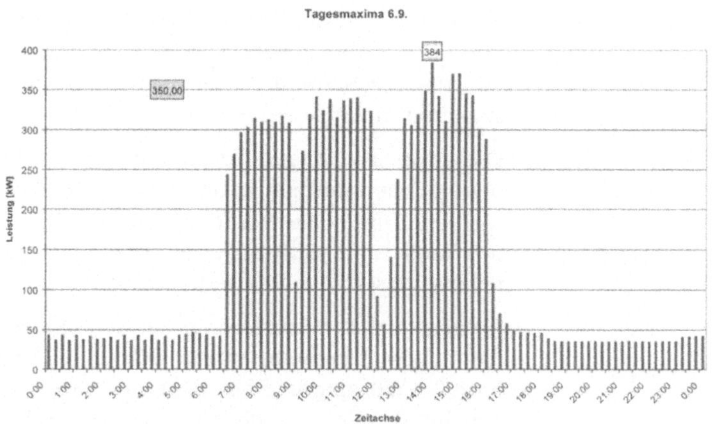

Abbildung 4 - 84: Tagesverlauf der Viertelstunden-Spitzenleistung

Durch den Einsatz eines Lastmanagements kann die Spitzenlast auf ca. 350kW begrenzt werden. Das Einsparpotential beträgt im Jahresdurchschnitt ca. 40 kW pro Monat. Bei einem Leistungspreis von 5,44 Euro/kW*Monat können demnach rund 2.650 Euro jährlich eingespart werden. Lediglich in 0,84% der Zeit müssten Abschalthandlungen vorgenommen werden, um die Leistungsspitze um ca. 9% zu kappen.

Die Investitionen einer Lastoptimierungsanlage betragen 6.500 Euro. Sie setzen sich aus den Hard- und Softwarekosten mit rund 4.150 Euro und den Installationskosten von 2.350 Euro zusammen. Die Kapitalrückflusszeit liegt demnach bei weniger als 2,5 Jahren.

4.7.4.3 Beleuchtung

Die Anschlußleistung der Beleuchtung des Betriebes liegt bei ca. 42 kW. Größtenteils sind einflammige Leuchten mit 58W-Leuchtstofflampen und 40W-Leuchtstofflampen mit konventionellen Vorschaltgeräten (KVG) installiert. Ausnahmen sind der Maschinensaal, die Tischlerei und die Oberflächenbearbeitung. Dort werden doppelflammige Leuchten mit Leuchtstofflampen von 58 und 40 Watt installierter Leistung verwendet, die zum großen Teil gekapselt oder mit Weisblech-Reflekoren ausgerüstet sind. Beim Gesamtstromverbrauch schlägt die Beleuchtung mit 8% zu Buche.

Ein Anteil von ca. 25% der doppelflammigen Leuchten ist nicht mit Reflektoren ausgerüstet. Der Beleuchtungswirkungsgrad an den entsprechenden Arbeitsplätzen ist schlecht bei zu hoher installierter elektrischer Leistung.

Die doppelflammigen freistrahlenden Leuchten können mit einer neuen Leuchtstofflampe und aufsteckbarem Reflektor ausgestattet werden. Durch die Verbesserung des Beleuchtungswirkungsgrades kann eine Röhre ausgeschaltet werden. Die Leistungsaufnahme dieser Leuchten reduziert sich somit um 50% pro Leuchte.

Aufgrund der Reduzierung der Anschlussleistung der doppelflammigen Leuchten ergibt sich eine Stromersparnis von ca. 26.200 kWh/a, was einer Kostenersparnis von 1.950 Euro/a entspricht. Bei zu erwartenden Investitionen von 2.800 Euro liegt die Kapitalrückflusszeit bei knapp 1,8 Jahren.

4.7.4.4 Drucklufterzeugung

Die Druckluftstation ist mit zwei Kolbenkompressoren aus den Baujahren 1972 und 1973 ausgestattet. Die installierte Motorleistung beträgt 15 bzw. 30 kW. Beide Kompressoren arbeiten in zwei parallel geschaltete Druckluftspeicher von 1000 und 1500 l, denen ein Drucklufttrockner nachgeschaltet ist.

Durch eine Reduzierung des Druckniveaus und Umstellung der zeitabhängigen Schaltung der Kompressoren auf druckabhängige Kaskadenschaltung (mit einem Grundlast- und einem Spitzenlastkompressor) kann der Energieverbrauch reduziert werden.

Die Reduzierung des Druckniveaus bewirkt eine um ca. 6% geringere Leistungsaufnahme der Kompressoren. Der Stromverbrauch verringert sich damit um ca. 2.400 kWh/a, was einer Kostenersparnis von 158 Euro/a entspricht, ohne dass Investitionen notwendig sind.

Die Änderung der Steuerung auf einen Kompressor als Grundlastläufer hat rein energetisch keinen Vorteil. Allerdings wird bei Anlauf des Grundlastläufers von 30 kW das Lastprofil des Strombezugs mit einer um 33% geringeren Spitze belastet, was einen positiven Einfluss auf die Leistungskosten haben wird.

Langfristig sollte der 30 kW Kolbenkompressor durch einen 11 kW Schraubenkompressor ersetzt werden. Bei gleicher Liefermenge würde dabei der Stromverbrauch um ca. 10.000 kWh reduziert. Zur Abdeckung von Spitzenlasten dient dann der vorhandene 15 kW Kolbenkompressor. Die Investitionen belaufen sich für diese Maßnahme auf ca. 6.000 Euro. Bei einer jährlichen Kostenersparnis von ca. 825 Euro liegt die Kapitalrückflusszeit bei etwa 7 Jahren.

4.7.4.5 Neuer Holzkessel

Der Holzkessel stammt aus dem Jahre 1970. Die Schachtfeuerung, die unterhalb des Holzkessels im Fußboden liegt, verursacht Wärmeverluste an den Erdboden und damit einen schlechten Kesselnutzungsgrad.

Aufgrund des Kesselalters und der Verluste ist der Einbau eines neuen Holzkessels zu empfehlen. Bei optimaler Auslegung kann der neue Holzkessel mit deutlich verbessertem Jahresnutzungsgrad den gesamten Betrieb allein mit Wärme versorgen. Der im Kesselhaus vorhandene Ölkessel kann ganz außer Betrieb gesetzt werden. Die zusätzlichen Kosten für den Einkauf von Heizöl würden demnach entfallen.

Durch die Bauart des neuen Kessels mit einer Vorschubrostfeuerung ist eine modulierende Feuerungswärmeleistung möglich. Dadurch steigert sich der Jahresnutzungsgrad von 76% auf 80%. Für diese Maßnahme wären Investitionen von etwa 250.000 Euro notwendig.

Maßnahme	Investitionen Euro	Wartung Euro/a	Einsparung Energiekosten Euro/a	Einsparung Energie kWh/a	Kapital-rückflußzeit a	CO_2-Minderung t/a	Bemerkungen
Optimierung Druckuftanlage			158	2.400		1,70	keine Investition
Reduzierung Absaugvolumenströme	6.000		7.250 (4.100)*	99.200 (200.000)*	0,53	58,1 (64,6)*	
Lastmanagement	6.500	1.000	2.650		2,46		
Optimierung Beleuchtung	3.100		1.950	26.600	1,6	15,50	
Neue Kesselanlage	250.000	3.000					nicht weiter berechnet

* zusätzlich durch eingesparte Wärmeenergie für Zuluft

Tabelle 4 - 24: Maßnahmenkatalog für ein Möbelwerk

4.8 Schrifttum zum Kapitel 4

Holztrocknung

- Brunner, R.; Holztrocknung auf der Suche nach der besten Technik, Holz-Zentralblatt Nr. 60 - 2001
- Brunner, R.; Freilufttrocknung nicht zukunftsweisend - Vakuumtrocknung mit beträchtlichem Entwicklungspotenzial; Holz-Zentralblatt Nr. 62/63 - 2001
- Brunner, R.; Wann müssen Sie sich heute für Vakuumtrocknung entscheiden?; Holz-Zentralblatt Nr. 55 bis 58 - 1999
- Ehrlenspiel, J.; Fraunhofer Gesellschaft; Holz trocknet mit Wasserdampf
- Falger, U. und Mohr, A.; Handbuch Massivholz
- Firmenschriften der Hildebrand Holztechnik GmbH
- Firmenschriften der Fa. Mühlböck
- Firmenschriften der Thermo-System Krötz GmbH & Co. KG
- Globales Emissions-Modell Intergrieter Systeme (GEMIS), Version 4.1; Öko-Institut e.V.
- Gloor Engineering und INFEL. Zürich; Holztrocknungsanlagen; Schnelle Holztrockenkammer; Spitzenlastmanagement mit der Trockenkammer; Holzentfeuchtung ohne Leistungsspitze; Holztrockenkammer mit richtiger Einstellung; Holztrockenkammer mit Frequenzumrichter; Holztrockenkammer mit zwei Stufen
- Gloor, R.; Energiesparmöglichkeiten in Sägereien; Materialien zu RAVEL
- Gruber, T.; Fraunhofer Wilhelm-Klauditz-Institut; drying of wood chips with optimized energy consumption an emission levels, combined with production of valuable substances
- Ott, D. u.a.; Technische Holztrocknung für SchreinerInnen; Schweizerische Hochschule für die Holzwirtschaft
- Ressel, J.B. u.a.; Die Schnittholztrocknung im Spannungsfeld unterschiedlicher Erwartungen; 10. Hamburger Forst- und Holztagung 2000

Bearabeitungsmaschinen

- Energieagentur NRW (Hg.)
  Energiever(sch)wendung
  Handbuch zum rationellen Einsatz von elektrischer Energie
  Klartext Verlag, Oktober 2000
- Prof. Dr. W. Höger
  Elektrische Maschinen und Antriebe
  Vorlesungsscript Fachhochschule München
  Sommersemester 2002
- Rolf Gloor
  Energiesparmöglichkeiten in Sägereien
  http://www.energie.ch/themen/industrie/saegereien
- Danfoss A/S
  Wissenswertes über Frequenzumrichter
  2.Auflage 1991

Absauganlagen

- Gloor Engineering und INFEL. Zürich, 28.12.1998; Späneabsauganlagen
- Gloor, R.; Energiesparmöglichkeiten in Sägereien, Materialien zu RAVEL
- Firmenschriften der BHSU Luft- und Umwelttechnik GmbH
- Firmenschriften der Rippert Anlagentechnik GmbH & Co. KG
- Firmenschriften der Wilhelm Altendorf GmbH & Co. KG
- Franzgrote, W.; Entstaubungstechnik in der Holz- und Möbelindustrie; HK 5/87
- Franzgrote, W.; Große Wirkung mit einfachen Mitteln, Energieoptimierung bei lufttechnischen Anlagen; BM 4/82
- Franzgrote, W.; Pneumatische Fördersysteme; HK 9/96
- Technische Regeln für Gefahrstoffe (TRGS), TRGS 553, Ausgabe März 1999 mit Änderungen und Ergänzungen BArbBl. Heft 2/2000
- VDMA - Einheitsblatt 24179, Teil 2; Absauganlagen für Holzstaub und -späne, Anforderungen für Ausführung und Betrieb

Holzfeuerungsanlagen

- Energieagentur NRW; Energetische Nutzung von Holz
- Energiestiftung Schleswig - Holstein; Holz als Energieressource für Schleswig - Holstein
- Fachagentur Nachwachsende Rohstoffe; Leitfaden Bioenergie, 2000
- Forstabsatzfonds; Moderne Holzfeuerungsanlagen; 1998
- VDI 1996; Regenerative Energieanlagen erfolgreich planen und betreiben

Lackieranlagen

- Verein deutscher Ingenieure: VDI-Richtlinien
  VDI 3462, Emissionsminderung, Holzbearbeitung und -verarbeitung - Bearbeitung und Veredelung des Holzes und der Holzwerkstoffe
- NN Fachhochschule Karlsruhe Hochschule für Technik:
  Script über Lackierverfahren und -anlagen
- Ministerium für Umwelt und Verkehr Baden-Württemberg, ABAG-itm GmbH:
  Branchenspezifische Checkliste für die Staatlichen Gewerbeaufsichtsämter zur Fortführung des Beraterprogramms zur Abfallvermeidung und -verwertung in Baden-Württemberg
  Lackieranlagen
  Juni 1999
- Ministerium für Umwelt und Verkehr Baden-Württemberg, Umweltzentrum für Handwerk und Mittelstand E.V.:
  Nutzbarmachung des VOC-Minderungspotentials im Schreinerhandwerk
  November 1999
- BAW Beratungsgesellschaft für Abfallwirtschaft und Umweltplanung mbH
  Möglichkeiten zur Kosten- und Abfallreduktion beim Lackieren, Leitfaden für kleine und mittlere Unternehmen
  Hessisches Beraterprogramm zur Vermeidung und Verwertung von Sonderabfällen
  HIMTECH GmbH - Projektträgerschaft BIVA, Wiesbaden, Oktober 1996

- Jürgen Sell, Jürg Fischer, Urs Wigger
  Lignatec 13/2001
  Oberflächenschutz von Holzfassaden

Querschnittstechniken

Lastmanagement / Spitzenlastoptimierung

- Energieagentur NRW; Energiever(sch)wendung? - Handbuch zum rationellen Einsatz von elektrischer Energie; Klartext Verlag 2000
- Firmenschrift Berg Energiekontrolle; Kosten sparen durch Energiebezugsoptimierung
- Hackstein, D. u.a.; Rationelle Verwendung von elektrischer Energie - Energiemanagement, Kurseinheit 1 bis 4; FernUniversität GH Hagen, Version 2.0

Druckluftversorgung

- Gloor, R.: Energieeinsparungen bei Druckluftanlagen in der Schweiz, Bundesamt für Energie
- Energieagentur NRW, Energiekosten und Leckagen, Das Druckluftnetz - ein Energiefresser im Betrieb
- Fa. Boge, Firmenschrift, Druckluft Kompendium
- Fa. Kaeser, Firmenschrift, Drucklufttechnik

Beleuchtung

- Ziesenіß, Carl-Heinz
  Beleuchtungstechnik für den Elektrofachmann
  Lampen, Leuchten und ihre Anwendung
  Hüthig, Heidelberg
  3. überarbeitete Auflage, 1990
- Diverse Kataloge der Lampenhersteller

Wärmerückgewinnung

- Energieagentur NRW (Hg.)
  Energiever(sch)wendung

Handbuch zum rationellen Einsatz von elektrischer Energie Klartext Verlag, Oktober 2000

- Friedrich Reinmuth
  Energieeinsparung in der Gebäudetechnik Baukörper und technische Systeme der Energieverwendung, Vogel Fachbuch, Kamprath-Reihe, 1994

- Wirtschaftsministerium Baden-Württenberg
  ISI Fraunhofer Institut Systemtechnik und Innovationsforschung, Wärmerückgewinnung und Abwärmenutzung in kleinen und mittleren Unternehmen

5 Energiemanagement

Unter Energiemanagement versteht man die zielgerichtete Strategie, den Umgang mit Energie – vom Energiebezug bis zur Energieanwendung - ökonomisch und ökologisch zu optimieren.

Neben der Verbesserung der Umweltsituation steht dabei die Minimierung der Betriebskosten im Vordergrund. Die umfassende Anwendung des Energiemanagements führt sowohl in dem industriell als auch handwerklich geprägten Unternehmen der Holzbe- und –verarbeitung zu einer merklichen Kostenentlastung.

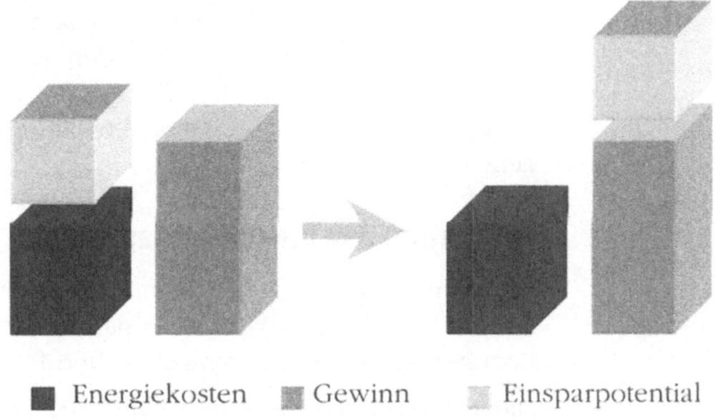

Abbildung 5 - 1: Betriebssituation vor und nach Erschließung des Einsparpotentials

Die Einführung des Energiemanagements geht mit mehr oder weniger großen organisatorischen Veränderungen im Betrieb einher. Dies erfolgt oftmals nicht ohne Widerstände ("wir können hier nichts mehr sparen" und "das haben wir schon immer so gemacht" etc.). Im Ergebnis zeigen sich nach dem Greifen des Energiemanagements aber folgende Vorteile:

Direkte Auswirkungen

- sinkende Energiekosten und damit höhere Gewinne,
- Verbesserung des Umgangs mit Energie in allen Unternehmensbereichen und

Neben diesen Effekten, führt das Energiemanagement auch zu indirekten Verbesserungen wie:

Indirekte Auswirkungen

- Umweltentlastung,
- Steigerung der Kostentransparenz und des –bewußtseins,
- Erhöhung des Qualitätsbewußtseins,
- Verbesserung der Arbeitsbedingungen,
- Imagesteigerung nach innen und außen,
- Verbesserung des Verhältnisses zu den Behörden sowie
- Reduktion von Versicherungs-, Wartungs- und Instandhaltungskosten.

Im Rahmen des Weiterbildungsprogramms RAVEL, das die Energieagentur NRW durchführt, werden zahlreiche Veranstaltungen zur Einsparung elektrischer Energie im Gewerbe und zur Systematisierung der Energieeinsparaktivitäten i.S. eines Energiemanagements angeboten.

5.1 Einführung des Energiemanagements

Die Einführung des Energiemanagements setzt zunächst eine Entscheidung über die Organisationsform voraus, mit der das Energiemanagement durchgesetzt und fortgeführt werden soll.

Danach steht die erste Erfassung des Ist-Zustandes an, bei der alle Energieverbraucher aufgenommen und deren Einsparmöglichkeiten aufgezeigt werden.

Neben den technischen Fragen

- zum Energiefluß,
- zum Einsparpotential ineffizienter Prozesse und
- zu den Einsparmöglichkeiten durch Steuerung und Regelung

sind dabei auch Fragen zur Umsetzung, Kontrolle, Mitarbeitermotivation, Information und zur Schulung zu beantworten.

Zudem muß je nach Unternehmensgröße das Zusammenwirken der verschiedenen Unternehmensbereiche koordiniert werden, denen z.B. folgende neue Aufgaben zukommen:

- Produktion
  Erstellung und stetige Aktualisierung einer Betriebsmitteldatei, Erstellung von Energiebilanzen, Etablierung eines innerbetrieblichen Vorschlagwesens zur Energieoptimierung
- Einkauf und Verwaltung
  Energiebezugsoptimierung, Energiecontrolling, Energiekostenmanagement, Beschaffung energieoptimierter Anlagen und Geräte im Zuge von Ersatz- und Modernisierungsmaßnahmen
- Vertrieb
  Wahl energieoptimierter Vertriebssysteme

5.1.1 Organisationsstruktur

Zur Verankerung des Energiemanagements sind verschiedene Organisationsformen möglich, die vor allem von der Unternehmensgröße abhängen.

Energiemanager

In kleineren und mittleren Unternehmen ist es sinnvoll einen Energiemanager (-beauftragten) zu berufen. Dieser sollte möglichst aus dem Bereich kommen, der den höchsten Energieverbrauch hat (z.B. Produktion). Beim Energiebeauftragten ist ein hohes Maß an Praxisnähe und Fachkompetenz vorauszusetzen. Zur Wahrnehmung seiner Aufgaben sind ihm die erforderlichen Freiräume einzuräumen. Während der Erhebung des Ist-Zustandes sollte der Energiemanager durch zusätzliche interne oder externe Fachleute unterstützt werden.

In mittelgroßen Betrieben bekleidet der Energiemanager idealerweise eine Stabsstelle in der technischen Leitung. Vorteil dieser Lösung ist die vom Tagesgeschäft losgelöste Aufgabenverfolgung.

Energieteam

Zur Durchsetzung des Energiemanagements ist es in mittleren und größeren Betrieben sinnvoll, ein Energieteam zu bilden. Das Energieteam solle aus einem Mitglied der Geschäftsleitung sowie aus ca. 3 bis 5 weiteren engagierten Mitgliedern der Fach- und Führungsebene bestehen. Die Mitglieder sollten aus der Produktion, aber auch aus dem Verwaltungsbereich stammen und die Verantwortung für die gesamte Umsetzung tragen.

Energiezirkel

Zur Unterstützung des Energiebeauftragten bzw. des Energieteams wird zusätzlich die Installation eines Energiezirkels empfohlen. Der Energiezirkel, der bei größeren Unternehmen aus ca. 5 bis 8 Mitarbeitern unterschiedlicher Unternehmensbereiche besteht, hat die Aufgabe, projektbezogen Schwachstellen aufzudekken und Maßnahmen zur Energieeinsparung zu empfehlen. Die Mitglieder des Energiezirkels sind auch Ansprechpartner für das betriebliche Vorschlagswesen. Der Energiezirkel trägt somit wesentlich dazu bei, die betriebliche Energieeinsparung auf eine breite Basis zu stellen.

5.2 Erfassung des Ist-Zustandes

Bei der Erfassung des Ist-Zustandes geht es um die Erkennung und um die Bewertung der energetisch relevanten Betriebsbereiche. Zur Analyse der betrieblichen Situation empfiehlt sich ein schrittweises Vorgehen, aus dem dann die zur Verbesserung notwendigen Schritte abgeleitet werden.

Dabei hat sich folgendes Vorgehen bewährt:

- Zusammenstellung der Energieverbrauchswerte,
- Bildung von spezifischen Energiekennzahlen,
- Ermittlung von Bedarfsprofilen für die wesentlichen Verbraucher und Verbrauchergruppen,
- Erstellung eines Energieflußdiagramms,
- Überprüfung der Energiebezugsverträge.

5.2.1 Systemabgrenzung

Um die Erfassung des Ist-Zustandes zielgerecht und aussagekräftig durchzuführen, ist eine genaue Abgrenzung der zu untersuchenden Bereiche erforderlich. Je genauer diese Abgrenzung erfolgt, um so exakter ist die verursachungsgerechte Zuordnung der Energieumsätze.

Die Systemabgrenzungen erfolgen je nach Unternehmensprofil und -größe nach:

- Betriebsteilen (Lager, Zuschnitt, Montage, Versand etc.)
- Einzelmaschinen und Anlagen (Aufteilanlage, Lackierstraße, Kantenbearbeitung etc.)
- Teilschritte von Produktionsprozessen bis hin zum Gesamtprozeß.

5.2.2 Datenerfassung

Basis des effezienten Energiemanagements ist eine energetische Bestandsaufnahme innerhalb der Systemgrenzen und die kontinuierliche Pflege der gewonnenen Daten. Zu den Basisdaten gehören:

- Gebäude-/Betriebsstättendaten (Bezeichnung, Größe, Dämmstandard, Zustand, Produktionsbereiche, Ausstattung etc.),
- Produktionsdaten (Produkte, Mengen, Verbräuche, Fertigungszeiten, Ausfallhäufigkeiten und -zeiten etc.)
- Betriebszeiten (Betriebsstunden im Sommer/Winter, Wochenende, Bereitschaft, Stillstand etc.)
- Anschluß- und Leistungsdaten (Nennleistungen, Höchstleistungen, Bereitschaftsleistungen etc.)
- Wartungsdaten (Intervalle, letzte Wartung, Wartungsunternehmen, etc.)
- Vertragsdaten über den Bezug von Strom, Gas, Wasser, Druckluft, Dampf etc.,
- Liste der Firmen, externen Berater und Planer, die bei Planung, Installation, Revision der vorhandenen Einrichtungen und Anlagen beteiligt waren.

5.2.3 Erfassung der allgemeinen Energieverbrauchsdaten

Die allgemeinen Energieverbrauchsdaten resultieren aus den regelmäßigen Energieverbrauchsabrechnungen, Zählerablesungen und Messungen. Die üblicherweise zugänglichen Informationsquellen sind:

- die monatlichen Verbrauchsabrechnungen der leitungsgebundenen Energieträger (Strom, Gas, etc.),
- die Abrechnungen der Heizöllieferanten,
- Verbrauchszähler,
- Betriebsstundenzähler,
- Aufzeichnungen im Kesseltagebuch,
- Meßprotokolle des Schornsteinfegers,

- Prüfberichte (z.B. von TÜV o.ä. Einrichtungen).

Die Auswertung dieser Daten z.B. durch die Gegenüberstellung zu den Daten der vorangehenden Erfassungszeiträume ermöglicht eine Plausibilitätsprüfung und somit die zeitnahe Aufdekkung von „Unregelmäßigkeiten" und ihren Ursachen.

5.2.4 Messung innerbetrieblicher Energieumsätze

Sofern die Energieumsätze innerhalb der verschiedenen Systemgrenzen nicht an Hand eingebauter Meß- und Zähleinrichtungen ermittelt werden können, sind für die verursachungsgerechte Zuordnung von Energieverbräuchen- und –kosten zusätzliche Messungen erforderlich. So können

- elektrische Lastgänge über Zangenmeßgeräte, Zähler oder optoelektrische Meßverfahren,
- Temperaturen mit Kontakt- und Tauchthermofühlern,
- Druckluftleckagen durch Manometerablesungen am Druckluftspeicher (s. Kap. 4.6.2) und
- Wirkungsgrade von wesentlichen Energieverbräuchen mit stationären und mobilen Leistungs- bzw. Wärmemengenzählern

ermittelt werden. Zur Vermeidung unnötiger Ausgaben sollten die Ansprüche an Meßumfang und Meßgenauigkeit in einem ausgewogenen Verhältnis zu den erzielbaren Energieeinsparungen stehen.

Bei Neuanschaffung oder Ersatzmaßnahmen sollten grundsätzlich Energiemeßstellen und –geräte mit installiert werden, um die spätere Zuordnung der Energieverbräuche zu vereinfachen.

Für die Messung von elektrischer Leistung und Energie schlägt die Energieagentur NRW die in Tabelle 5-1 aufgelisteten Möglichkeiten auf.

Meßgröße	Meßgerät	Voraussetzung für die Ermittlung von	
		Leistung	Energie
Strom	Stromzange	Spannung konstant und bekannt	Leistung konstant; Zeit bekannt
Leistung	Wirkleistungsmeßgerät	Keine	Leistung konstant; Zeit bekannt
Energie	Wirkarbeitszähler	Geeignete Zusatzeinrichtungen	keine
Zeit	Betriebsstundenzähler	Ermittlung nicht möglich	Leistung konstant und bekannt

Tabelle 5 - 1: Möglichkeiten für die Messung von Leistung und Energie [angelehnt an Energieagentur NRW]

5.2.5 Ableitung spezifischer Energiekennzahlen

Spezifische Energiekennzahlen ermöglichen

- die Dokumentation der Entwicklung der innerbetrieblichen Energieeffizienz sowie
- den Vergleich der Energieeffizienz des eigenen Betriebes mit denen anderer produktionsähnlicher Betriebe

und erlauben damit einerseits die Ersteinschätzung vorhandener Einsparpotenziale und andererseits die Feststellung der eigenen Energieeinsparerfolge.

Zur Ableitung der Energiekennzahlen kann der Energieverbrauch auf verschiedene Betriebsdaten bezogen werden.

Beispiele für Energiekennzahlen (EKZ):

$$EKZ_{UM} = \frac{\text{Energieeinsatz}}{\text{Umsatz}} \quad \text{in} \quad \frac{\text{kWh}}{\text{EURO}}$$

$$EKZ_{PF} = \frac{\text{Energieeinsatz}}{\text{Produktionsfläche}} \quad \text{in} \quad \frac{\text{kWh}}{\text{m}^2}$$

$$EKZ_{BE} = \frac{\text{Energieeinsatz}}{\text{Anzahl der Beschätigten}} \quad \text{in} \quad \frac{\text{kWh}}{\text{MA}}$$

$$EKZ_{NP} = \frac{\text{Energieeinsatz}}{\text{Nettoproduktion}} \quad \text{in} \quad \frac{\text{kWh}}{\text{t; m}^3\text{; Stck.}}$$

usw.

Durch die Bereinigung der Energiedaten von spezifischen Einflußgrößen (Anlagenausfall, Sommer/Winter etc.) wird eine Beurteilung auch unabhängig von den speziellen Produktions- und Nutzungsbedingungen möglich.

Oftmals ist es zweckmäßig neben dem Energieverbrauch auch die Energiekosten zu betrachten, da es durch die unterschiedlichen Aufwendungen (Wirkungsgrade bei der Energieumwandlung) zu Prioritätsverschiebungen kommen kann.

$$EKZ_{K,PF} = \frac{\text{Energiekosten}}{\text{Produktionsfläche}} \quad \text{in} \quad \frac{\text{EURO}}{\text{m}^2}$$

$$EKZ_{K,NP} = \frac{\text{Energiekosten}}{\text{Nettoproduktion}} \quad \text{in} \quad \frac{\text{EURO}}{\text{t; m}^3\text{; Stck.}}$$

Welche Kennzahlen letztlich gebildet werden, sollte davon abhängen, welche Kennzahlen in der Branche üblich sind.

Die Bildung von spezifischen Kennzahlen, ihre Bereinigung von spezifischen Einflüssen (z.B. Witterungseinflüsse) und ihre regelmäßige Fortschreibung führen neben der Dokumentation von Einsparerfolgen und interbetrieblichem Benchmarking noch zu folgenden Effekten:

- Mehrverbräuche aufgrund von Störungen oder Schäden werden erkannt (siehe Abbildung 5.2).
- Durchführung von Zeitvergleichen und z.B. Witterungsbereinigungen (beim Heizwärmeverbrauch) werden ermöglicht.
- Investitionsentscheidung können auf einer breiten und fundierten Basis getroffen werden.
- Überschreiten die Kennzahlen Grenzwerte, können automatisch Maßnahmen (Wartungen, Reparaturen etc.) ausgelöst werden.

- Das Problembewußtsein der Verantwortlichen wird für die Fragen der Energieeffizienz geschärft.

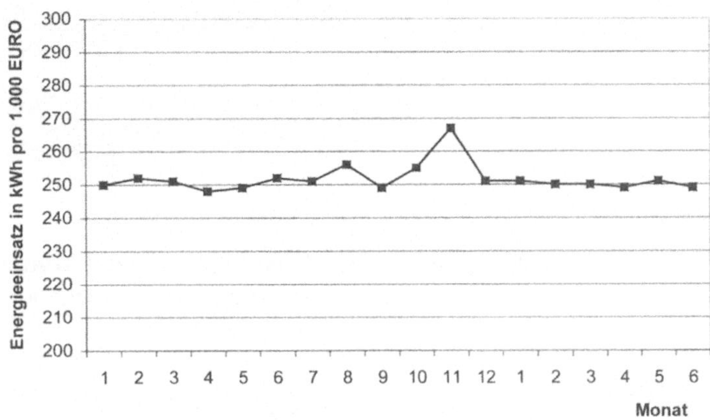

Abbildung 5 - 2: Beispiel: Energieeinsatz pro Umsatz

5.2.6 Daten- und Energieflußanalyse

Darstellung des Gesamtverbrauchs

Zur Veranschaulichung und Verdeutlichung der Energieumsätze der wesentlichen Verbraucher bzw. Verbrauchergruppen ist eine Energiebilanz des gesamten Unternehmens erforderlich. Die grafische Darstellung der Bilanz in Form von Diagrammen und Flußbildern macht die Hauptverbraucher transparent und zeigt die Ansatzpunkte für die Maßnahmen zur Energieeinsparung.

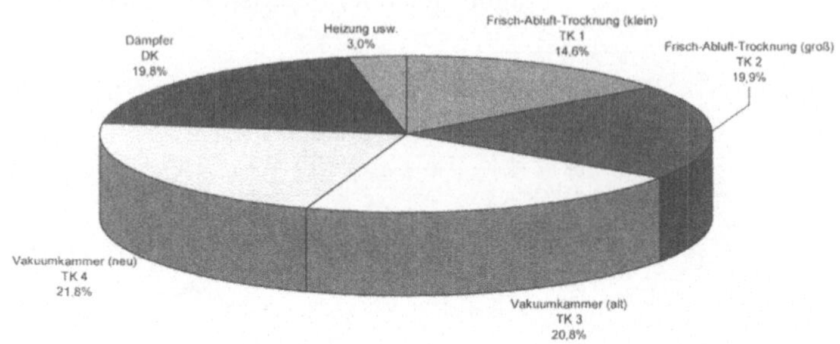

Abbildung 5 - 3: Aufschlüsselung des Wärmeverbrauchs eines Sägewerkes mit Holzhandel und technischer Holztrocknung

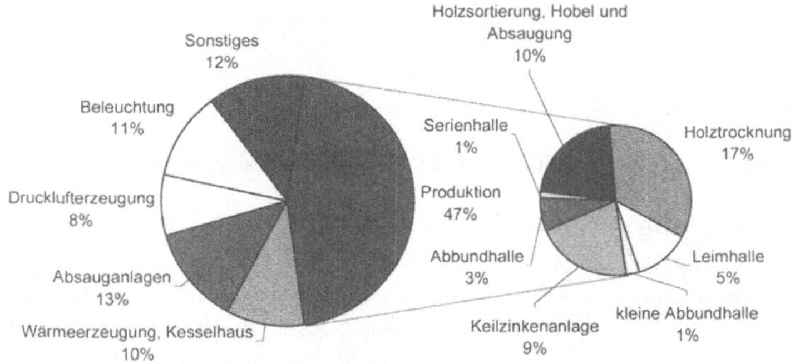

Abbildung 5 - 4: Aufschlüsselung des Stromverbrauches eines Sägewerkes mit technischer Trocknung

Die Energieflußbilder dienen zur Darstellung der Verteilungsströme in einem System. Sie visualisieren die Energieverwendung im Betrieb und machen gegenseitige Einflüsse und Abhängigkeiten deutlich. Zudem ist es möglich, auch die durch Umwandlung hervorgerufenen Energieformen (z.B. Wärmeströme) darzustellen.

Bei den Energieflußbildern wird unterschieden in rein qualitative und in quantitative Darstellungen (Sankey-Diagramme).

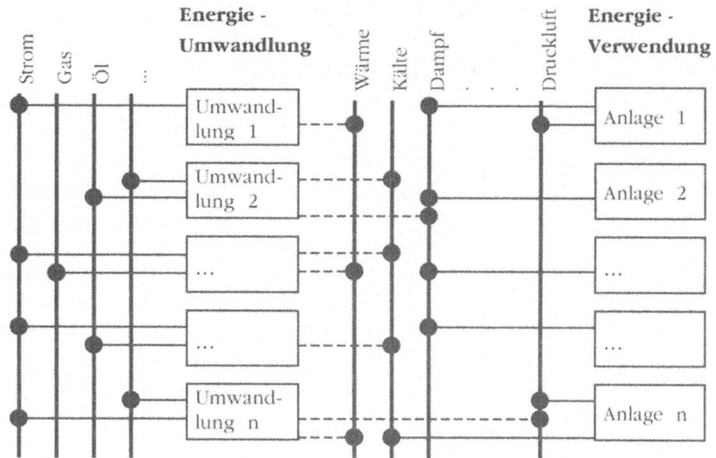

Abbildung 5 - 5: Energieflußbild, qualitativ

Bei den Sankey-Diagrammen wird der Weg vom Eintritt in das System bis zum Verlassen des Systems schematisch dargestellt.

Der Weg der eingekauften bzw. durch die Umwandlung hervorgerufenen Energieformen sollte durch ein Energieflußbild für den untersuchten Bereich transparent gemacht werden.

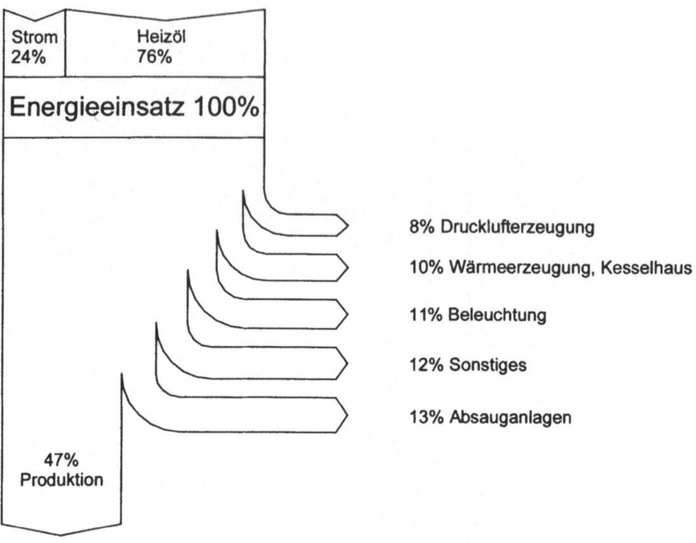

Abbildung 5 - 6: Energiefluß, quantitativ; Sankey-Diagramm

5.2.7 Feststellung energetischer Schwachstellen

Nach Durchführung der Ist-Analyse schließt sich eine Feinanalyse bzw. detaillierte Prozeßanalyse an, in der die energetisch besonders interessanten Prozesse auf ihren Energiebedarf und das Einsparpotential hin untersucht werden.

Zur Identifizierung der interessantesten Energieverbraucher führt die ABC-Analyse. Im Rahmen der ABC-Analyse werden die Verbraucher/Verbrauchergruppen hinsichtlich ihrer prozentualen Energieumsätze kategorisiert. In der nachfolgenden Abbildung sind beispielhaft die Jahresenergieverbräuche für einen Leimbinderproduktionsbetrieb kumuliert dargestellt, wobei mit dem größten Verbraucher begonnen wird usf.. Die resultierende Kurve ist dann in den meisten Betrieben sehr ähnlich. Im vorliegenden Fall sind nur vier Verbraucher (Klasse A) für ca. 60% des Energieverbrauchs verantwortlich, weitere drei Verbraucher (Klasse B) machen ca. 20 % aus und alle verbleibenden Verbraucher (Klasse C) sind für die verbleibenden 20 % des Energieverbrauchs verantwortlich. Es ist sinnvoll, sich zuerst auf die Anlagen der Klassen A und B zu konzentrieren, um den größten Einspareffekt erzielen zu können.

Die Festlegung der Bereiche ist dabei variabel. Es kann also durchaus sinnvoll sein, den Bereich A auf 80% und den Bereich B bei 95 % zu vergrößern, wenn das Einsparpotenzial weitestgehend ausgenutzt werden soll.

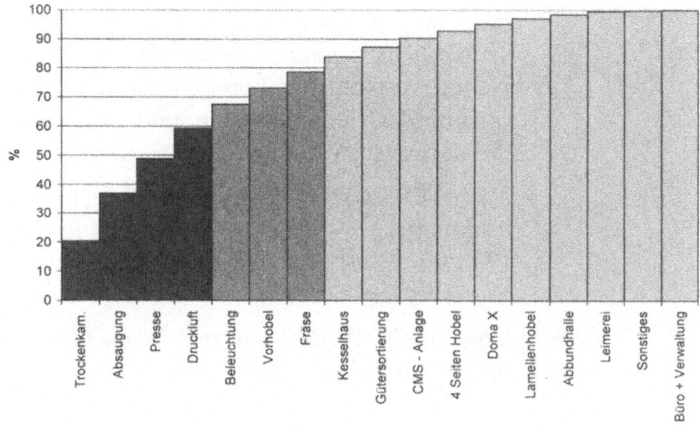

Abbildung 5 - 7: ABC-Analyse des Stromverbrauchs einer Leimbinderproduktion

Zur Feinanalyse der Verbraucher der Klassen A und B können z.B. folgende Daten und Informationen herangezogen werden:

- Nennleistungen, Leerlaufleistungen und Leistungsaufnahmen in verschiedenen Betriebszuständen
- Aufzeichnungen der Lastgangprofile in einer Schicht, Tag, Woche etc.
- Betriebsdaten, Kühlmittelbedarf und -temperaturen
- Betriebszeiten der Anlage
- Besonderheiten im Produktionsprozeß und -ablauf, Abhängigkeiten mit anderen Systemen
- sichtbare Schwachstellen

Am Ende der Feinanalyse steht die Ermittlung und anschließend die Bewertung der Einspar- und Optimierungspotentiale. Bei investiven Maßnahmen schließt sich dann eine Wirtschaftlichkeitsanalyse an.

5.3 Wirtschaftlichkeitsanalyse

Bei der Wirtschaftlichkeitsanalyse geht es um die Bewertung einer Investition, bei der Geldmittel mit dem Ziel eingesetzt werden, zukünftig Erträge zu erwirtschaften. Für den Investitionszeitraum sind sowohl die Kapitalabflüsse wie auch die Kapitalzuflüsse möglichst genau zu bestimmen und in die Rechnung einzubeziehen. Anhand der Berechnung kann der Investor die Investition grundsätzlich bewerten und bei verschiedenen Alternativen die günstigste Variante auswählen.

Nach DIN 2067 wird für diese Berechnung eine Vollkostenrechnung mit Kapitalkosten, Verbrauchskosten, Betriebskosten (Wartung und Instandhaltung), sonstige Kosten (Verwaltung, Versicherung, Steuern und Abgaben) eingesetzt.

Man unterscheidet bei der Wirtschaftlichkeitsanalyse statische und dynamische Verfahren:

Statische Verfahren

- Kostenvergleichsrechnung
- Ausgabenannuitätenvergleichsmethode
- Rentabilitäsrechnung
- Berechnung der statischen Kapitalrückflusszeit (siehe Beispiel)

Kapitalrückflusszeit statisch:

$$t_{KRZ} = \frac{K}{\ddot{U}_a} \quad \text{in Jahren}$$

t_{KRZ} : Kapitalrückflusszeit

K : eingesetztes Kapital

$\ddot{U}_a$: jährlicher Ertrag

Bei diesem Verfahren ist die Investition günstig(er), die eine kürzere Kapitalrückflusszeit aufweist bzw. wenn die Kapitalrückflusszeit kürzer ist als die geplante Nutzungsdauer. Randbedingungen wie Inflation, Energieverteuerung, Zinssätze etc. werden bei dem statischen Verfahren vernachlässigt. Für eine grobe Abschätzung ist das Verfahren allerdings gut geeignet.

Dynamische Verfahren

- Kapitalwertmethode
- Interne - Zinssatz - Methode
- Annuitätenmethode (siehe Beispiel)
- Ausgabenannuitätenvergleichsmethode
- Berechnung der dynamischen Kapitalrückflusszeit

Annuitätenmethode:

$$A = K_{Inv} \frac{(1+z)^n * z}{(1+z)^n - 1} \quad \text{in [EURO]}$$

A : Annuität

K_{inv} : Investitionskapital

z : Zinssatz

n : Kreditlaufzeit in Jahren

Bei diesem Verfahren ist die Investition mit der niedrigsten Annuität wirtschaftlich(er) als die mit der höheren Annuität bzw. wenn die Ausgabenannuität niedriger ist als die jährlichen Energie- und Betriebskosteneinsparungen.

Anhand von nachfolgendem Beispiel sollen die Unterschiede beider Verfahren gegenübergestellt werden.

Beispiel:
Die Stromkosten eines Betriebs betragen durchschnittlich 0,075 EURO / kWh. Durch eine Investition in eine moderne Fertigungslinie, in Höhe von 250.000 EURO, kann der Energieverbrauch von 850.000 kWh/a auf 400.000 kWh/a gesenkt werden.

Die Investition führt zudem zu einer Senkung der Betriebskosten von 70.000 EURO/a auf 40.000 EURO/a. Die jährliche Kostensteigerung für die Betriebs- und Energiekosten wird mit 3 % angesetzt, die betriebsintern geforderte Kapitalverzinsung sei 12 %. Die Nutzungsdauer der Investition sei 7 Jahre.

I.) Berechnung der statischen Kapitalrückflusszeit

$$t_{KRZ} = \frac{K}{\ddot{U}_a} \quad \text{in Jahren}$$

K = 250.000 EURO

$\ddot{U}_a$ = (850.000 - 400.000) * 0,075 + 30.000 = 63.750 EURO/a

$$t_{KRZ} = \frac{250.000}{63.750} = 3{,}92 \text{ Jahre}$$

Nach dem statischen Verfahren, amortisiert sich die Investition in eine neue Fertigungslinie innerhalb von 4 Jahren.

II.) Berechnung der dynamischen Annuität

$$A = K_{Inv} \frac{(1+z)^n * z}{(1+z)^n - 1} \quad \text{in [EURO]}$$

K_{inv} = 250.000 EURO

z = 12%

n = 7 Jahre

$$A = 250.000 * \frac{(1+0{,}12)^7 * 0{,}12}{(1+0{,}12)^7 - 1} = 54.780 \text{ [EURO]}$$

Für das erste Jahr entstehen demnach Ausgaben in Höhe von 54.780 EURO. Dem stehen Energiekosteneinsparungen in Höhe von 33.750 EURO und Betriebskosteneinsparungen von 30.000 EURO gegenüber. Insgesamt ergibt sich ein jährlicher Investitionsertrag von 8.970 EURO.

Die Kosten und Erträge der folgende Jahre ergeben sich aus folgender Tabelle:

Jahr	Kapitalkosten / Annuitäten	Betriebskosten bisher	Betriebskosten nach Investition	Energiekosteneinsparung	Ertrag
1	54.780	70.000	40.000	33.750	8.970
2	54.780	72.100	41.200	34.763	10.883
3	54.780	74,263	42,436	35,805	12,852
4	54.780	76,491	43,709	36,880	14,881
5	54.780	78,786	45,020	37,986	16,971
6	54.780	81,149	46,371	39,126	19,124
7	54.780	83,584	47,762	40,299	21,341
8	-	86,091	49,195	41,508	78,404
9	-	88,674	50,671	42,753	80,757
10	-	91,334	52,191	44,036	83,179
...	-	,,,	,,,	,,,	,,,

Tabelle 5 - 2: Darstellung der Kosten und Erträge in den ersten 10 Jahren, Angaben in EURO

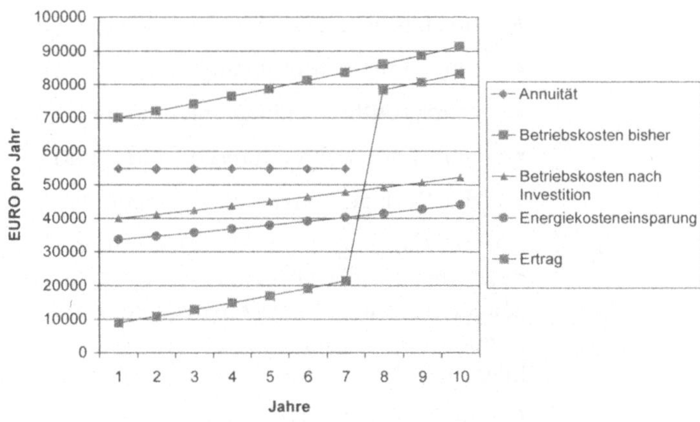

Abbildung 5 - 8: Graphische Darstellung Kosten und Erträge in den nächsten 10 Jahren, Angaben in EURO

Es ist deutlich zu erkennen, dass die Einsparungen die Kapitalkosten der Investition decken. Nachdem die Kapitalkosten ab dem 7. Jahr wegfallen, ergibt sich eine deutliche Kostenverringerung; der Ertrag steigt sprunghaft an.

5.4 Erstellung von Maßnahmenkatalogen

Nach Schwachstellen- und Wirtschaftlichkeitsanalysen werden die realisierbaren Maßnahmen in einem Maßnahmenkatalog zusammengefasst. Der Maßnahmenkatalog umfasst eine Prioritätenliste, in der die Maßnahmen nach unterschiedlichen Kriterien geordnet werden. Z.B. nach

- investiven und nicht investiven Maßnahmen,
- kurz-, mittel und langfristige Maßnahmen,
- Wirtschaftlichkeit (z.B. Kapitalrückflusszeit) oder
- Kompelexität.

Auf der Basis dieses Katalogs wird in enger Abstimmung mit der Geschäftsleitung bzw. der kaufmännischen Abteilung der Investitionsplan zur Energieeinsparung aufgestellt.

5.5 Überprüfung der Energiebezugsverträge

Eine Überprüfung und ggf. Optimierung der Energiebezugsverträge sollte grundsätzlich erfolgen nach

- der Jahresverbrauchsabrechnung,
- einer Anlagenumrüstung,
- durchgeführten Einsparmaßnahmen,
- dem Ende der Vertragslaufzeiten und
- der Vorlage neuer Vertragsangebote.

Seit der Öffnung des Strommarktes und der zu erwartenden Öffnung des Gasmarktes drängen viele Anbieter (unabhängige Erzeuger, Händler, Energiemakler etc.) auf den Markt. Die Stromkunden können ihren Bedarf ausschreiben und sich für den Anbieter mit dem besten Preis-/Leistungsverhältnis entscheiden.

Bei der Auswahl des Anbieters sollten jedoch folgende Punkte beachtet werden:

- Kosten des Energiebezuges

- Durchleitungskosten (Netzkosten)
- Regelungen bei Vertragsstörung
- Seriösität des Anbieters
- Vor-Ort-Service
- Beschaffungspfade (z.B. Woher kommt der Strom?)

Für mittelständische Betriebe ist es i.d.R. einfacher, sich vom neuen oder bisherigen Stromanbieter einen Komplettpreis für eine Jahreslieferung oder Mehrjahreslieferung einschließlich Nutzungsentgelt anbieten zu lassen. Die Preisregelung sollte einfach und übersichtlich sein (Jahres- oder Monatspreisregelung ohne Zonung der Arbeitspreise bei Mittelspannung, Grundpreisregelung bei Niederspannung). Großbetriebe mit guten eigenen Energiemanagementkenntnissen oder entsprechenden Beratungsunternehmen können ihren Gesamtstrombezug durch mehrere Bezugsquellen (Bandlieferungen, Spitzenlastlieferung, Lieferung zu bestimmten Zeiten, Nutzung des Spotmarktes) optimieren. Durch Bündelung von Stromeinkaufsmengen können weitere Preisvorteile erzielt werden [Energieagentur NRW].

5.6 Energiecontrolling

Unter Energiecontrolling versteht man die systematische regelmäßige Erfassung und Bewertung des Energieverbrauchs. Das Energiecontrolling ist somit die wesentliche Komponente eines wirkungsvollen Energiemanagements.

Die Basis des Energiecontrollings ist die zeitnahe Erfassung der Energieverbräuche. Je nach Größe des Unternehmens und Komplexität der Produktion bieten sich hierzu unterschiedliche Methoden an:

Zum einen die manuelle Erfassung der Betriebs- und Verbrauchsdaten durch entsprechend qualifiziertes Personal, zum anderen die automatische Erfassung über Fernmeß- und –auslesegeräte.

Die manuelle Erfassung bietet sich vornehmlich in Kleinbetrieben an, wo mit verhältnismäßig geringem Personaleinsatz die Energiedaten von nur wenigen Verbrauchern / Verbrauchergruppen erfasst werden müssen. In mittleren und größeren Betrieben ist die automatische Erfassung i.d.R. günstiger, da die hierzu erforderlichen Investitionen meistens nur einen Bruchteil der Personalkosten für die regelmäßig manuelle Erfassung ausmachen. Darüber hinaus sind die Abfrageintervalle und die möglichen Reaktionszeiten auf Unregelmäßigkeiten deutlich kürzer.

Sowohl die manuell als auch automatisch erfassten Daten müssen auf einen Control-Rechner zusammengeführt und analysiert werden. Die Analyseergebnisse lösen dann Maßnahmen zur Energie- und Betriebsoptimierung aus. Nach Umsetzung der Maßnahmen wird das Energiecontrolling zur Erfolgskontrolle herangezogen.

Die Einführung des Energiecontrollings in einem Betrieb erfolgt üblicherweise in drei Schritten:

1. Vorbereitungsphase
   Zusammenstellung der grundlegenden Informationen zur Organisation, technischen Ausstattung und die Entwicklung einer Einführungsstrategie.
2. Einführungsphase
   Analyse der aufgenommenen Verbrauchsdaten und Bildung von Bewertungsmaßstäben
3. Durchführungsphase
   Kontinuierliche Überwachung des Energieverbrauchs anhand der zuvor definierten Bewertungsmaßstäbe. Da sich die Verbräuche stetig ändern, müssen die Bewertungsmaßstäbe regelmäßig angepaßt werden.

Nur bei konsequenter Durchführung des Energiecontrollings kann sich das Energiemanagement zum wirkungsvollen Instrument zur Ausschöpfung der betrieblichen Energie(kosten)einsparpotenziale entwickeln.

5.7 Schrifttum zum Kapitel 5

- Energieagentur NRW; Seminarunterlage: Energiemanagement in der Industrie mit RAVEL NRW - Prozesse verbessern, Stromkosten senken, Produktivität erhöhen
- Energieagentur NRW (Hg); Energiever(sch)wendung? - Handbuch zum rationellen Einsatz von elektrischer Energie; Klartext Verlag Essen; 2000
- Energieagentur NRW; Seminarunterlage: Wettbewerbsvorteile durch Energiecontrolling und Lastmanagement mit RAVEL

NRW - Energieverbrauch analysieren und Leistungskosten in der Industrie senken

- Hackstein, D. u.a.; Rationelle Verwendung von elektrischer Energie - Energiemanagement, Kurseinheit 1 bis 4; FernUniversität GH Hagen, Version 2.0; Hagen; 2001
- Kaiser, S. u.a.; Handbuch für betriebliches Energiemanagement; ÖEKV und E.V.A; Wien; 1999
- Richter, Klaus-Peter; Grundlagen des Energiemanagements und technischer Realisierungsansatz; Firmenschrift GMC-Instruments; Nürnberg; 1999
- Tech, T.; Vortragsunterlagen: Energiemanagement; Fa. Gertec; Essen; 2002
- Tönsing, E.; Energiekostenreduzierung durch betriebliches Energiemanagement; Fraunhofer Institut Systemtechnik und Innovationsforschung; PDF-Datei; Internet www.ici.fhg.de

6 Finanzierung / Förderung

Bei der Finanzierung von Maßnahmen zur rationellen Energienutzung stehen neben den klassischen Finanzierungsarten (Eigen- und Fremdkapitalfinanzierung, Leasing etc.) weitere Möglichkeiten zur Verfügung. In vielen Fällen können von öffentlichen Stellen auch Fördermaßnahmen in Form von Zuschüssen oder zinsgünstigen Krediten in Anspruch genommen werden. Zudem haben sich in den letzten Jahren innovative Finanzierungsmöglichkeiten wie das Anlagen- und Einspar-Contracting etabliert, mit denen es möglich ist, moderne und effiziente Anlagen zu nutzen, ohne selbst investieren zu müssen.

6.1 Förderung

Der Bund, die Länder und die Europäische Union fördern im Rahmen zahlreicher Förderprogramme die rationelle Nutzung von Energie in Handwerks- und Industriebetrieben.

Gefördert werden Innovationen, Investitionen, aber auch die Energieberatung. Der Förderumfang ist i.d.R. abhängig vom eigentlichen Förderobjekt, aber auch von der Unternehmensgröße.

Gefördert wird entweder mit Investitionszuschüssen oder zinsverbilligten Darlehen.

Die Darlehen zeichnen sich neben günstigen Zinssätzen oftmals durch lange Laufzeiten und tilgungsfreie Anlaufjahre aus. Die Beantragung der Mittel erfolgt i.d.R. über die Hausbank. Bei Absicherungsproblemen hilft in vielen Fällen der Mittelgeber, z.B. bei Programmen der DtA, die es so ermöglicht, auch bei mangelnden Sicherheiten in energiesparende Anlagen und Verfahren zu investieren.

Die Inanspruchnahme der öffentlichen Förderprogramme setzt in den meisten Fällen voraus, dass vor der Bewilligung nicht mit den Investitionsmaßnahmen begonnen werden darf.

Neben den öffentlichen Stellen fördern auch verschiedene Stiftungen Projekte, i.d.R. abhängig vom Stiftungsschwerpunkt.

Weiterhin unterstützen einige Energieversorgungsunternehmen Energieeinsparmaßnahmen und den Einsatz regenerativer Energien. Über die speziellen Förderungen geben die örtlichen Energieversorgungsunternehmen Auskunft.

Eine stetig aktualisierte Übersicht über viele Förderprogramme bieten die Broschüren und Internetseiten der Energie- und Effizienzagenturen NRW:

Energieagentur NRW

Kasinostraße 19-21
42103 Wuppertal
Tel.: 0202 - 245 52-0
Fax: 0202 - 245 52-30
Internet: http://www.ea-nrw.de

EFA Effizienz - Agentur NRW

Mülheimer Straße 100
47057 Duisburg
Tel.: 0203 - 378 79 - 30
Fax: 0203 - 378 79 - 44
Internet: http://www.efanrw.de

Beide Agenturen verstehen sich als Anlaufstellen und Wegweiser zu den richtigen Förderprogrammen. In einer kostenlosen Erstberatung geben die Berater erste Einspartips und zeigen praktische Wege auf, wie Einsparmaßnahmen möglichst zielgerichtet umgesetzt werden können. Somit werden die Risiken einer möglichen Fehlinvestition minimiert.

Darüber hinaus bietet die Effizienz-Agentur NRW die umfassende Unterstützung und Vermittlung zukunftsweisender Maßnahmen im Rahmen des produktintegrierten Umweltschutzes - kurz PIUS-Check - an. Der Pius-Check umfasst bie zu neun Beratungstage. Bis zu 70 % des Beratungshonorares übernimmt die EFA.

Förderprogramme

Im Folgenden sind einige Förderprogramme von Land, Bund und Europäischer Union aufgeführt. Da die Programme i.d.R. zeitlich begrenzt sind, die Konditionen schwanken und die Zusage von der aktuellen Nutzung der Programme abhängt, ist es vor einer Investition unbedingt notwendig, sich Klarheit über die aktuellen Fördermöglichkeiten zu verschaffen.

6.1.1 Investitionsförderung

Landesprogramme NRW

Rationelle Energieverwendung und Nutzung unerschöpflicher Energiequellen (REN, Programmbereich Breitenförderung) des MSWKS

Förderschwerpunkte:	Investition von KMU zur nachhaltigen Energieeinsparung und Nutzung alternativer Energien (z.B. Anlagen zur Abwärmerückgewinnung, Wärmepunpen, netzgekoppelte Photovoltaikanlagen).
Förderart/-höhe:	Zuschüsse bei Investitionen bis zu 500.000 Euro; zinsgünstige Darlehen bei Investitonen über 500.000 Euro.

Regionales Wirtschaftsförderungsprogramm (RWP) des MVEL

Förderschwerpunkte:	Investitionen in den regionalen Fördergebieten zur Verbesserung der Ressourcenproduktivität und des Umweltschutzes, sofern sie zugleich positive Arbeitsmarkteffekte haben.
Förderart / -höhe:	Zuschuß von 5 - 23% der förderbaren Kosten; abhängig u.a. von Fördergebiet und Firmengröße.

Bundesprogramme

KfW - Umweltprogramm

Förderschwerpunkte:	Investitionen in Deutschland, die dazu beitragen, die Umweltsituation wesentlich zu verbessern; u.a. Maßnahmen zur Energieeinsparung und zum Einsatz regenerativer Energiequellen.
Förderart / -höhe:	Zinsgünstige Darlehen bis zu 75% des Investitionsbetrages; i.d.R. max. 5 Mio. Euro.

ERP - Umwelt- und Energiesparprogramm der DtA	
Förder-schwerpunkte:	Finanzierung von Investitionen im Umweltbereich; beispielhafte Bereiche: u.a. Energieeinsparung, rationelle Energieverwendung, Nutzung erneuerbarer Energien.
Förderart / -höhe:	Zinsgünstige Kredite, bis zu 50% der förderbaren Investitionen, i.d.R. max. 500.000 Euro.

DtA - Umweltprogramm	
Förder-schwerpunkte:	Förderung von Vorhaben zur dauerhaften Vermeidung oder Verminderung von Umweltbelastungen; beispielhafte Bereiche (siehe Förderschwerpunkte "ERP - Umwelt- und Energiesparprogramm").
Förderart / -höhe:	Zinsgünstige Kredite, bis zu 75% der Investitionssumme; max. 5 Mio. Euro.

EU - Programme

Europäische Investitionsbank (EIB)	
Förder-schwerpunkte:	Investitionen u.a. in den Bereichen Umweltschutz und Energie
Förderart / -höhe:	Darlehen bis zu 50% der Investitionssumme.

6.1.2 Beratungsförderung

Landesprogramme NRW

Beratungsprogramm Wirtschaft des MVEL	
Förderschwerpunkte:	Externe Beratung von KMU zu neuen technischen Lösungen und deren erstmaliger Umsetzung in neue Produkte und Verfahren (Prototypen, Nullserie) sowie zum erstmaligen Einsatz einer neuen Verfahrenstechnologie in NRW
Förderart / -höhe:	Zuschuß von 75%, max. 375 Euro je Tagewerk; max. 10 Tagewerke

Rationelle Energieverwendung und Nutzung unerschöpflicher Energiequellen (REN) des MVEL	
Förderschwerpunkte:	Personal- und/oder Sachleistungen; unabhängiger Gutachter für die Erstellung von betrieblichen Energiekonzepten und Branchenenergiekonzepten.
Förderart / -höhe:	Zuschuß bis zu 50% der Kosten, Zuwendungsbetrag muß min. 1.500 Euro betragen.

Bundesprogramme

Förderung von Unternehmensberatung des BMWI	
Förderschwerpunkte:	Beratung zur Bewältigung der aus dem Umweltschutz resultierenden Probleme, auch im Rahmen des Umwelt-Audit; Beratungen über wirtschaftliche, technische und organisatorische Probleme im Zusammenhang mit einer rationellen und umweltverträglichen Energieverwendung inkl. der Nutzung erneuerbarer Energien; Umsetzung der erarbeiteten Verbesserungsvorschläge in die betriebliche Praxis und Handlungsempfehlungen.
Förderart / -höhe:	Zuschuß bis zu 40% der Kosten, max. 1.600 Euro.

6.1.3 Innovationsförderung

Landesprogramme NRW

Technologieprogramm Wirtschaft (TPW) des MVEL

Förder-schwerpunkte:	Finanzhilfe für angewandte Forschung und Entwicklung im PIUS sowie für die erstmalige Umsetzung in Produkte und Verfahren zur Rohstoff- und Energieeinsparung.
Förderart/-höhe:	Zuschuß für Unternehmen mit bis zu 150 Mitarbeitern max. 40%, bei 150 - 500 Mitarbeitern max. 25% der förderbaren Kosten, max. 250.000 Euro.

Rationelle Energieverwendung und Nutzung unerschöpflicher Energiequellen (REN, Programmbereich Demonstrationsförderung) des MVEL

Förder-schwerpunkte:	Entwicklung neuer Techniken zur rationellen Energieverwendung und Nutzung unerschöpflicher Energiequellen sowie Erprobung ihrer technischen Marktreife.
Förderart/-höhe:	Zuschüsse für Demonstrationsvorhaben bis zu 35%, bei technischer Entwicklung bis zu 49% der Projektkosten

Bundesprogramme

DtA - Umweltprogramm mit Zinszuschuß des BMU

Förderschwerpunkte:	Großtechnische Erstanwendungen bei Produktionsverfahren und Produkten; Schwerpunkte: Demonstrationsvorhaben u.a. Energieeinsparung und umweltgerechte Energieversorgung; förderfähig sind u.a. umweltschonende Produktionsverfahren im Rahmen von integrierten Umweltschutzverfahren.
Förderart / -höhe:	Zinsgünstige Darlehen bis zu 70% bzw. in Ausnahmefällen Zuschuß von 30% der förderfähigen Kosten ohne Höchstbetrag.

ERP - Innovationsprogramm der KfW

Förderschwerpunkte:	Marktnahe Forschung und Entwicklung u.a. im Bereich Umwelt- und Energietechniken; Projektziele müssen die Entwicklung neuer oder wesentlich verbesserter Produkte, Produktionsverfahren oder Dienstleistungen unter Einsatz neuer Technologien sein; Förderung der Markteinführung möglich.
Förderart/-höhe:	Zinsgünstiger Kredit; FuE - Phase bis zu 100 % (max. 5 Mio Euro), Markteinführung bis zu 50% (max. 1 Mio. Euro) der förderbaren Kosten.

Die Aufstellung der Förderprogramme aus dem Bereich "Energie" kann hier nicht den Anspruch auf Vollständigkeit und Aktualität erheben. Bei den Landesprogrammen wurden nur die aus NRW berücksichtigt. Die jeweils aktuellen Programme und Förderkonditionen sind bei den genannten Adressen über das Internet einsehbar und können kostenfrei bezogen werden.

Die aktuellen Versionen der Energie-Förderprogramme der EU können im Internet unter den Adressen

- http://www.cordis.lu
- http://www.agores.org und
- http://europa.eu.ind/comm/energy/index_en.html

abgerufen werden.

6.2 Contracting

Neben der Förderung von Energieeinsparmaßnahmen durch Zuschüsse und zinsverbilligte Darlehen bieten sich zur Umsetzung von Energieeinsparmaßnahmen auch verschiedene Contracting-Modelle an.

Unter Contracting versteht man ein Dienstleistungskonzept zur Realisierung von Effizienzsteigerungsmaßnahmen bei Energieumwandlungs- und -nutzungsanlagen.

Ein außenstehender Investor (Contractor) realisiert dabei das Investitionsvorhaben ohne finanzielle Beteiligung des Nutzers (Contractingnehmers). Je nach Gestaltung des Contracting-Vertrages kann dabei neben der Finanzierung, Planung und Bauausführung auch der Betrieb des Investitionsprojekts eingeschlossen werden.

Zur Anwendung kommen i.d.R. zwei verschiedene Contracting - Modelle:

- Das Anlagen- bzw. Energielieferungs-Contracting oder
- das Einspar- bzw. Performance-Contracting.

Während beim Anlagen-Contracting die Vergütung des Contractors unabhängig von der erzielten Energieeinsparung ist, dient diese beim Einspar-Contracting als Grundlage für die Refinanzierung.

Angeboten werden Contractinglösungen von regionalen EVUs, Stadtwerken, Anlagenherstellern und Leasing-Gesellschaften.

6.2.1 Anlagen-Contracting

Beim Anlagen-Contracting handelt es sich um ein vertragstechnisch und rechtlich einfaches Gebilde. Auf der einen Seite steht der Energieabnehmer, der vom Energielieferanten (Contractor) eine vorher spezifizierte Energiemenge in Form von Wärme, Strom, Druckluft, Dampf, etc. erhält. Zu diesem Zweck plant, finanziert, baut, wartet und betreibt der Contractor eine Anlage auf eigenes Risiko.

Die Preise für die Nutzenergielieferung werden vom Contractor projekt- bzw. anlagenbezogen kalkuliert und in der Regel in einen Grund- und Arbeitspreis aufgesplittet. Der Grundpreis deckt dabei die verbrauchsunabhängigen Kosten und der Arbeitspreis die verbrauchsabhängigen Kosten ab.

Der Anwendungsschwerpunkt dieser Variante liegt in der Erneuerung von betrieblichen Energieumwandlungs- oder -nutzungsanlagen, die am Ende ihrer Nutzungsdauer angelangt sind und durch neuere, effizientere Anlagen oder Verfahren ersetzt werden könnten.

Neben der Installation von neuen Anlagen können im Rahmen von Contracting auch weitere Maßnahmen zur Energieeinsparung oder Effizienzsteigerung realisiert werden.

Je nach erzielbarer Energiekosteneinsparung können die Gesamtkosten für den Contractingnehmer sowohl niedriger als auch höher sein als vor der Umsetzung der Maßnahme. In jedem Fall kann aber eine zuverlässige und ökologische Energieversorgung gewährleistet werden.

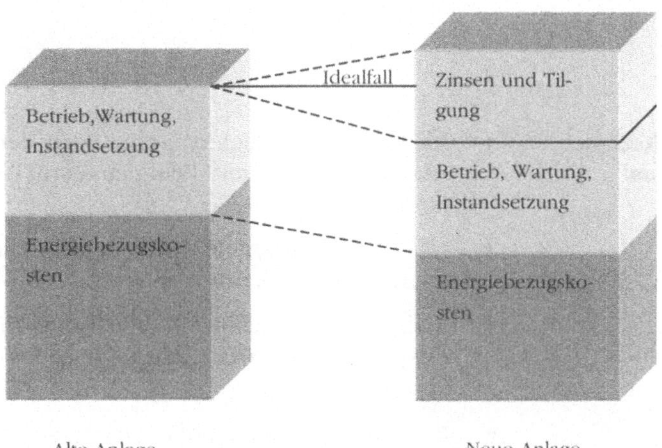

Abbildung 6 - 1: Kostengegenüberstellung, Anlagen-Contracting

Überblick: Anlagen-Contracting [HessenEnergie]

Kennzeichen

- Durchführung von energietechnischen Investitionen durch einen Dienstleister, der auf eigene Rechnung plant, finanziert und die Anlagen betreibt.
- Der Dienstleister ist für die Bereitstellung der geforderten Nutzenergien (z.B. Wärme, Kälte, Prozeßdampf, Licht) unmittelbar verantwortlich, wobei die kostenoptimale Wahl der dafür eingesetzten Endenergieträger sowie der jeweiligen Technologien weitgehend ihm überlassen bleibt.
- Ausweitungen auch auf Technologien zur Bedarfsminderung (z.B. Wärmedämmung) sind prinzipiell möglich, aber nicht einfach, weshalb die praktische Realisierung meist auf die Lieferung von Wärme (und ggf. Strom) nach Durchführung von energietechnischen Ersatz- und Modernisierungs-Investitionen beschränkt ist.
- Gemeint ist i.d.R. eine dauerhafte Ausgliederung der Teilfunktion ' Energiedienstleistungs-Bereitstellung' und ihre-Vergabe an Spezialisten.
- Die Preise für die komplette Dienstleistung sind nicht unmittelbar an möglichen Einsparerfolgen orientiert wie beim Einspar-Contracting, aber eine Berücksichtigung der durch die Modernisierung erwarteten Einsparungen bei der Preisgestaltung ist möglich.

rechtliche Form

- Im Kernbereich Lieferverträge nach dem Modell jeder externen Versorgung mit Energieträgern (z.B. Fernwärme, Gas, Strom).
- Neuartige Vertragselemente bei Erweiterung über die Endenergieträger-Lieferung hinaus erforderlich.
- Vielfältige Möglichkeiten für Ausgestaltung, Änderung und Beendigung der Vertragsbeziehungen (z.B. periodische Neuausschreibung).
- Beteiligung des Energienutzers an einer Dienstleistungs-Gesellschaft bei größeren Objekten möglich (Betreiber-Modell mit Beteiligung des Abnehmers).

Eignung

- Gut geeignet bei Investitionen in vorhandenen Objekten, die neben der energietechnischen Rationalisierung auch dem Ersatz von Altanlagen dienen, oder auch als Möglichkeit der Versorgung von neu zu errichtenden Objekten.
- Gut geeignet, wenn ein dauerhaftes Outsourcing gewollt ist, und wenn ein Verfahren gefunden werden kann, zumindest periodisch Wettbewerb zwischen verschiedenen Dienstleistern zu ermöglichen.

6.2.2 Einsparcontracting

Im Gegensatz zum Anlagencontracting bieten beim Einsparcontracting die eingesparten Energiekosten die Grundlage für Investitionen des Contracting - Unternehmers. Anwendung findet das Einsparcontracting vor allem dort, wo Technologien verfügbar sind, die einen hohen Energieverbrauch deutlich mindern.

Der ökonomische Grundgedanke wird durch die nachfolgende Abbildung deutlich:

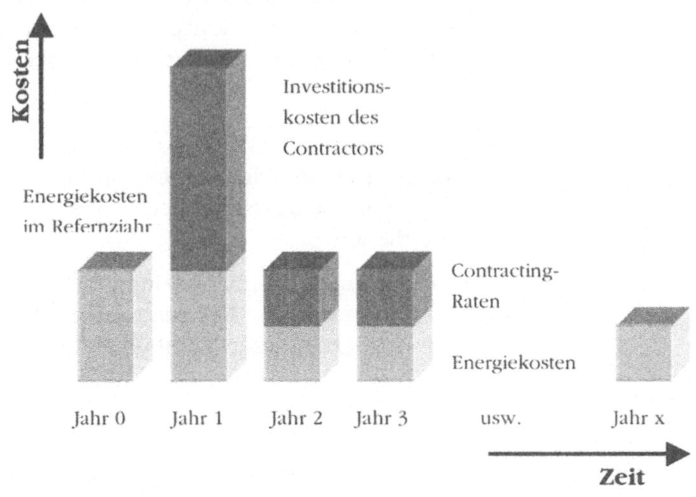

Abbildung 6 - 2: Grundgedanke des Energieeinspar-Contracting

Überblick: Einsparcontracting [HessenEnergie]

Kennzeichen

- Durchführung von Energiesparinvestitionen durch einen Contracting - Anbieter, der auf eigene Rechnung plant, errichtet und vorfinanziert.
- Amortisation aus der erzielbaren Einsparung an Energie(bezugs)Kosten.
- Erfolgsabhängige Gestaltung der Contracting-Raten, (Teil)Risikoübernahme durch den Contracting - Anbieter, im Idealfall Abgabe einer definitiven Einspargarantie, die Ausgleichszahlungen bei Nicht - Erreichung des Garantiewertes vorsieht.
- Übergang der jeweiligen Anlage nach Ablauf der Vertragsdauer auf den Nutzer bzw. Contracting - Nachfrager als Regelfall.
- Verschiedenartige Ausgestaltung der Betriebsführung möglich.

rechtliche Form

- Verschiedene Vertragsmodelle mit entsprechenden Sicherungsmöglichkeiten für die getätigten Investitionen sowie unterschiedlichen steuerlichen Auswirkungen (gestaltbar).
- Leasingverträge sind zwar inzwischen standardisiert, aber die Vertragsmodelle des Einspar - Contracting sind neuartig und werfen von daher an der einen oder anderen Stelle noch Fragen auf.

Eignung

- Gut geeignet für klar abgrenzbare technische Komponenten, die möglichst ausschließlich der energetischen Rationalisierung dienen.
- Gut geeignet für Investitionen mit hohem, gut meßbarem Einsparungserfolg (Referenzverbrauch leicht bestimmbar) und möglichst kurzen Kapitalrückflusszeiten.

6.3 Schrifttum zum Kapitel 6

- EFA - Die Effizienzagentur NRW; Förderprogramme für den Produktionsintegrierten Umweltschutz
- Energieagentur NRW, Den Einsatz von Energieeffizienztechnologie ermöglichen - Ein Leitfaden zur Projektabwicklungsform Contracting
- hessenENERGIE, Energiedienstleistungs- und Contracting - Angebote in Hessen, 2/1999

Anhang

Verwendete Abkürzungen

a	Jahr
A	Annuität
A	Fläche
atro	absolut trocken
bar	Einheit für Druck
Besch	Beschäftigte
BImSchG	Bundes-Imissionsschutz-Gesetz
BImSchV	Bundes-Imissionsschutz-Verordnung
BMWI	jetzt BMWA, Bundesministerium für Wirtschaft und Arbeit
BMU	Bundesumweltministerium
BOB	Betrieb ohne Beaufsichtigung
°C	Grad Celsius, SI-Maßeinheit für Temperatur
C	Kohlenstoff (Carbon), chemisches Symbol
cm	Centimeter, Einheit für Länge
CNC	Computerized Numerical Control, computergesteuerte Fertigung
CO_2	Kohlendioxid, chemisches Symbol
$\cos(\varphi)$	Phasenverschiebung
Ct	Euro-Cent
d	Durchmesser
D	Durchmesser
DIN	Deutsches Institut für Normung
DN	Normdurchmesser
Δp	Druckdifferenz
Δt	Temperaturdifferenz
dT	Temperaturdifferenz
DtA	Deutsche Ausgleichsbank
€	Euro
EDV	Elektronische Datenverarbeitung

EEG	Erneuerbare-Energien-Gesetz
EIB	Europäische Investitionsbank
EKZ	Energiekennzahl
ERP	European Recovery Programm, Europäisches Wiederaufbauprogramm
Eur	Euro
EVG	elektronisches Vorschaltgerät
EVU	Energieversorgungsunternehmen
g	Gramm, SI-Einheit für Masse
g/kWh	Emissionsfaktor in Gramm je verbrauchter Kilowattstunde
GWh	Gigawattstunde
h	Enthalpie
h	Stunde, SI-Zeiteinheit
H_2O	chemisches Symbol für Wasser
HQI	Hochdruck-Quecksilberdampf
H_U	Heizwert, die Verdampfungsenthalpie des im Abgas enthaltenen Wasserdampfes wird nicht berücksichtigt
HVLP	High-Volume-Low-Pressure
I	elektrischer Strom
IHKn	Industrie- und Handelskammern
IP	International Protection, Kennung für die Schutzart von elektrischen Anlagenteilen
IR	Infrarot
K	Kapital
K	Kelvin, SI-Einheit für Temperatur
KfW	Kreditanstalt für Wiederaufbau
kg	Kilogramm, SI-Einheit für Masse
kHz	Kilohertz, Einheit für Frequenz
kJ	Kilojoule, SI-Einheit für Energie
KVG	konventionelles Vorschaltgerät

kW	Kilowatt, SI-Einheit für Leistung
kWh	Kilowattstunde, SI-Einheit für Energie
l	Liter, SI-Einheit für Volumen
LDS	Landesamt für Datenverarbeitung und Statistik
lm	Lumen, Einheit für Lichtstrom
lutro	lufttrocken
Lux	Einheit für Beleuchtungsstärke
m	Masse
m	Meter, SI-Einheit für Länge
m^3	Kubikmeter, SI-Einheit für Volumen
MA	Mitarbeiter
MAK	Maximale Arbeitsplatzkonzentration
max	maximal
MBW	Ministerium für Bauen und Wohnen
mg	Milligramm, Einheit für Masse
min	Minute, SI-Einheit für Zeit
Mio.	Millionen, 10^6
MJ	Megajoule, SI-Enheit für Energie
mm	Millimeter, Einheit für Länge
Mrd.	Milliarden, 10^9
MVEL	Ministerium für Verkehr, Energie und Landesentwicklung
MW	Megawatt, Einheit für Leistung
MWh	Megawattstunde, Einheit für Energie
m/s	Meter pro Sekunde, SI-Geschwindigkeit
n	Drehzahl
n	Laufzeit
NO_x	Stickstoff-Sauerstoff-Verbindungen, chemisches Symbol
O_2	Sauerstoff, chemisches Symbol
P	Leistung

PA	Anfangsdruck
PE	Enddruck
$\dot{Q}$	Wärmestrom
REN	Rationelle Energieverwendung und Nutzung unerschöpflicher Energieen
RWP	Regionales Wirtschaftsförderungsprogramm
s	Sekunde, SI-Einheit für Zeit
SWS	Stationäre Wirbelschicht
t	Tonne, SI-Einheit für Masse
t	Zeit
T	Temperatur
TA-Luft	Technische Anleitung Luft
T€	1.000 Euro
TEur	1.000 Euro
TPW	Technologieprogramm Wirtschaft
TRD	Technische Richtlinie für Druckbehälter
TRGS	Technische Regeln für Gefahrstoffe
TÜV	Technischer Überwachungsverein
u	relative Holzfeuchte
U	elektrische Spannung
u	Wärmedurchgangskoeffizient, früher k
UP	Ungesättigte Polyester
UV	Ultraviolett
$\dot{V}$	Volumenstrom
v	Geschwindigkeit
V	Volumen
VBF	Verordnung über Brennbare Flüssigkeiten
VDI	Verein deutscher Ingenieure
VDMA	Verband der Investitionsgüterindustrie
VOC	Volatile Organic Compounds, flüchtige organische Verbindungen

VVG	verlustarmes Vorschaltgerät
W	Watt, SI-Einheit für Leistung
WLG	Wärmeleitgruppe
z	Zinssatz
z	zulässige Anzahl Schaltvorgänge
ZWS	zirkulierende Wirbelschicht
Ü	Ertrag

Griechische Buchstaben

Δ (Delta)	Differenz
η (Lambda)	Wirkungsgrad
λ (Lambda)	Wärmeleitfähigkeit
φ (Phi)	Winkel
Φ (Phi)	Rückwärmezahl
Ω (Omega)	

Indizes

0	Auslegungsgröße, z.B. n_0 = Nenndrehzahl; Anfangszustand eines Prozesses
0,25	Viertelstundenwert
a	Jahr
Alt	Zustand vor Optimierung
B	Behälter
BE	Beschäftigte
D	Druckbehälter
el	elektrisch
End	Endenergie
F	Fülldauer
h	Enthalpie, latente + sensible Wärme
K	Kosten, Energiekosten

KRZ	Kapitalrückflusszeit
L	Luft
Nenn	Auslegungsgröße, z.B. P_{Nenn} = Nennleistung
Neu	Zustand nach Optimierung
NP	Nettoproduktion
PF	Produktionsfläche
Pr., Primär	Primärenergie
t	Temperatur, sensible Wärme
th	thermisch
UM	Umsatz

Umrechnungsfaktoren

1 W = 1 J/s = 1 kg m^2/s^2

1 kWh = 3.600 kWs = 3.600 kJ

1 kJ = 1 kWs = 1/3.600 kWh

1 TWh = 10^3 GWh = 10^6 MWh = 10^9 kWh

1 bar = 10^5 Pa = 10^3 hPa = 10^5 N/m2 = 10^5 kg/(ms^2)

0 °C = 273 K; x °C = (x + 273) K

1 Hz = 1/s

Emissionsfaktoren und kumulierter Energieaufwand (Primärenergiefaktor)

Endenergieträger Beheizung	**Emissionen**		**KEA Summe**
	CO2-Äquivalent	**CO2**	
	kg/MWh	kg/MWh	kWh/kWh
Heizöl	317,0	309,1	1,16
Erdgas	252,0	228,0	1,17
BrK-Brik Lausitz	406,5	384,9	1,11
BrK-Brik Leipzig	393,6	378,5	1,09
BrK-Brik rheinisch	458,0	438,3	1,25
StK-Brik	440,7	364,8	1,11
StK-Koks	398,9	339,7	1,72
Heizstrom-max	1.024,5	904,8	2,69
Heizstrom-mix	921,9	814,6	2,91
Holz Stücke	20,0	8,4	1,04
Holzhackschnitzel	58,0	37,2	1,17
Holz-Pellets	80,3	71,4	1,57
Strohcobs	34,3	18,0	1,08
Gas-HW	258,3	233,2	1,20
Öl-HW	308,2	300,3	1,12
Kohle-Kessel-WSF-Industrie	446,3	351,9	1,05
Gas-Kessel-Industrie	234,0	220,2	1,13
Braunkohle-Kessel-WSF-Industrie	476,5	426,7	1,21
Öl-schwer-Kessel-Industrie	334,5	325,0	1,16
Öl-leicht-Kessel-Industrie	309,3	300,3	1,12

Werte nach GEMIS 4.1, Stand März 2002

Kraftstrom	**Emissionen**		**KEA Summe**
	CO2-Äquivalent	**CO2**	
	kg/MWh	kg/MWh	kWh/kWh
Stromnetz BRD	679,8	638,9	2,98
El-KW-Park BRD	659,0	619,6	2,89
BrK-rheinisch	1.151,8	1.141,5	2,74
BrK-Lausitz	1.033,7	1.024,3	2,49
BrK-Leipzig	909,1	900,4	2,43
StK-D-Vollwert	1.024,5	904,8	2,69
StK-D-Ballast	959,5	851,3	2,62
StK-Import	943,0	869,6	2,53
Gas-GuD	430,0	401,6	2,06
Deponiegas-KW	13,3	0,7	3,13
Wasser-KW gross	40,0	38,6	1,06
Wind Park mittel	19,5	18,6	1,04
Holz-KW klein	69,8	11,5	6,71

Werte nach GEMIS 4.1, Stand März 2002

Glossar

Abwärmenutzung

Wiederverwendung von abgeführter Wärme. Quellen können Abluft- oder Abgasströme sein, aber auch Stoffströme in Prozessketten. Bei prozessinterner Nutzung fällt die Abwärme zeitgleich mit dem Wärmebedarf des Prozesses an. Bei anderweitiger Nutzung muß ein Verbraucher mit möglichst gleicher Charakteristik gefunden werden. Eine weitere Rolle für die erzielbare Energieeinsparung spielen die Temperaturniveaus der beteiligten Stoffströme.

BHKW

Blockheizkraftwerk, siehe auch "Kraft-Wärme-Kopplung". Anlage zur kombinierten Erzeugung von Wärme und Strom, bestehend aus Verbrennungsmotor mit angeflanschtem Generator und Wärmetauschern zur Nutzung von Kühlwasser-, Motoröl- und Abgaswärme. Brennstoffe: Erdgas, Flüssiggas, Biogas, Deponiegas, Heizöl.

Brennstoffe

Aufbereitete Primärenergieträger, deren chemisch gespeicherte Energie durch Verbrennung in Wärme umgewandelt wird. Beispiele: Holz, Erdgas, Öl, Kohle, Abfälle.

Brennwertkessel

Kessel zur Nutzung der Verdampfungsenthalpie des im Abgas enthaltenen Wasserdampfes. Die Möglichkeit zur Nutzung hängt stark vom eingesetzten Brennstoff ab. Sie ist nicht möglich, wenn dabei für die Anlagenteile schädliche Stoffe aus dem Abgas auskondensieren.

Das Abgas muß zur Nutzung dieser Energie stark abgekühlt werden, beim Brennstoff Erdgas beispielsweise unter 55°C. Dies setzt voraus, dass im Rücklauf des Wärmeträgermediums entsprechend niedrige Temperaturen vorhanden sind. Die Energieeffizienz kann durch die Brennwertnutzung beim Brennstoff Erdgas um ca. 10 % und bei Heizöl um ca. 5 % gesteigert werden.

Endenergie

Die Energie, die dem Verbraucher zur Verfügung steht, beispielsweise elektrische Energie oder Erdgas an der Übergabestation oder Heizöl im Tank. Es handelt sich um Primärenergien nach dem Abzug von Aufbereitungs- und Transportverlusten oder um Energieformen, die durch Umwandlung von Primärenergie entstanden sind und bei denen vom Energiebetrag her die Umwandlungs- und Transportverluste berücksichtigt sind.

Energiemanagement

System zur Erfassung und zur Steuerung sämtlicher verwendeten Energien von Einkauf über Umwandlung, Verteilung und Nutzung bis zur Abgabe an die Umwelt. Es können so Ansatzpunkte zur energetischen Optimierung und zur Energiekosteneinsparung gefunden werden.

Energieumwandlung

Umwandlung von einer Energieform in eine andere. Elektrische Energie beispielsweise ist in der Regel das Ergebnis der 3. Umwandlung eines Brennstoffes. Die chemisch gebundene Energie des Brennstoffes wird bei der Verbrennung in thermische Energie, in einer Turbine oder einem Motor in mechanisch und im Generator in elektrische Energie umgewandelt. Jede Umwandlung ist mit Verlusten behaftet.

Energieverbrauch

Energie kann nach dem 1. Hauptsatz der Thermodynamik nicht verbraucht werden, sondern nur in andere Energieformen umgewandelt werden. Deshalb ist der Begriff Energieverbrauch nicht exakt. Im allgemeinen Sprachgebrauch wird damit die Nutzung von Energie oder der Energiebedarf bezeichnet.

Enthalpie

Die Enthalpie ist eine von der Temperatur abhängige Zustandsgröße. Da für technische Berechnungen immer nur Enthalpiedifferenzen benötigt werden, wird die Enthalpie für $0^{0}C = 0$ gesetzt. Die Enthalpien für andere Temperaturen können aus Diagrammen und Tabellen entnommen werden. Bei feuchter Luft werden auch die durch die Verdampfung des Wasseranteils enthaltenen Energiemengen berücksichtigt.

Grundlast

Der Energiebedarf unterliegt zeitlich zum Teil großen Schwankungen. In einem Leistungs-Zeitdiagramm lässt sich ein Leistungswert definieren, der innerhalb eines betrachteten Zeitraumes nicht unterschritten wird. Dieser Wert ist die Grundlast. Beim Bedarf elektrischer Energie in Betrieben beispielsweise wird er vor allem von Verbrauchern verursacht, die innerhalb des Betrachtungszeitraumes im Dauerbetrieb arbeiten. Einen weiteren Betrag leisten Einrichtungen, die vorwiegend außerhalb der Produktionszeiten betrieben werden, wie z.B. Außenbeleuchtungen.

Kapitalrückflusszeit

Zeitraum, in dem die erwirtschafteten Überschüsse einer Maßnahme deren Investitionen überschreiten. Mit der Kapitalrückflusszeit kann das Risiko einer Investition abgeschätzt werden.

Kraft-Wärme-Kopplung

Anlage zur kombinierten Erzeugung von Wärme und Strom. Die Anlagen können zentral (in der Regel Heizkraftwerke) oder dezentral (meist Blockheizkraftwerke) betrieben werden. Durch Kraft-Wärme-Kopplung wird der Gesamtwirkungsgrad der Anlage wesentlich gesteigert. Der Stromerzeugungswirkungsgrad sinkt gegenüber reiner Stromerzeugung etwas, jedoch kommt durch die Nutzung der "Abwärme" ein "Wärmeerzeugungswirkungsgrad" in ca. gleicher bis doppelter Größe hinzu.

Latente Wärme

Wärmemenge, die nicht durch eine Temperaturdifferenz gemessen werden kann, da sie in Form einer Phasenänderung des Stoffes gespeichert wird. Ein Beispiel ist Wasserdampf am Taupunkt. Während der Verdampfung oder Kondensation ändert sich die Temperatur nicht, obwohl erhebliche Wärmemengen fließen.

Leerlaufbetrieb

Betriebszeit einer Maschine, in welcher keine Nutzarbeit abgenommen wird. Die Maschine nimmt dennoch Leistung auf, um Antriebsverluste zu abzudecken. Da in einem solchen Teillastbetrieb die Wirkungsgrade sehr schlecht sind, können diese Verluste erhebliche Ausmaße annehmen.

Leuchtstofflampe

Erzeugt ultraviolettes Licht durch Gasentladung. Dieses UV-Licht regt eine Beschichtung im Glaskolben zum Aussenden von sichtbarem Licht an. Je nach Beschichtung ist das ausgesendete Lichtspektrum mehr oder weniger ähnlich dem des Sonnenlichtes.

Nutzenergie

Energieform, die zum Betrieb von Anlagen gebraucht wird, beispielsweise elektrische Energie für Antriebsmaschinen oder thermische Energie zum Betrieb von Heizungen.

Nutzungsgrad

Zeitliches Integral über den Wirkungsgrad einer Anlage. Berücksichtigt auch Zeiträume, in denen eine Anlage mit Teillast bei schlechten Wirkungsgraden arbeitet und Bereitschafts-Zeiträume, in denen die Anlage keinen Nutzen abgibt, aber dennoch Energie aufnimmt. Beispiel: Jahresnutzungsgrad einer Heizkesselanlage.

Primärenergie

In der Natur vorkommende, noch nicht umgewandelte Energieform oder Energieträger wie Sonneneinstrahlung, fließende Gewässer oder Brennstoffe.

Querschnittstechnik

Anlagen, die nicht spezifisch für irgendeine Branche sind, sondern überall verwendet werden. Beispiele sind Beleuchtungsanlagen sowie Wärme- und Druckluftversorgungen.

Sattdampf

Dampfförmiger Zustand im Siedepunkt (Siedetemperatur und Siededruck). Es sind keine Flüssigkeitsreste vorhanden.

Wird der Dampf bei konstantem Druck weiter erhitzt, liegt Heißdampf vor.

Sensible Wärme

Wärmeinhalt eines Stoffes, der nur von der Temperatur und nicht von Phasenänderungen abhängt. Siehe Latente Wärme.

u-Wert

Maß für den Wärmedurchgang durch ein Bauteil, frühere Bezeichnung k-Wert. Gibt an, wieviel thermische Energie durch 1 m^2 eines Bauteils abgeleitet wird bei einer Temperaturdifferenz von 1 K zwischen beiden Seiten. Je kleiner der u-Wert eines Bauteils ist, desto geringer sind die Transmissionswärmeverluste durch diese Bauteil.

Viskosität

Zähigkeit einer Flüssigkeit oder eines Gases aufgrund der Reibung benachbarter Moleküle. Die Viskosität ist stoff- und temperaturabhängig. Sie bestimmt maßgeblich die Qualität von Zerstäubungsvorgängen und damit beispielsweise die Qualität von Lackiervorgängen.

Wirkungsgrad

Der Wirkungsgrad η ist ein Maß für die Effizienz einer Energienutzung (Energieumwandlung). Er ist das Verhältnis von Nutzen (abgegebener Leistung) zu aufgewendeter Leistung. Der Wirkungsgrad ist keine konstante Größe für einen Prozess oder einer Maschine, sondern abhängig von Umgebungsbedingungen und Auslastung und somit zeitlich variabel. Maschinen sind in der Regel auf einen bestimmten Betriebspunkt ausgelegt, bei dem sie den besten Wirkungsgrad aufweisen. Bei Über- oder Unterbelastung fällt der Wirkungsgrad zum Teil beträchtlich ab. Die im realen Betrieb auftretenden Schwankungen werden beim Nutzungsgrad berücksichtigt.

Energetische Nutzungen erfolgen in der Regel in hintereinandergeschalteten Ketten von Umwandlungen, die jeweils einen Wirkungsgrad haben. Der Gesamtwirkungsgrad ist das Produkt aller Teilwirkungsgrade einer Teilkette. Der primärenergetische Wirkungsgrad erfasst die gesamte Kette vom Primärenergieträger über Transporte und Umwandlungen zur Endenergie, die weitere Umwandlung zur Nutzenergie bis hin zum Ende des Prozesses.

Adressen

	Gertec GmbH	Viehofer Straße 11 45127 Essen Tel: 0201 / 24564-0 Fax: 0201 / 24564-20 www.gertec.de
MVEL	Ministerium für Verkehr, Energie und Landesplanung des Landes Nordrhein-Westfalen	Haroldstraße 4 40213 Düsseldorf Tel: 0211 / 837-02 Fax: 0211 / 837-2200 www.mwmev.nrw.de
ETN	Forschungszentrum Jülich Projektträger Energie, Technologie, Nachhaltigkeit	Karl-Heinz-Beckurts-Straße 13 52428 Jülich Tel: 02561 / 690-601 Fax: 0261 / 690-610 www.fz-juelich.de/etn
LZE NRW	Landesinitiative Zukunftsenergien NRW	c/o MVEL Haroldstraße 4 40213 Düsseldorf Tel: 0211 / 866 42-0 Fax: 0211 / 866 42-22 www.energieland.nrw.de

EA NRW	Energieagentur NRW	Kasinostraße 19 - 21 42103 Wuppertal Tel: 0202 / 245 52-0 Fax: 0202 / 245 52-30 www.ea-nrw.de
EFA	Effizienz-Agentur NRW	Mülheimer Straße 100 47057 Duisburg Tel: 0203 / 378 79-0 Fax: 0203 / 378 79-77 www.efanrw.de
DtA	Deutsche Ausgleichsbank	Wielandstraße 4 53173 Bonn DtA-Bestellservice (kostenlose Broschüren) Tel: 0228 / 831 2261 Fax: 0228 / 831 2130 DtA-Infoline (Erstberatung) Tel: 0228 / 831 2401 www.dta.de Sollen konkrete Projekte im Vorfeld einer Antragstellung auf Fördermöglichkeiten durchleuchtet werden, können diese Anfragen an die Deutsche Ausgleichsbank, Abteilung Umwelt/ Projektfinanzierung, 53170 Bonn gerichtet werden.

KfW	Kreditanstalt für Wiederaufbau	Palmengartenstraße 5-9 60325 Frankfurt am Main Tel: 069 / 7431-0 Fax: 069 / 7431-2944 Informationszentrum Tel: 01801 / 33 55 77 Fax: 069 / 7431-64 355 www.kfw.de

Schlagwortverzeichnis

A

B

C

D

E

F

G

H

I

J

K

L

M

N

O

P

Q

R

S

T

Ü

V

W

Z

vieweg